普通高等教育"十二五"规划教材

# 大学计算机基础

# （Windows 7+Office 2010）

主　编　贾学明

副主编　唐剑刚　吴绍兵

主　审　李宏图

中国水利水电出版社
www.waterpub.com.cn

## 内 容 提 要

本书根据教育部非计算机专业计算机课程教学指导分委员会提出的高校非计算机专业计算机基础课基本教学要求编写而成，内容丰富，层次清晰，深入浅出，图文并茂，突出教材的基础性、应用性和创新性。

全书共 7 章，主要内容包括：计算机基础知识、Windows 7 操作系统基础、Word 2010 文字处理软件、Excel 2010 表格处理软件、PowerPoint 2010 应用软件、计算机网络与 Internet 技术基础、计算机信息安全与系统维护。

本书侧重于基本技能和应用能力培养，在知识点的讲授上向应用方面倾斜，列举了大量内容丰富的例子。

本书适合作为高等院校计算机基础课程的教材，也可作为计算机基础类的入门教材，供其他读者学习和作为参考资料使用。

**本书配有免费电子教案，读者可以从中国水利水电出版社网站以及万水书苑下载，网址为：http://www.waterpub.com.cn/softdown/或 http://www.wsbookshow.com。**

### 图书在版编目（C I P）数据

大学计算机基础：Windows 7+Office 2010 / 贾学
明主编. -- 北京：中国水利水电出版社，2012.8
（2014.9 重印）
　普通高等教育"十二五"规划教材
　ISBN 978-7-5084-9928-4

　Ⅰ. ①大… Ⅱ. ①贾… Ⅲ. ①
Windows操作系统－高等学校－教材②办公自动化－应用软
件－高等学校－教材 Ⅳ. ①TP316.7②TP317.1

　中国版本图书馆CIP数据核字(2012)第143636号

策划编辑：寇文杰　责任编辑：李 炎　加工编辑：李 刚　封面设计：李 佳

| | | |
|---|---|---|
| 书　　名 | 普通高等教育"十二五"规划教材<br>**大学计算机基础（Windows 7+Office 2010）** | |
| 作　　者 | 主　编　贾学明<br>副主编　唐剑刚　吴绍兵 | |
| 出版发行 | 中国水利水电出版社<br>（北京市海淀区玉渊潭南路 1 号 D 座　100038）<br>网址：www.waterpub.com.cn<br>E-mail：mchannel@263.net（万水）<br>　　　　sales@waterpub.com.cn<br>电话：（010）68367658（发行部）、82562819（万水） | |
| 经　　售 | 北京科水图书销售中心（零售）<br>电话：（010）88383994、63202643、68545874<br>全国各地新华书店和相关出版物销售网点 | |
| 排　　版 | 北京万水电子信息有限公司 | |
| 印　　刷 | 三河市铭浩彩色印装有限公司 | |
| 规　　格 | 184mm×260mm　16 开本　16.5 印张　416 千字 | |
| 版　　次 | 2012 年 8 月第 1 版　2014 年 9 月第 4 次印刷 | |
| 印　　数 | 7501—9500 册 | |
| 定　　价 | 30.00 元 | |

# 前　　言

　　"大学计算机基础"是高等院校学生的必修课程,培养学生具备一定的计算机基础知识与操作技能是该课程要完成的基本教学任务。计算机技术飞速发展,操作系统和办公软件更新迅速,计算机在各个领域的应用越来越广泛,人们的工作、生活、娱乐都离不开计算机与网络。我国中小学信息技术教育的日益普及和推广,大学新生计算机知识的起点也越来越高,大学计算机基础课程的教学已经不再是零起点,很多学生在初中或者高中阶段都系统地学习了计算机基础知识,并具备相当的操作和应用能力。新一代大学生对大学计算机基础课程教学提出了更新、更高、更具体的要求。

　　为了适应社会改革发展的需要,满足各类院校计算机应用教学的要求,我们以最新的操作系统和办公软件为平台,组织编写了这本教材。教材注重实践操作,在编写过程中力求语言精练、内容实用、操作步骤详细,并采用了大量图片,以方便教学和学生自学。

　　本书作为"十二五"规划教材,以 Windows 7 为平台,以办公软件 Office 2010 应用为基础,全书共分为 7 章,第 1 章介绍了计算机基础知识;第 2 章介绍了 Windows 7 操作系统;第 3 章、第 4 章、第 5 章分别介绍了 Office 2010 中的 Word 2010、Excel 2010、PowerPoint 2010 应用;第 6 章介绍了计算机网络基础与 Internet 应用;第 7 章介绍了计算机信息安全与系统维护。

　　本教材的编者是长期从事大学计算机基础教学的一线教师,他们不仅教学经验丰富,而且对当代大学生的现状非常熟悉,在编写过程中充分考虑到不同学生的特点和需求,加强了对计算机应用于网络安全方面的教学,凝聚了编者多年来的教学经验和成果,并配有大量课件教案供教师和学生使用。

　　本书由云南警官学院信息网络安全学院组织编写完成,贾学明老师担任主编,唐剑刚、吴绍兵老师担任副主编,李宏图老师担任主审。其中,第 1 章由张士军老师编写,第 2 章由刘凌老师编写,第 3 章由吴绍兵老师编写,第 4 章由江济老师编写,第 5 章由王娟老师编写,第 6 章由唐剑刚老师编写,第 7 章由徐明老师编写,全书由贾学明老师负责统稿。

　　本书编写过程中,参考了大量相关文献,在此表示感谢!本书在编写过程中得到了云南警官学院有关老师以及中国水利水电出版社的大力支持和帮助,在此表示真诚的感谢。

　　由于编者的水平有限,书中难免存在不足和错漏之处,敬请读者批评指正。

编　者
2012 年 6 月

# 目　　录

# 第1章　计算机基础知识

计算机也就是电脑，其英文是 Computer。它是一种能够自动、快捷、准确地实现信息存放、数值计算、数据处理、过程控制等多种功能的电子设备，其基本功能是进行数字化信息处理。

当前，计算机已经成为我们学习、工作和生活中不可或缺的重要工具之一。本章主要介绍计算机的发展概述、计算机系统的基本结构及其工作原理、计算机中的数制与码制。

## 1.1　计算机的发展概述

### 1.1.1　计算机的发展简史

**1. 世界上第一台计算机 ENIAC**

世界上第一台计算机 ENIAC（Electronic Numerical Integrator And Calculator，电子数字积分计算机）诞生于 1946 年 2 月 15 日，是美国宾夕法尼亚大学的摩切利和埃卡特发明的，如图 1.1 所示。该机重达 30 吨，占地 $170m^2$，使用了 18800 个电子管、1500 个继电器、10000 个电容、70000 个电阻及其他电气元件，功率 150kW，每秒可进行 5000 次加法运算。当时它的设计目的是为美国陆军弹道实验室解决弹道特性的计算问题，虽然它无法同现今的计算机相比，但它使工程设计人员从繁重的手工计算中解放出来。它开创了科技的新时代。

图 1.1　世界上第一台计算机 ENIAC

**2. 计算机发展的五个时代**

从第一台计算机诞生以后的半个多世纪，每隔数年计算机领域就有一次重大的技术突破，至今计算机的发展已经历了五个时代，划分的主要依据是根据当时计算机采用的电子元件不同，具体的划分如表 1.1 所示。

表 1.1　计算机发展的五个时代

| 历代 | 电子器件 | 起始年份 | 结构 | 应用 | 我国情况 |
|---|---|---|---|---|---|
| 第一代 | 电子管 | 1946 年 | 以 CPU 为中心 | 使用计算机语言，速度慢，存储量小，主要用于数值计算 | 我国于 1958 年和 1959 年先后生产了 103 型（DJS-1 型）和 104 型（DJS-2 型）电子管计算机，填补了我国电子数字计算机的空白 |
| 第二代 | 晶体管 | 1958 年 | 以存储器为中心 | 使用高级语言，应用范围扩大到数据处理和工业控制 | 我国于 1964 年开始，生产了多种型号的晶体管计算机，如 109-乙型、108-乙型（DJS-6 型）、X-2 型、441-B 型等电子计算机 |
| 第三代 | 中小规模集成电路 | 1964 年 | 以存储器为中心 | 增加了多种外部设备，软件得到了一定的发展，文字图像处理功能加强 | 我国于 1971 年开始，生产了多种型号的集成电路计算机，还研制了 DJS-100、DJS-180 和 DJS-200 等计算机系列 |
| 第四代 | 大规模和超大规模集成电路 | 1971 年 | 核心部件集成在芯片上 | 应用更广泛，很多核心部件可集成在一个或多个芯片上，从而出现了微型计算机 | 我国在发展集成电路方面走了些弯路，目前大规模集成电路和超大规模集成电路与国外水平相比还存在一定差距 |
| 第五代 | 甚大规模集成电路 | 1991 年 | 计算机的主要部件集成到一个芯片上，从而出现了单片机 | 计算机的主要部件集成到一个芯片上，从而出现了单片机 | 我国在发展甚大规模集成电路方面与国外水平相比差距更加明显 |

### 3.　我国计算机发展概况

我国从 1956 年开始电子计算机的科研和教学工作，1983 年研制成功 1 亿/秒运算速度的"银河"巨型计算机，1992 年 11 月研制成功 10 亿/秒运算速度的"银河 II"巨型计算机，1997 年研制了 130 亿/秒运算速度的"银河 III"巨型计算机，2000 年我国自行研制成功高性能计算机"神威 I"，其主要技术指标和性能达到国际先进水平，它每秒 3480 亿浮点的峰值运算速度，使"神威 I"计算机位列世界高性能计算机的第 48 位。

2004 年我国自主研制成功的"曙光 4000A"超级服务器由 2000 多个 CPU 组成，存储容量达到 42TB，峰值运算速度达每秒 11 万亿次。

2010 年 11 月 15 日，国际 TOP500 组织在网站上公布了最新全球超级计算机前 500 强排行榜，中国首台千万亿次超级计算机系统"天河一号"雄居第一。"天河一号"由国防科学技术大学研制，部署在国家超级计算天津中心，其实测运算速度可以达到每秒 2570 万亿次，如图 1.2 所示。

### 4.　计算机的发展速度——摩尔定律

1965 年 Intel 公司的缔造者之一 Gordon Moore 观察到了集成电路芯片上的晶体管数量的增长规律，提出了芯片上集成的晶体管数目正在以每三年翻两番的速度增长，这也就是人们所熟知的摩尔定律。现代计算机的发展速度也正是按照这个定律在飞速地发展。

图 1.2　中国首台千万亿次超级计算机系统"天河一号"

### 1.1.2　计算机的特点

计算机作为人类智力劳动的工具，具有以下特点：

**1. 处理速度快**

处理速度快是计算机从出现到现在人们利用它的主要目的。现代的计算机已达到每秒几百亿次至几千亿次的速度。许多以前无法做到的事情现在利用高速计算机就可以实现。

**2. 计算精度高**

计算机采用二进制数字运算，计算精度通过增加二进制数的位数获得，使计算精度达到人们所需的要求。众所周知的圆周率，一位美国数学家花了 15 年时间计算到 707 位，而采用计算机目前已达到小数点后上亿位。

**3. 具有存储和逻辑判断能力**

计算机的存储器不但能存放数据和文件，更重要的是能存放用户编制好的程序。当需要时，又可快速、准确、无误地读取出来。

计算机还具有逻辑判断能力，这使得计算机能解决各种逻辑问题。

**4. 可靠性高，通用性强**

现代计算机由于采用超大规模集成电路，都具有非常高的可靠性，一般很少发生错误。另外由于计算机同时具有算术运算和逻辑运算功能，能够将非数据信息、图形图像处理、文字编辑、语言识别、信息检索等应用转化为算术运算和逻辑运算。因此计算机的通用性很强。

### 1.1.3　计算机的分类

根据不同的标准，计算机有多种分类方式，常用的分类有如下几种：

**1. 按处理的数据信号不同**

按计算机处理的信号不同，可以将计算机分为数字计算机、模拟计算机和混合计算机。

模拟计算机由模拟运算器件构成，处理的信号用连续量（如：电压、电流等）来表示，运算过程也是连续的。

数字计算机则是由逻辑电子器件构成，其变量为开关量（离散的数字量），采用数字式按位运算，运算模式是离散式的。

**2. 按使用范围不同**

按计算机使用的范围可以将计算机分为通用计算机和专用计算机。

3．按性能分类

根据计算机的主要性能（如字长、存储容量、运算速度、规模和价格）将计算机分为巨型机、大型机、中型机、小型机、工作站、微型机、便携机等。

巨型机是计算机中档次最高的机型，它的运算速度最快、性能最高、技术最复杂。巨型机主要用于解决大型机也难以解决的复杂问题，它是解决科技领域中某些带有挑战性问题的关键工具。目前巨型机的运算速度可达每秒万亿次运算。这种计算机使研究人员可以研究以前无法研究的问题，例如研究更先进的国防尖端技术。

微型机又称 PC 机，PC 是 Personal Computer 的缩写，意思是"个人计算机"，也就是我们平时用来办公或娱乐的微机。它的核心是微处理器。微处理器从问世到现在短短 40 多年中已由 4 位、8 位、32 位发展到现在的 64 位。PC 机已广泛应用于社会的各个领域，从政府机关到家庭，PC 机已无所不在。

随着社会信息化进程的加快，强大的计算能力固然对每一个用户必不可少，而移动办公又将成为一种重要的办公方式。因此，一种可随身携带的"便携机"应运而生，笔记本型电脑就是其中的典型产品之一，它的便携性深受广大用户的欢迎。

### 1.1.4　计算机的主要应用

计算机的主要应用领域包括以下几个方面：

1．科学计算

科学计算一直是计算机的重要应用领域之一。如数学、物理、天文、原子能、生物学等基础学科，以及导弹设计、飞机设计、石油勘探等方面大量而又复杂的计算都需用到计算机。利用计算机进行数据处理，可以节省大量的时间、人力和物力。

2．数据处理

数据处理也称非数值计算。就是对数据信息进行收集、分类、排序、计算、传送、存储以及打印报表或打印各种所需图形等。数据处理一般不涉及复杂的数学问题，但要处理的数据量大，有大量的逻辑运算与判断，输入和输出量也很大。

目前，数据处理广泛应用于办公自动化、企业管理、事务管理、情报检索等，数据处理已成为计算机应用的一个重要方面。随着社会信息化的发展，数据处理还在不断地扩大使用范围。

3．过程控制

利用计算机在生产过程、科学实验过程以及其他过程中，及时收集、检测数据，并由计算机按照某种标准或最佳值进行自动调节和控制，这就是过程控制。

计算机同时也广泛地应用于宇航和军事领域，如导弹、人造卫星、宇宙飞船等飞行器的控制都少不了计算机，同时现代化武器系统也离不开计算机的控制。

4．计算机辅助系统

计算机辅助系统包括计算机辅助设计、计算机辅助制造、计算机辅助教学等。

计算机辅助设计（CAD），就是利用计算机的图形能力来进行设计工作。随着图形输入和输出设备及软件的发展，CAD 技术已广泛应用于飞行器、建筑工程、水利水电工程、服装、大规模集成电路等的设计中，许多设计院现已完全实现了计算机制图。

计算机辅助制造（CAM），就是利用计算机进行生产设备的管理、控制和操作的过程。使用 CAM 技术可以提高产品质量、降低成本、缩短生产周期。将计算机辅助设计（CAD）与计算机辅助制造（CAM）技术集成，实现设计生产自动化，称为计算机集成制造系统。它很可能成为未来制造业的主要生产模式。

计算机辅助教学（CAI）是随着多媒体技术的发展而迅猛发展的一个领域，它利用多媒体计算机的图、文、声、像功能实施教学，是未来教学的发展趋势。

### 5. 人工智能

人工智能的主要目的是用计算机来模拟人的智能，人工智能的研究领域包括模式识别、景物分析、自然语言理解、专家系统、机器人等。当前人工智能的研究已取得了一些成果，如计算机翻译、战术研究、密码分析、医疗诊断等，但距真正的智能还有很长的路要走。

### 6. 数字娱乐

运用计算机网络可以为用户提供丰富的娱乐活动，例如丰富的电影、电视资源、网络游戏等。

### 1.1.5　计算机的发展趋势

目前计算机发展的大趋势是体积愈来愈小、重量愈来愈轻、速度愈来愈快、价格愈来愈便宜、功能愈来愈强大、性能愈来愈完善、应用领域愈来愈宽广。具体表现在以下几个方面：

### 1. 多极化

虽然今天个人计算机已席卷全球，但由于计算机应用的不断深入，对巨型机的需求也在稳步增长。巨型、大型、小型、微型机各有自己的应用领域，形成了一种多极化的形势。

### 2. 网络化

网络化就是利用现代通信和计算机技术，把分布在不同地点的计算机互联起来，按网络协议互相通信，以共享软、硬件和数据资源。它使连接到网络上的用户获取信息的方式发生了根本的转变。传统的会议、电话、文书传递、购物、社交、工作等都可在网上进行。

### 3. 多媒体化

多媒体化使计算机具有综合处理声音、文字、图像和视频信息的能力，其丰富的声、文、图等多媒体信息为用户提供了方便，为计算机进入人类生活的各个领域打开了大门。

### 4. 智能化

智能化的主要研究领域为：模式识别、机器人、专家系统、自然语言的生成与理解等方面。智能化是新一代计算机实现的目标，更强调计算机具有像人一样的能听、说和逻辑思维的能力。目前计算机在这些领域都取得了不同程度的进展，计算机技术将发展到一个更高、更先进的水平。

## 1.2　计算机系统的构成及其工作原理

一个完整的计算机系统是由硬件系统和软件系统两部分组成。硬件系统就是可以看得见的具体实物，包括运算器、控制器、存储器（内存储器和外存储器）以及输入/输出设备等，它是计算机系统的物质基础。软件是相对于硬件而言的。从狭义的角度上讲，软件是指计算机运行所需的各种程序；而从广义的角度上讲，还包括手册、说明书和有关的资料。软件系统看重解决如何管理和使用计算机的问题。没有硬件，谈不上应用计算机；但是，光有硬件而没有软件，计算机也不能工作。所以，硬件和软件是相辅相成的。

### 1.2.1　计算机硬件系统的组成

计算机硬件系统指的是组成计算机的各种物理装置，它是由各种实在的器件所组成，一般是由运算器、控制器、存储器、输入设备和输出设备五大部件组成，如图1.3所示，每一部件分别按要求执行特定的基本功能。

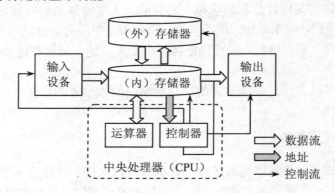

图1.3　计算机的硬件组成框图

#### 1．运算器或算术逻辑单元（Arithmetical and Logical Unit）

运算器的主要功能是对数据进行各种运算，包括算术运算和逻辑运算。其中算术运算包括常规的加、减、乘、除等基本的算术运算，逻辑运算即"与"、"或"、"非"这样的基本逻辑运算以及数据的比较、移位等操作。

#### 2．控制器（Control Unit）

控制器是整个计算机系统的控制中心，它指挥计算机各部分协调地工作，保证计算机按照预先规定的目标和步骤有条不紊地进行操作及处理。

控制器负责从存储器中逐条取出指令，分析每条指令规定的是什么操作以及所需数据的存放位置等，然后根据分析的结果向计算机其他部分发出控制信号，统一指挥整个计算机执行指令所规定的操作。完成一条指令后再取下一条指令并执行该指令。因此控制器的基本任务就是不停地取指令和执行指令。

通常把运算器与控制器合称为中央处理器（Central Processing Unit，简称CPU）。工业生产中总是采用最先进的超大规模集成电路技术来制造中央处理器，即CPU芯片，如图1.4所示。它是计算机的核心部件，犹如人的"大脑"一样。

#### 3．存储器（Memory Unit）

存储器的主要功能是存储程序和各种数据信息，并能在计算机运行过程中高速、自动地完成程序或数据的存取。存储器是具有"记忆"功能的设备，由成千上万个"存储单元"构成，每个存储单元存放一定位数的二进制数，每个存储单元都有唯一的编号，称为存储单元的地址。"存储单元"是基本的存储单位，不同的存储单元是用不同的地址来区分的，就好像居民区的一条街道上某个小区的不同住户是用不同的门牌号码来区分一样。

计算机在计算之前，程序和数据通过输入设备送入存储器，计算机开始工作之后，存储器还要为其他部件提供信息，也要保存中间结果和最终结果。因此，存储器的存数和取数的速度是计算机系统的一个非常重要的性能指标。

存储器根据其在计算机所在的位置可以分为两大类，一类是内部存储器，另一类是外部存储器。

内部存储器简称内存，如图 1.5 所示，是计算机在工作过程中存放程序和数据的地方。微型计算机的内存储器均采用半导体存储器。这种采用大规模、超大规模集成电路工艺制造的半导体存储器，具有密度大、体积小、重量轻、存取速度快等特点。

图 1.4　典型的 CPU 外形　　　　　　　　图 1.5　典型的内存

外部存储器又称辅助存储器，是计算机存放大量静态数据的地方，外部存储器因其位于计算机的主板外边而得名，主要有磁盘存储器、光盘存储器，还有 U 盘存储器等，如图 1.6 所示。

图 1.6　常见的外部存储器

存储器中含有大量的存储单元，如果每个存储单元可以存放八位的二进制信息，这样的存储单元称为一个字节（1Byte=8bit）。存储器中每一个字节都被赋予唯一的序号，这个序号称为地址。CPU 就是按地址来存取存储器中的数据的。

所谓存储器的容量就是指存储器中所包含的字节数。通常使用 KB、MB 和 GB 作为存储容量的单位，其中：1KB=1024B，1MB=1024KB，1GB=1024MB，一般来说，计算机内部存储器容量越大，计算机的运行速度也就越快。

4. 输入设备（Input Device）

用来向计算机输入各种原始数据和程序的设备叫输入设备。输入设备把各种形式的信息，如数字、文字、图像等转换为数字形式的"编码"，即计算机能够识别的用 1 和 0 表示的二进制代码（实际上是电信号）。键盘、鼠标是必备的输入设备，常用的输入设备还有扫描仪、光笔等。

图 1.7　常见的输入设备

5. 输出设备（Output Device）

从计算机输出各类数据的设备叫做输出设备。输出设备把计算机加工处理的结果（仍然是数字形式的编码）变换为人或其他设备所能接收和识别的信息形式，如文字、数字、图形、声音、电压等。常用的输出设备有显示器、音箱、打印机、绘图仪等，如图 1.8 所示。通常把输入设备和输出设备合称为 I/O 设备（输入/输出设备）。

图 1.8    常见的输出设备

### 1.2.2    计算机软件系统

通常，计算机软件系统是指计算机运行时所需的各种程序和数据，以及有关的文档。软件按其功能一般可分为系统软件和应用软件两大类。

1.    系统软件

系统软件是一种综合管理硬件和软件资源，为用户提供一个友好操作界面和工作平台的大型软件。系统软件一般包括操作系统、语言处理程序、数据库管理系统和网络管理系统等。

（1）操作系统。操作系统是计算机的管家，它负责管理和控制计算机各部件协调一致地工作，是一个最基本、最重要的系统软件，其他的所有软件都是建立在操作系统的基础上。一台计算机必须安装了操作系统才能正常工作，由它提供软件的开发环境和运行环境。

DOS、Windows、UNIX、Linux 等都是计算机上使用的操作系统软件。现在最常用的是美国微软公司的 Windows 系列操作系统。

（2）语言处理程序。

①程序设计语言。编写计算机程序所用的语言称为程序设计语言，它是人与计算机之间交换信息的工具，是软件系统的重要组成部分，一般分为机器语言、汇编语言和高级语言三类。

②语言处理程序。语言处理程序的作用是把程序员所编写的源程序转换成计算机能识别并执行的程序。

通常把用高级语言或汇编语言编写的程序称为源程序。计算机不能直接识别和执行源程序，必须先翻译成用机器指令表示的目标程序才能执行。语言处理程序的任务就是将源程序翻译成目标程序。

语言处理程序可分为汇编程序、编译程序和解释程序三种。

汇编程序，把用汇编语言编写的源程序翻译成机器语言程序的程序称为汇编程序，翻译的过程称为"汇编"。

编译程序，编译程序将高级语言源程序整个翻译成机器指令表示的目标程序，使目标程序和源程序在功能上完全等价，然后执行目标程序，得出运算结果。翻译的过程称为"编译"。

解释程序，解释程序将高级语言源程序一句句地翻译为机器指令，每译完一句就执行一句。当源程序翻译完后，目标程序也即执行完毕。

将高级语言源程序翻译为目标程序的两种方式，即编译方式与解释方式各有优缺点。编译方式执行速度快，但占用内存多，并且不灵活，若某源程序有错误，则必须修改后重新编译，从头执行。解释方式灵活，占用内存少，但比编译方式要占用更多的机器时间，并且执行过程一步也离不开翻译程序。

（3）数据库管理系统。计算机要处理的数据往往相当庞大，使用数据库管理系统可以有效地实现数据信息的存储、更新、查询、检索、通信控制等。微机上常用的数据库管理系统有 FoxPro、Clipper、Access、SQL Server 等，大型数据库管理系统有 Oracle、Sybase、DB2 等。

2. 应用软件

应用软件是指为了解决各类应用问题而设计的各种计算机软件。应用软件一般有两类：一类是为特定需要开发的实用软件，如会计核算软件、订票系统、工程预算软件、辅助教学软件等；另一类则是为了方便用户使用而提供的一种软件工具，又称工具软件，如用于文字处理的 Word、用于辅助设计的 AutoCAD、用于系统维护的 PC Tools 等。

应用软件一般不能独立地在计算机上运行而必须有系统软件的支持，支持应用软件运行的最为基础的系统软件就是操作系统。相对于应用软件而言，系统软件离计算机系统的硬件比较近，而离用户关心的问题远一些，它们并不专门针对具体的应用问题。

系统软件和应用软件之间并没有严格的界限。有些软件夹在它们两者中间，不易分清其归属。例如目前有一些专门用来支持软件开发的软件系统（软件工具），包括各种程序设计语言（编程和调试系统）、各种软件开发工具等。它们不涉及用户具体应用的细节，但是能为应用开发提供支持。

### 1.2.3　计算机的工作原理

到目前为止，计算机的工作原理均采用冯·诺依曼的存储程序方式，即把程序存储在计算机内，由计算机自动存取指令并执行它。他的基本思想可以概括为以下三部分内容：

（1）计算机由运算器、控制器、存储器、输入设备、输出设备所组成。

（2）程序和数据在计算机中用二进制数表示。

（3）计算机的工作过程是由存储程序控制的。

计算机能够自动地完成运算或处理过程的基础是存储程序和程序控制，存储程序与程序控制原理是冯·诺依曼思想的核心。

1. 存储程序的概念

存储程序和程序控制原理是计算机的基本工作原理。程序是为解决一个信息处理任务而预先编制的工作执行方案，是由一串 CPU 能够执行的基本指令组成的序列，每一条指令规定了计算机应进行什么操作（如加、减、乘、除、判断等）及操作需要的有关数据。例如，从存储器读一个数据送到运算器就是一条指令，或者从存储器读出一个数据并和运算器中原有的数据相加也是一条指令。

当要求计算机执行某项任务时，就设法把这项任务的解决方法分解成一个一个的步骤，用这种计算机能够执行的指令编写出程序送入计算机，以二进制代码的形式存放在存储器中（习惯上把这一过程叫做程序设计）。一旦程序被"启动"，计算机就可以严格地一条条分析执行程序中的指令，并逐步地自动完成这项任务。

2. 数据和指令均采用二进制形式表示

数据在计算机中是以器件的物理状态，如晶体管的导通和截止来表示的，这种具有两种状态的器件就能表示二进制数。因此，计算机中要处理的所有数据，都要用二进制数来表示，所有的文字、符号也都用二进制编码。

指令是计算机中的另一种重要信息，计算机的所有动作都是按照一条条指令的规定来进行的。指令也是用二进制编码来表示的。

3．用算盘来模拟计算机工作原理

下面我们通过算盘来模拟计算机的工作原理。假设给一个算盘、一张带有横格的纸和一支笔，要求我们计算 y=ax+b-c 这样一个题目，解题步骤和数据都是通过笔记录在横格纸上。模拟过程如表 1.2 所示。

表 1.2　记录解题步骤和数据的横格纸

| 行号 | 解题步骤与数据 | | 说明 |
| --- | --- | --- | --- |
| 1 | 取数 | （9）→算盘 | （9）表示第 9 行的数 a，下同 |
| 2 | 乘法 | （12）→算盘 | 完成 ax，结果在算盘上 |
| 3 | 加法 | （10）→算盘 | 完成 ax+b，结果在算盘上 |
| 4 | 减法 | （11）→算盘 | 完成 y=ax+b-c，结果在算盘上 |
| 5 | 存数 | y →13 | 算盘上 y 的值写在第 13 行 |
| 6 | 输出 | | 把算盘上的 y 值写出给人看 |
| 7 | 停止 | | 运算完毕 |
| 8 | | | |
| 9 | a | | 数据 |
| 10 | b | | 数据 |
| 11 | c | | 数据 |
| 12 | x | | 数据 |
| 13 | y | | 数据 |

第一步，将横格纸编上序号，每一行占一个序号，如 1、2、…、n。

第二步，把计算式中给定的四个数 a、b、c 和 x 分别写在横格纸的第 9、10、11、12 行上，每一行只写一个数。

第三步，写出解题步骤，并且解题步骤也需要记在横格纸上，每一步也只写一行。比如第一步写在横格纸的第 1 行，第二步写在第 2 行，……，依此类推。

第四步，然后利用算盘按照横格纸上的解题步骤和数据来完成 y=ax+b-c 的计算，并将计算的结果写在横格纸的第 13 行。

计算机解题的过程完全和上述算盘解题的情况相似，比如算盘的功能就类似于计算机的运算器，用来完成加、减、乘、除运算；横格纸记录的数据和解题步骤就是计算机中的存储器的功能；记录数据和解题步骤的笔就类似于计算机中的输入设备和输出设备；而控制整个过程的人的大脑就相当于计算机的控制器。

# 1.3　计算机中的数制和编码

## 1.3.1　数制的基本知识

人们在日常生活中经常遇到计数问题，并且习惯用十进制数。而在计算机中，通常采用二进制数，有时也采用十六进制和八进制数。我们把多位数码中每一位的构成方法以及从低位到高位的进位规则称为数制。

1．十进制

构成十进制的数码是：0、1、2、3、4、5、6、7、8、9。进位规则是逢 10 进 1。所谓十进制就是以 10 为基数的计数体制。

十进制数的展开公式：$D = \sum k_i \times 10^i$

其中：$k_i$ 为第 i 位的系数；$10^i$ 称为第 i 位的权。

例如：$(143.65)_D = 1 \times 10^2 + 4 \times 10^1 + 3 \times 10^0$
$$+ 6 \times 10^{-1} + 5 \times 10^{-2}$$

2．二进制

构成二进制的数码是：0、1。进位规则是逢 2 进 1。

所谓十进制就是以 2 为基数的计数体制。

二进制数的展开公式：$D = \sum k_i \times 2^i$

其中：$k_i$ 为第 i 位的系数；$2^i$ 称为第 i 位的权。

例如：$(10011.11)_B = 1 \times 2^4 + 0 \times 2^3 + 0 \times 2^2 + 1 \times 2^1 + 1 \times 2^0 + 1 \times 2^{-1} + 1 \times 2^{-2}$
$$= (19.75)_D$$

（1）二进制的优点。在计算机中，广泛采用的是只有"0"和"1"两个数字组成的二进制数，而不使用人们习惯的十进制数，原因如下：

①二进制数在物理上最容易实现。例如，可以只用高、低两个电平表示"1"和"0"，也可以用脉冲的有无或者脉冲的正负极性来表示它们。

②二进制数的编码、计数、加减运算规则非常简单。

③二进制数的两个符号"1"和"0"正好与逻辑命题的两个值"是"和"否"或"真"和"假"相对应，为计算机实现逻辑运算和程序中的逻辑判断提供了便利的条件。

（2）二进制的运算。在计算机中，二进制数可实现算术运算和逻辑运算。

①算术运算。

加法：0+0=0　　1+0=0+1=1　　1+1=10

减法：0-0=0　　10-1=1　　1-0=1　　1-1=0

乘法：0×0=0　　0×1=1×0=0　　1×1=1

除法：0/1=0　　1/1=1

②逻辑运算。

● 与运算符号："∧"、"·"

　　0∧0=0　　0∧1=0　　1∧0=0　　1∧1=1

　　与运算中，当两个逻辑值都为 1 时，结果为 1，否则为 0。

● 或运算符号："∨"、"+"

　　0∨0=0　　0∨1=1　　1∨0=1　　1∨1=1

　　或运算中，当两个逻辑值有一个为 1 时，结果为 1，否则为 0。

● 非运算符号："‾"

　　非运算中，对每位的逻辑值取反。

　　规则："1"取反为"0"，"0"取反为"1"。

### 3. 十六进制

构成十六进制的数码是：0、1、2、3、4、5、6、7、8、9、A（10）、B（11）、C（12）、D（13）、E（14）、F（15）。进位规则是逢 16 进 1。

所谓十六进制就是以 16 为基数的计数体制。

十六进制数的展开公式：$D = \sum k_i \times 16^i$

其中：$k_i$ 为第 i 位的系数；$16^i$ 称为第 i 位的权。

例如：$(3D.BE)_H = 3 \times 16^1 + 13 \times 16^0 + 11 \times 16^{-1} + 14 \times 16^{-2}$

$$= (61.74)_D \quad （保留小数点后两位）$$

十六进制的优点为：

（1）与二进制之间的转换容易。

（2）计数容量较其他进制都大。

（3）书写简洁。

### 4. 八进制

构成八进制的数码是：0、1、2、3、4、5、6、7。进位规则是逢 8 进 1。

所谓八进制就是以 8 为基数的计数体制。

八进制数的展开公式：$D = \sum k_i \times 8^i$

其中：$k_i$ 为第 i 位的系数；$8^i$ 称为第 i 位的权。

例如：$(752.1)_O = 7 \times 8^2 + 5 \times 8^1 + 2 \times 8^0 + 1 \times 8^{-1} = (490.125)_D$

### 5. 不同数制间的相互转换

（1）十进制数转换为二进制数

对于十进制数的整数部分和小数部分在转换时须作不同的计算，分别求得后再进行组合。

①十进制整数转换为二进制数（除 2 取余法）。方法：逐次除以 2，每次求得的余数即为二进制数整数部分各位的数码，直到商为 0。

②十进制纯小数转换为二进制数（乘 2 取整法）。方法：逐次乘以 2，每次乘积的整数部分即为二进制数小数各位的数码。

**例 1.1** 把十进制数 69.8125 转换为二进制数。

对整数部分 69 进行转换：

余数

| 2 | 69 | |
|---|---|---|
| 2 | 34 | $1 \cdots\cdots b_0$ |
| 2 | 17 | $0 \cdots\cdots b_1$ |
| 2 | 8 | $1 \cdots\cdots b_2$ |
| 2 | 4 | $0 \cdots\cdots b_3$ |
| 2 | 2 | $0 \cdots\cdots b_4$ |
| 2 | 1 | $0 \cdots\cdots b_5$ |
| | 0 | $1 \cdots\cdots b_6$ |

整数部分：$(69)_{10} = (1000101)_2$

十进制小数 0.8125 转换为二进制小数。

$$
\begin{array}{r}
0.8125 \\
\times \qquad 2 \\
\hline
1.6250
\end{array}
$$

$$
\begin{array}{r}
0.625 \\
\times \quad 2 \\
\hline
1.250
\end{array}
$$

$$
\begin{array}{r}
0.25 \\
\times \quad 2 \\
\hline
0.50
\end{array}
$$

$$
\begin{array}{r}
0.5 \\
\times \quad 2 \\
\hline
1.0
\end{array}
$$

取整数部分　　　1　　　　1　　　　0　　　　1

　　　　　　　　$b_{-1}$　　　$b_{-2}$　　　$b_{-3}$　　　$b_{-4}$

小数部分：$(0.8125)_{10} = (0.1101)_2$

因此：$(69.8125)_{10} = (1000101.1101)_2$

十进制数转换成八进制数和十六进制数也可用上述方法进行。

（2）二进制数与八进制数的互相转换。

①二进制数转换成八进制数。二进制数转换成八进制数的方法是：将二进制数从小数点开始分别向左（整数部分）和向右（小数部分）每 3 位二进制分成一组，转换成八进制数码中的一个数字，连接起来。不足 3 位时，对原数值用 0 补足 3 位。

**例 1.2**　把二进制数 $(11110010.1110011)_2$ 转换为八进制数。

| 二进制 3 位分组 | 011 | 110 | 010 | . | 111 | 001 | 100 |
|---|---|---|---|---|---|---|---|
| 转换为八进制 | 3 | 6 | 2 | . | 7 | 1 | 4 |

因此：$(11110010.1110011)_2 = (362.714)_8$

②八进制数转换成二进制数。八进制数转换成二进制数的方法是：将每一位八进制数写成相应的 3 位二进制数，再按顺序排列好。

**例 1.3**　把八进制数 $(2376.14)_8$ 转换为二进制数。

| 八进制 1 位 | 2 | 3 | 7 | 6 | . | 1 | 4 |
|---|---|---|---|---|---|---|---|
| 二进制 3 位 | 010 | 011 | 111 | 110 | . | 001 | 100 |

因此：$(2376.14)_8 = (10011111110.0011)_2$

（3）二进制数与十六进制数的互相转换。二进制数与十六进制数的转换方法是：和二进制数与八进制数的转换方法类似，这里十六进制数的 1 位与二进制数的 4 位数相对应，再按顺序排列好；而十六进制数与二进制数的转换，显然是将 4 位二进制数码为一组对应成 1 位十六进制数。

**例 1.4**　把二进制数 $(110101011101001.011)_2$ 转换为十六进制数。

| 二进制 4 位分组 | 0110 | 1010 | 1110 | 1001 | . | 0110 |
|---|---|---|---|---|---|---|
| 转换为十六进制 | 6 | A | E | 9 | . | 6 |

因此：$(110101011101001.011)_2 = (6AE9.6)_{16}$

同样在转换中若要将十进制数转换为八进制数和十六进制数时，也可以先把十进制数转换成二进制数，然后再转换为八进制数或十六进制数，如表 1.3 所示为常用计数制对照表。

表 1.3 常用计数制对照表

| 十进制 | 二进制 | 八进制 | 十六进制 |
| --- | --- | --- | --- |
| 0 | 0 | 0 | 0 |
| 1 | 01 | 1 | 1 |
| 2 | 10 | 2 | 2 |
| 3 | 11 | 3 | 3 |
| 4 | 100 | 4 | 4 |
| 5 | 101 | 5 | 5 |
| 6 | 110 | 6 | 6 |
| 7 | 111 | 7 | 7 |
| 8 | 1000 | 10 | 8 |
| 9 | 1001 | 11 | 9 |
| 10 | 1010 | 12 | A |
| 11 | 1011 | 13 | B |
| 12 | 1100 | 14 | C |
| 13 | 1101 | 15 | D |
| 14 | 1110 | 16 | E |
| 15 | 1111 | 17 | F |
| 16 | 10000 | 20 | 10 |

例如，将十进制数 673 转换为二进制数，可以先转换成八进制数（除以 8 求余法）得 1241，再按每位八进制数转为 3 位二进制数，求得 1010100001B，如还要转换成十六进制数，用 4 位一组很快就能得到 2A1H。

### 1.3.2 计算机中的码制

#### 1. 机器数与真值

在计算机中，表示数值的数字符号只有 0 和 1 两个数码，对于符号位可以用 0 表示正号，用 1 表示负号。这样，机器中的数值和符号全"数码化"了。为简化机器中数据的运算操作，人们采用了原码、补码及反码等几种方法对数值位和符号位统一进行编码。为区别起见，我们将数在机器中的这些编码表示称为机器数（如：10000001），而将原来的实际数值称为机器数的真值（如：-0000001）。

#### 2. 数的原码、反码和补码表示

计算机中只有二进制数值，所有的符号都是用二进制数值代码表示的，数的正、负号也是用二进制代码表示。以下引进机器数的 3 种表示法：原码、补码和反码。

（1）原码表示法。原码表示方法中，数值用绝对值表示，在数值的最左边用"0"和"1"分别表示正数和负数，书写成[X]原表示 X 的原码。

例如，在 8 位二进制数中，十进制数+23 和-23 的原码表示为：

$[+23]_原$=00010111

$[-23]_原$=10010111

其中最高位表示符号位，其余七位表示数值。应注意，0 的原码有两种表示，分别是"00…0"和"10…0"，都作为 0 处理。

（2）反码表示法。正数的反码等于这个数本身，负数的反码等于其数值位各位求反。例如：

$[+12]_反$=00001100

$[-12]_反$=11110011

（3）补码表示法。在计算机进行减法运算时，一般是转化为加法来进行。具体是怎样统一用加法来实现呢？这里先来看一个实例。对一个钟表，将指针从 6 拨到 2，可以顺拨 8，也可以倒拨 4，用式子表示就是：6+8-12=2 和 6-4=2，这里 12 称为它的"模"。8 与-4 对于模 12 来说是互为补数。计算机中是以 2 为模对数值作加法运算的，因此可以引入补码，把减法运算转换为加法运算。

求一个二进制数补码的方法是，正数的补码与其原码相同；负数的补码是把其原码除符号位外的各位先求其反码，然后在最低位加 1。通常用$[X]_补$表示 X 的补码，比如：+4 和-4 的补码表示为：

$[+4]_补$=00000100

$[-4]_补$=11111100

**例 1.5**　用八位补码计算 6-4。

因为$[6]_补$=00000110，$[-4]_补$=11111100

```
    00000110
  + 11111100
 _____
  000000010
```

最高位 0 丢失，取 8 位有效位，所以 00000110-00000100=00000110+11111100=00000010。

**3．信息编码**

把对某一类信息赋予代码的过程称为编码（Coding）。信息编码（Information Coding）就是将表示信息的某种符号体系转换成便于计算机或人识别和处理的另一种符号体系；或在同一系统中，由一种信息表示形式转变为另一种信息表示形式的过程。下面简单介绍几种信息编码。

（1）BCD 码。BCD 码用 4 位二进制数表示一位十进制数，例如，BCD 码 1000 0010 0110 1001 按 4 位二进制一组分别转换，结果是十进制数 8269，一位 BCD 码中的 4 位二进制代码都是有权的，从左到右按高位到低位依次权是 8、4、2、1，这种二一十进制编码是一种有权码。1 位 BCD 码最小数是 0000，最大数是 1001。

（2）ASCII 码。ASCII 码（American Standard Code for Information Interchange）是美国信息交换标准代码的简称，主要用来对键盘上的信息进行编码。ASCII 码占一个字节，有 7 位 ASCII 码和 8 位 ASCII 码两种，7 位 ASCII 码称为标准 ASCII 码，8 位 ASCII 码称为扩充 ASCII 码。7 位二进制数给出了 128 个不同的组合，表示了 128 个不同的字符。其中 95 个字符可以显示，包括大小写英文字母、数字、运算符号、标点符号等。另外的 33 个字符，是不可显示的，它们是控制码，编码值为 0～31 和 127。例如，回车符（CR），编码为 13，如表 1.4 为

ASCII 码字符编码表。

表 1.4　ASCII 码字符编码表

| b₃b₂b₁b₀ ＼ b₆b₅b₄ | 000 | 001 | 010 | 011 | 100 | 101 | 110 | 111 |
|---|---|---|---|---|---|---|---|---|
| 0000 | NUL | DLE | SP | 0 | @ | P | ` | p |
| 0001 | SOH | DC1 | ! | 1 | A | Q | a | q |
| 0010 | STX | DC2 | " | 2 | B | R | b | r |
| 0011 | ETX | DC3 | # | 3 | C | S | c | s |
| 0100 | EOT | DC4 | % | 4 | D | T | d | t |
| 0101 | ENQ | NAK | & | 5 | E | U | e | u |
| 0110 | ACK | SYN | ' | 6 | F | V | f | v |
| 0111 | BEL | ETB | ( | 7 | G | W | g | w |
| 1000 | BS | CAN | ) | 8 | H | X | h | x |
| 1001 | HT | EM | * | 9 | I | Y | i | y |
| 1010 | LF | SUB | + | : | J | Z | j | z |
| 1011 | VT | ESC | , | ; | K | [ | k | { |
| 1100 | FF | FS | - | < | L | \ | l | | |
| 1101 | CR | GS | . | = | M | ] | m | } |
| 1110 | SO | RS | / | > | N | ^ | n | ~ |
| 1111 | SI | US | | ? | O | _ | o | DEL |

（3）汉字编码。

①汉字内码。汉字信息在计算机内部也是以二进制方式存放。由于汉字数量多，用一个字节的 128 种状态不能全部表示出来，因此在 1980 年我国颁布的《信息交换用汉字编码字符集——基本集》，即国家标准 GB2312－80 方案中规定用两个字节的 16 位二进制表示一个汉字，每个字节都只使用低 7 位（与 ASCII 码相同），即有 128×128=16384 种状态。由于 ASCII 码的 34 个控制代码在汉字系统中也要使用，为不致发生冲突，不能作为汉字编码，128 除去 34 只剩 94 种，所以汉字编码表的大小是 94×94=8836，用以表示国标码规定的 7445 个汉字和图形符号。

每个汉字或图形符号分别用两位的十进制区码（行码）和两位的十进制位码（列码）表示，不足的地方补 0，组合起来就是区位码。如上面所述，汉字的区码或位码范围都为 1～94，如果直接利用其作为汉字内码，就会与基本 ASCII 码相冲突。因此，把区码和位码都加上 20H（十进制 32）以避开基本 ASCII 码的控制码。这样转换成的二进制代码叫做信息交换码（简称国标码）。

区位码转换成国标码的规则是：

国标码高位字节=区码+20H

国标码低位字节=位码+20H

国标码共有汉字 6763 个（一级汉字，是最常用的汉字，按汉语拼音字母顺序排列，共 3755 个；二级汉字，属于次常用汉字，按偏旁部首的笔划顺序排列，共 3008 个），数字、字母、符号等 682 个，共 7445 个。

为方便计算机内部处理和存储汉字，又区别于 ASCII 码，将国标码中的高位和低位字节的最高位改为 1（十六进制加 80H），这样就形成了在计算机内部用来进行汉字的存储、运算的编码，称为机内码（或汉字内码，或内码）。内码既与国标码有简单的对应关系，易于转换，又与 ASCII 码有明显的区别，且有统一的标准（内码是唯一的）。

国标码转换成机内码的规则是：

机内码高位字节=国标码高位字节+80H

机内码低位字节=国标码低位字节+80H

**例 1.6**　已知汉字"春"的国标码为 343AH，求其机内码？

机内码=国标码+8080H=343AH+8080H=B4BAH

②汉字外码（输入码）。无论是区位码或国标码都不利于输入汉字，为方便汉字的输入而制定的汉字编码，称为汉字输入码。汉字输入码属于外码。不同的输入方法，形成了不同的汉字外码。常见的输入法有以下几类：

按汉字的排列顺序形成的编码（流水码）：如区位码。

按汉字的读音形成的编码（音码）：如全拼、简拼、双拼等。

按汉字的字形形成的编码（形码）：如五笔字型、郑码等。

按汉字的音、形结合形成的编码（音形码）：如自然码、智能 ABC。

输入码在计算机中必须转换成机内码，才能进行存储和处理。

③汉字字形码。为了将汉字在显示器或打印机上输出，把汉字按图形符号设计成点阵图，就得到了相应的点阵代码（字形码）。

全部汉字字码的集合叫汉字字库。汉字库可分为软字库和硬字库。软字库以文件的形式存放在硬盘上，现在多用这种方式。硬字库则将字库固化在一个单独的存储芯片中，再和其他必要的器件组成接口卡，插接在计算机上，通常称为汉卡。

用于显示的字库叫显示字库。显示一个汉字一般采用 16×16 点阵或 24×24 点阵或 48×48 点阵。已知汉字点阵的大小，可以计算出存储一个汉字所需占用的字节空间。例如，用 16×16 点阵表示一个汉字，就是将每个汉字用 16 行，每行 16 个点表示，一个点需要 1 位二进制代码，16 个点需用 16 位二进制代码（即 2 个字节），共 16 行，所以需要 16 行×2 字节/行 =32 字节，即 16×16 点阵表示一个汉字，字形码需用 32 字节。

即：字节数=点阵行数×点阵列数÷8

用于打印的字库叫打印字库，其中的汉字比显示字库多，而且工作时也不像显示字库需调入内存。

可以这样理解，为在计算机内表示汉字而统一的编码方式形成的汉字编码叫内码（如国标码），内码是唯一的。为方便汉字输入而形成的汉字编码为输入码，属于汉字的外码，输入码因编码方式不同而不同，是多种多样的。为显示和打印输出汉字而形成的汉字编码为字形码，计算机通过汉字内码在字模库中找出汉字的字形码，实现其转换。

**例 1.7**　用 24×24 点阵来表示一个汉字（一个点为一个二进制位），则 2000 个汉字需要多少 KB 容量？

（24×24÷8）×2000÷1024=140.7KB≈141KB

④汉字交换码。汉字在计算机中如何表示呢？当然也是采用二进制的数值编码。我国国家标准 GB2312－80《信息交换用汉字编码字符集》中规定了用连续的两个字节对应一个汉字

进行编码。这样最多能表示出 $2^7 \times 2^7 = 16384$ 个符号，实际收录了 7445 个图形字符。

本章主要介绍了计算机的发展简史、计算机的特点及分类、计算机的主要应用、计算机的构成和计算机的基本工作原理以及计算机中的数制和编码。

通过本章学习，要求了解计算机的发展简史和应用领域，了解计算机的硬件、软件基本知识，熟悉计算机的基本构成以及其工作原理，并能够完成各种数制和码制之间的数值转换。

### 一、选择题

1. 世界上第一台电子数字计算机是（　　），诞生在美国宾夕法尼亚大学。
   A．ABC
   B．ENIAC
   C．EDVAC
   D．EDSAC

2. 第三代计算机的逻辑器件采用的是（　　）。
   A．晶体管
   B．中小规模集成电路
   C．大规模集成电路
   D．微处理器集成电路

3. 一个完整的计算机系统应包括（　　）。
   A．主机和系统软件
   B．硬件系统与软件系统
   C．硬件系统和应用软件
   D．计算机及其外部设备

4. 在下列设备中，属于输入设备的是（　　）。
   A．打印机
   B．鼠标
   C．扫描仪
   D．显示器

5. 在下列设备中属于计算机输出设备的是（　　）。
   A．显示器
   B．打印机
   C．绘图仪
   D．键盘

### 二、填空题

1. 计算机硬件系统的五大部件为_____、_____、_____、_____、_____。

2. 存储器根据其在计算机里所处的位置可以分为一类是_____，另一类是_____。

3. 计算机软件系统按其功能一般可分为_____和_____两大类。

4. 数的真值变成机器码可采用原码表示法、_____表示法、_____表示法。

5. 写出十进制数 25 对应的二进制数_____和十六进制数_____。

### 三、判断题

1. 现代计算机的发展速度是按照摩尔定律在飞速地发展。　　　（　　）

2. 存储器的功能是只能存储程序。　　　（　　）

3．计算机既可以完成算术运算又可以进行逻辑运算。　　　　　　　　（　　）

4．计算机引入补码的目的是为了把减法运算转换为加法运算。　　　　（　　）

5．ASCII 码是美国信息交换标准代码的简称，主要用来对键盘上的信息进行编码。

（　　）

## 四、问答题

1．简述计算机的主要应用领域。

2．简述计算机的主要组成部件及各部件的作用。

# 第 2 章　Windows 7 操作系统基础

Windows 7 是微软公司于 2009 年 10 月 22 日发布（正式版）的新一代操作系统。它在继承了 Windows XP 实用性和 Windows Vista 华丽的同时，也完成了很大变革。Windows 7 包含 6 个版本，能够满足不同用户使用时的需要。本系统围绕用户个性化设计、应用服务设计、用户易用设计、娱乐视听设计等方面增加了很多特色功能。本章内容将对操作系统的概念和操作系统的发展过程进行回顾，对现今常用的操作系统进行介绍，最后对 Windows 7 操作系统进行详细说明。

## 2.1　操作系统

### 2.1.1　操作系统概述

操作系统（Operating System，OS）是计算机系统中的重要系统软件，是这样一些程序模块的集合——管理和控制计算机系统的全部软件和硬件资源，合理组织计算机的各部分协调工作，并为用户提供良好的工作环境和友好的接口，给用户一个功能强大、使用方便的计算机系统。

根据操作系统在用户界面的使用环境和功能特征不同，操作系统一般可分为三种基本类型，即批处理系统、分时系统和实时系统。随着计算机体系结构的发展，又出现了个人操作系统、网络操作系统、分布式操作系统和嵌入式操作系统等不同类型的操作系统。现在使用最多的就是 Windows 系列操作系统。

### 2.1.2　操作系统的功能

根据前面对操作系统的定义可知，操作系统的主要工作是管理软硬件资源，为用户提供一个良好的界面，对计算机的工作流程进行合理组织。从资源管理和用户接口的角度看，操作系统具有以下 5 个功能。

1. 处理机管理

为了在多用户的情况下组织多个作业进行工作，处理机管理要解决处理机如何调度、分配实施和资源回收问题。

2. 存储管理

主要完成内存储器的管理，包括内存分配回收、内存的保护和内存的扩充。

3. 设备管理

完成通道、控制器、输入输出设备的分配和管理，经常采用的是虚拟技术和缓冲技术。

4. 文件管理

负责对在外存上的大量信息进行管理，完成信息的共享、保密和保护。

5. 用户接口

一个友好的用户接口是操作系统为用户提供的使用计算机方便灵活的手段。操作系统提供的常用界面方式为命令接口方式、系统调用方式和图形操作界面方式。

### 2.1.3　操作系统的特性

操作系统具有并发性、共享性、虚拟性和异步性 4 个基本特征。

1. 并发性

并发性是指两个或多个事件在同一时间间隔内发生。宏观上计算机系统中的多个程序是在同时执行，实际微观上任何时刻只有一个程序在执行。

2. 共享性

指系统中的资源可供内存中多个并发执行的进程共同使用。根据资源的属性不同，资源的共享可分为互斥共享和同时共享。

3. 虚拟性

利用虚拟技术将计算机中的某个物理实体变为若干个逻辑上的对应物，虚拟性地实现对计算机的扩充。

4. 异步性

计算机在多道环境下，每个程序何时执行、何时暂停、怎样推进都是不可知的，进程是以异步的方式运行的。

### 2.1.4　操作系统的分类

随着计算机技术和软件技术长期不断的发展，已经形成了各种类型的操作系统。根据操作系统的使用环境和作业的处理方式，可以进行如下分类：

1. 多道批处理操作系统

采用多道程序技术的操作系统，即待处理的作业存放在外存上，形成作业队列等待运行，当需要调入作业时，通过操作系统中的作业调度程序选择一批作业调入内存交替执行。

2. 分时系统

分时系统最大特点就是引入分时技术，也就是把处理机的运行时间分成很短的时间片，按时间片轮流把处理机分配给联机作业使用，大家轮流执行直到完成。

3. 实时系统

实时系统是指系统能及时响应外部事件的请求，在规定的时间内完成对该事件的处理，并控制所有实时任务协调一致的完成。

4. 通用操作系统

在前三种操作系统基础上发展出的具有多种类型操作特征的操作系统，称为通用操作系统。

5. 个人计算机操作系统

在个人计算机上使用的操作系统称为个人计算机操作系统，目前这类操作系统以 Windows 和 Linux 系统为主。

6. 网络操作系统

网络操作系统是指通过通信设施将物理上分散的自治功能的多个计算机系统互联起来，实现信息交换、资源共享、可互操作和协作处理的系统。

7. 分布式操作系统

分布式系统可以定义为通过通信网络将物理上分布的具有自治功能的数据处理系统或计

算机系统互联起来，实现信息交换和资源共享，协作完成任务。它和集中式操作系统的区别在于资源管理、进程通信和系统结构等方面。

### 2.1.5　操作系统提供的服务

计算机是为用户提供服务的，计算机所完成的任何工作，都是为了满足用户需求。引入操作系统能够让计算机为用户提供更好的服务，计算机要提供一个良好的界面，使用户不需要了解许多与硬件和软件之间的细节，能够方便灵活地使用计算机。同时操作系统还要为用户提供可靠安全的服务。

操作系统提供的服务具体来说可以有创建程序、执行程序、数据输入输出、信息存取、通信服务以及错误检测和处理等。

## 2.2　常用操作系统简介

### 2.2.1　Windows 发展

Windows 是一个为个人计算机和服务器用户设计的操作系统，它有时也被称为"视窗操作系统"。它的第一个版本 Windows 1.0 由美国微软（Microsoft）公司于 1985 年发行，Windows 2.0 于 1987 年发行，由于当时硬件和 DOS 操作系统的限制，这两个版本并没有取得很大的成功。此后，Microsoft 公司对 Windows 的内存管理、图形界面做了重大改进，使图形界面更加美观并支持虚拟内存，于 1990 年 5 月推出的 Windows 3.0 在商业上取得惊人的成功，从而一举奠定了 Microsoft 在操作系统上的垄断地位。1992 年，Windows 3.1 发布。1994 年，Windows 3.2 的中文版本发布并很快流行了起来。1995 年，Microsoft 推出了新一代操作系统 Windows 95，它可以独立运行而无需 DOS 支持。1998 年推出的 Windows 98，2000 年推出的 Windows Me、Windows 2000 以及 2001 年推出的 Windows XP 操作系统，这些版本的操作系统以其直观简洁的操作界面、强大的功能，使众多的计算机用户能够方便快捷地使用计算机。

2009 年 10 月 22 日微软在美国正式发布的 Windows 7 是现在最流行的操作系统，核心版本号为 Windows NT 6.1。Windows 7 具有 6 个版本，可供家庭及商业工作环境、笔记本电脑、平板电脑、多媒体中心等使用。

Windows 7 与以前微软公司推出的操作系统相比，具有以下特色：

1. 易用

Windows 7 提供了很多方便用户的设计，比如：窗口半屏显示、快速最大化、跳转列表等。

2. 快速

Windows 7 大幅缩减了 Windows 的启动时间，据实测，在 2008 年的中低端配置下运行，系统加载时间一般不超过 20 秒，这与 Windows Vista 的 40 余秒相比，是一个很大的进步。

3. 特效

Windows 7 效果很华丽，除了有碰撞效果、水滴效果，还有丰富的桌面小工具。与 Vista 相比，这些方面都增色很多，并且在拥有这些新特效的同时，Windows 7 的资源消耗却是最低的。

4. 简单安全

Windows 7 改进了安全和功能合法性，还把数据保护和管理扩展到外围设备。改进了基于角色的计算方案和用户账户管理，在数据保护和坚固协作的固有冲突之间搭建沟通桥梁，同时也能够开启企业级的数据保护和权限许可。

### 2.2.2　Linux 操作系统

Linux操作系统是UNIX操作系统的一种克隆系统，是一种自由和开放源码的类 UNIX 操作系统。它诞生于 1991 年的 10 月 5 日（这是第一次正式向外公布的时间）。以后借助于 Internet 网络，在全世界各地计算机爱好者的共同努力下，现已成为世界上使用最多的类 UNIX 操作系统，并且使用人数还在迅猛增长。

目前存在着许多不同的 Linux，但它们都使用了 Linux 内核。Linux 可安装在各种计算机硬件设备中，从手机、平板电脑、路由器和视频游戏控制台，到台式计算机、大型机和超级计算机。Linux 是一个技术领先的操作系统，世界上运算最快的 10 台超级计算机运行的都是 Linux 操作系统。严格来讲，Linux 这个词本身只表示 Linux 内核，但实际上人们已经习惯了用 Linux 来形容整个基于 Linux 内核，并且使用 GNU 工程各种工具和数据库的操作系统。Linux 得名于计算机业余爱好者 Linus Torvalds。

Linux 操作系统的诞生、发展和成长过程始终依赖着以下五个重要支柱：UNIX 操作系统、MINIX 操作系统、GNU 计划、POSIX 标准和 Internet 网络。

Linux 系统的基本思想有两点：第一，所有一切都是文件；第二，每个软件都具有确定的用途。其中第一条具体说就是系统中的所有东西都归结为一个文件，包括命令、硬件和软件、操作系统、进程等对于操作系统内核而言，都被视为拥有各自特性或类型的文件。有些人认为 Linux 是基于 UNIX 的，很大程度上也是因为这两者的基本思想十分相近。

### 2.2.3　iOS 5 操作系统

苹果移动操作系统 iOS 5，北京时间 2011 年 10 月 13 日凌晨正式在全球范围内推出。iOS 5 系统支持 iPhone 3GS、iPhone 4、iPad 一代和二代、iPod Touch 三代和四代，后来推出的 iPhone 4S 安装的也是这个版本的操作系统。在使用时用户可以登录苹果的官方网站进行下载，下载升级前用户需要先下载最新 iTunes 版本，然后将 iOS 设备连接至 iTunes 就可以更新新版的操作系统。

iOS 5 比之前的操作系统加入了 200 多项新功能。包括：全新的通知功能、提醒事项、免费在 iOS 5 设备间发送信息的 iMessage、系统集成 Twitter、可以下载最新杂志报纸的虚拟书报亭等，在这 200 多项新功能提升中有 12 项重点更新。

1. 拍照功能

在拍照功能上 iOS 5 可以让 iPhone 在锁屏状态下迅速进入拍照界面，并使用加音量键进行拍照，还能对照片进行裁切、旋转、增强效果并去除照片中的红眼。

2. 邮件功能

iOS 5 在邮件功能中增加了更多文字格式和首行缩进控制操作。

3. Safari 浏览器改进

Safari 浏览器加入了阅读器和阅读列表模式，在 iPad 上还支持多标签浏览。

4. PC Free

iOS 5 新增的 PC Free 功能使 iOS 5 设备不需要连接计算机就能激活，此外也可以使 iOS 的设备通过无线局域网和计算机的 iTunes 进行同步。

5. iCloud 云服务

iCloud 云服务是 iOS 5 最大的卖点之一。用户可以通过 iCloud 备份自己设备上的各类数据，并可以通过此功能查找自己的 iOS 设备以及朋友的大概位置。iCloud 能使用户在一台 iOS 上购买的应用、音乐、书籍无线同步出现在该用户的其他同账号 iOS 设备上，iPhone 拍摄的照片也能同步出现在 iPad 以及安装了 iCloud 客户端的 PC 和 Mac 上。iCloud 的免费容量 5GB，用户可以购买更大空间。

6. 其他

通知中心、iBook 内支持杂志购买、Twitter 嵌入 iOS 5 系统、Reminders 提醒功能、Game Center 更新、Mail 新邮件功能提供字典等功能的加入都让用户使用起来觉得更方便高效。

### 2.2.4　Android 操作系统

Android 是一种以 Linux 为基础的开放源码操作系统，主要使用在便携设备中，大家比较熟悉的就是用于手机中。目前尚未有统一的中文名称，中国大陆地区多叫做"安卓"或"安致"。Android 操作系统最初由 Andy Rubin 开发，主要支持手机。2005 年由 Google 收购注资，并组建开放手机联盟进行开发改良，现在已逐渐扩展到平板电脑及其他领域上。Android 的主要竞争对手是苹果公司的 iOS 以及 RIM 的 Blackberry OS。

2011 年第一季度，Android 在全球的市场份额第一次超过塞班系统，跃居全球首位。2012 年 2 月的数据显示，Android 系统占据全球智能手机操作系统市场 52.5%的份额，中国市场占有率为 68.4%。Android 的系统架构和其他操作系统一样，采用了分层的架构。Android 分为四层，从高层到低层分别是应用程序层、应用程序框架层、系统运行库层和 Linux 核心层。

现在 Android 允许开发者使用多种开发语言来编写系统的应用程序，因此受到众多用户的喜爱，渐渐成为真正意义上的开放式操作系统。

# 2.3　Windows 7 操作系统

## 2.3.1　Windows 7 的基本知识

1. Windows 7 的硬件要求

CPU：1GHz 及以上。

内存：1GB。

硬盘：20GB 以上可用空间。

显卡：支持 DirectX 9 或更高版本的显卡，若低于此版本 Aero 主题特效可能无法实现。

其他设备：DVD R/W 驱动器。

2. Windows 7 的版本介绍

Windows 7 包含 6 个版本，分别为 Windows 7 Starter（初级版）、Windows 7 Home Basic（家庭基础版）、Windows 7 Home Premium（家庭高级版）、Windows 7 Professional（专业版）、Windows 7 Enterprise（企业版）和 Windows 7 Ultimate（旗舰版），这六个版本的操作系统功能的全面性都存在差异，主要是为了针对不同用户需求而设计提出的。

3. Windows 7 的安装方式

Windows 7 提供三种安装方式：升级安装、自定义安装和双系统共存安装。

（1）升级安装。这种方式可以将用户当前使用的 Windows 版本替换为 Windows 7，同时保留系统中的文件、设置和程序。如果原来的操作系统是 Windows XP 或更早的版本，建议进行卸载之后再安装 Windows 7。或者采用双系统共存安装的方式将 Windows 7 系统安装在其他硬盘分区。如果系统是 Windows Vista，则可以采用升级安装方式升级到 Windows 7 系统。

（2）自定义安装。此方式将用户当前使用的 Windows 版本替换为 Windows 7 后不保留系统中的文件、设置和程序，也叫清理安装。在进行安装时首先将 BIOS 设置为光盘启动方式，由于不同的主板 BIOS 设置项不同，建议大家先参看使用手册来进行设置。BIOS 设置完之后放入安装盘，根据安装盘的提示和自己的需求完成安装。

（3）双系统共存安装。即保留原有的系统，将 Windows 7 安装在一个独立的分区中，与机器中原有的系统相互独立，互不干扰。双系统共存安装完成后，会自动生成开机启动时的系统选择菜单，这些都和 Windows XP 十分相像。

4．Windows 7 的启动和退出

（1）Windows 7 的启动。打开计算机显示器和机箱开关后，计算机进行开机自检后出现欢迎界面，根据系统的使用用户数，分为单用户登录和多用户登录，如图 2.1 和图 2.2 所示。

图 2.1 单用户登录

图 2.2 多用户登录

单击需要登录的用户名后，如果有密码，输入正确密码后按下 Enter 键或文本框右边的按钮，几秒之后即可进入系统。

（2）Windows 7 的退出。Windows 7 中提供了关机、休眠/睡眠、锁定、注销和切换用户操作来退出系统，用户可以根据自己的需要来进行使用。

- 关机

正常关机：使用完计算机要退出系统并且关闭计算机时进行。单击【开始】按钮，弹出【开始】菜单，单击【关机】按钮，即可完成关机。非正常关机：当用户使用计算机时出现"花屏"、"黑屏"、"蓝屏"等情况时，不能通过【开始】菜单关闭计算机，可以采取长按主机机箱上的电源开关关闭计算机。

- 休眠/睡眠

Windows 7 提供了休眠和睡眠两种待机模式，它们的相同点是进入休眠或者睡眠状态的计算机电源都是打开的，当前系统的状态会保存下来，但是显示器和硬盘都停止工作，当需要使用计算机时进行唤醒后就可进入刚才的使用状态，这样可以在暂时不使用系统时起到省电的效果。这两种方式的不同点在于休眠模式系统的状态保存在硬盘里，而睡眠模式是保存在内存里。进入这两种模式的方法是单击【开始】按钮，单击【关机】按钮旁的小三角按钮弹出菜单，根据需要选择睡眠或者休眠命令。

- 锁定

当用户暂时不使用计算机但又不希望别人对自己的计算机进行查看时，可以使用计算机的锁定功能。实现锁定的操作是单击【开始】按钮，弹出菜单，单击【关机】按钮右边的小三角按钮，弹出菜单，选择【锁定】命令即可完成。当用户再次需要使用计算机时只需输入用户密码即可进入系统。

- 注销

Windows 7 提供多个用户共同使用计算机操作系统的功能，每个用户可以拥有自己的工作环境，当用户使用完需要退出系统时可以采用【注销】命令退出用户环境。具体操作方法是单击【开始】按钮，弹出【开始】菜单，单击【关机】按钮右边的小三角按钮，选择【注销】命令。

- 切换用户

这种方式使用用户之间能够快速地进行切换，当前用户退出系统回到用户登录界面。操作方法为单击【开始】按钮，弹出【开始】菜单，单击【关机】按钮右边的小三角按钮，选择【切换用户】命令。

5. Windows 7 的桌面

当用户登录进入 Windows 7 操作系统之后，就可以看到系统桌面。桌面包括背景、图标、【开始】按钮和任务栏等主要部分，如图 2.3 所示。

用户可以根据自己的喜好进行桌面设置，包括设置桌面主题、桌面背景、桌面图标个性化、屏幕保护程序和更改桌面小工具等操作。用户可以双击桌面图标来快速打开文件、文件夹或应用程序。任务栏主要由程序按钮区、通知区域和【显示桌面】按钮组成，Windows 7 的任务栏比之前的系统都进行了很大创新，使用户使用起来更为方便灵活。

6. Windows 7 窗口

当用户在 Windows 7 系统中打开文件、文件夹或者应用程序时，内容都将在窗口中显示。窗口如图 2.4 所示，它一般由标题栏、菜单栏、控制按钮区、搜索栏、滚动条、状态栏、功能区、细节窗格、导航窗格等部分组成。

图 2.3　Windows 7 桌面

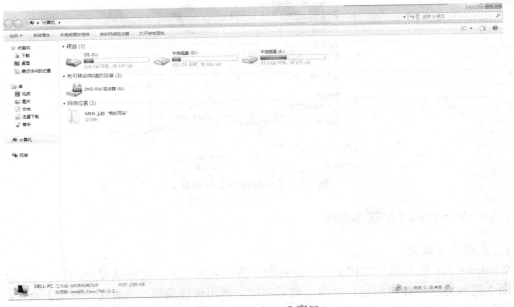

图 2.4　Windows 7 窗口

### 7. 菜单和对话框

菜单中存放着系统中程序的运行命令，它由多个命令按照类别集合在一起构成。一般分为下拉菜单和快捷菜单两种。下拉菜单统一都放在菜单栏中，使用的时候只需单击菜单栏相应项就可出现下拉菜单，通过单击菜单中的命令系统即可进行相应操作。下拉菜单如图 2.5 所示。如图 2.6 所示的右键快捷菜单是通过单击鼠标右键出现的菜单，其中包含了对选中对象的一些操作命令，没有菜单栏里的命令全面，可是这种方式使用起来更为快捷。

对话框在用户对对象进行操作时出现，主要是对对象的操作进行进一步的说明和提示，对话框可以进行移动、关闭操作，但不能进行改变对话框大小的操作。【鼠标属性】对话框如图 2.7 所示。

图 2.5　下拉菜单

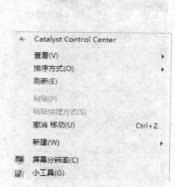

图 2.6　快捷菜单

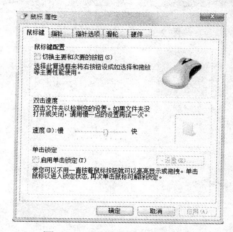

图 2.7　【鼠标属性】对话框

### 2.3.2　Windows 7 的基本操作

1．桌面主题设置

Windows 7 系统为用户提供了一个良好的个性化设置方式，能够满足不同用户的喜好。设置桌面主题的方法为在桌面空白处单击鼠标右键，弹出快捷菜单，选择【个性化】命令，弹出【更改计算机上的视觉效果和声音】窗口，根据用户的需要在窗口中选择相应主题即可完成主题设置。

2．桌面背景设置

Windows 7 系统和以前的 Windows 操作系统一样，提供了桌面背景设置功能，操作步骤为单击打开【更改计算机上的视觉效果和声音】窗口，选择【桌面背景】，弹出【选择桌面背景】窗口，在【图片位置】处选择要使用图片的文件夹，选中所需图片，利用【图片位置】列表设置适合的选项，单击【保存修改】按钮即可完成设置。若要选择用户自己的图片，可以在窗口中单击【浏览】按钮，选中所需图片并且完成图片位置的设置后，单击【保存修改】按钮完成设置，如图 2.8 所示。另外还可以先找到需要设置为桌面背景的图片，单击鼠标右键弹出快捷菜单，选择【设置为桌面背景】命令，即可完成桌面背景的设置。

图 2.8　选择桌面背景

### 3. 屏幕保护程序的设置

在计算机使用的过程中设置屏幕保护程序可以减少耗电，保护计算机显示器和个人隐私等。在 Windows 7 中设置屏幕保护程序的方法是打开【更改计算机上的视觉效果和声音】窗口，选择【屏幕保护程序】选项，在弹出的对话框中根据用户需要可以选择系统自带的屏幕保护程序，对等待时间设置之后单击【保存】按钮，即完成屏幕保护程序的设置。用户也可以利用个人图片来进行屏幕保护程序的设置，方法为在【屏幕保护程序】下拉列表中选中照片，单击【设置】按钮，通过浏览选择所需图片，通过幻灯片放映速度的选择完成屏幕保护程序图片放映速度的设置，最后同样单击【保存】按钮完成设置。

### 4. 更改桌面小工具

Windows 7 提供了很多小工具来供用户使用，可以直接在桌面上显示要使用的小工具，方便用户使用。在桌面显示小工具的方法是在桌面空白处单击鼠标右键，弹出快捷菜单，选择【小工具】项，如图 2.10 所示，在小工具窗口中双击自己需要的小工具，或者单击鼠标右键，弹出快捷菜单，选择【添加】命令，完成小工具的添加。

图 2.9　屏幕保护程序设置　　　　　图 2.10　更改桌面小工具

5. 任务栏操作

Windows 7 对任务栏进行了重新设计，新增了一些功能，可以让用户更灵活地对任务栏进行操作。

（1）隐藏/显示任务栏。在任务栏空白处单击右键，弹出快捷菜单，选择【属性】命令，在弹出的对话框中通过选中和取消选中【自动隐藏任务栏】选项，就可以完成任务栏的隐藏和显示。

（2）调整任务栏的大小和位置。完成此项操作前需对任务栏进行解锁，方法是在任务栏空白处单击右键，弹出快捷菜单，通过取消【锁定任务栏】选项解锁任务栏。接着将鼠标移到任务栏空白区域的上方，待鼠标变化之后，单击鼠标左键进行拖动，即可改变任务栏的大小。或者在任务栏空白区域，利用鼠标拖动到适当位置释放，完成任务栏位置的改变。

### 2.3.3　程序管理

我们这里介绍的应用程序管理操作，主要包括安装应用程序、删除应用程序和设置打开文件的默认程序。

1. 安装应用程序

Windows 系统中安装应用程序的方式基本相同，都是通过执行应用程序的安装文件，跟随安装向导指引设置安装参数来实现的。下面我们以安装 QQ 程序为例，介绍安装应用程序的具体步骤。

首先，我们需要下载或者拷贝应用程序的安装文件。然后，双击执行该安装文件，启动安装向导，如图 2.11 所示。

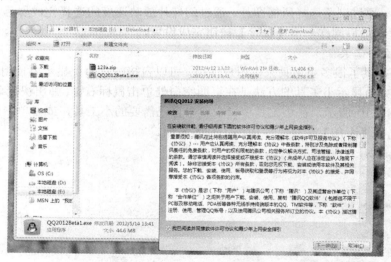

图 2.11　安装程序界面

在打开安装向导以后，选择同意软件许可协议并单击【下一步】按钮。

在图 2.12 中选择安装参数，选中需要的项目，然后单击【下一步】按钮。

在图 2.13 中设置好安装路径之后单击【安装】按钮则开始安装应用程序。

经过一段时间之后出现如图 2.14 所示界面，选择相应项后单击【完成】按钮，安装工作完毕。

2. 卸载应用程序

当用户不再需要某个应用程序时，可以通过下面所述的步骤将其从系统中卸载。

如图 2.15 所示，单击【开始】按钮，选择【控制面板】，打开如图 2.16 所示的【控制面板】窗口后选择【卸载程序】。打开如图 2.17 所示窗口。

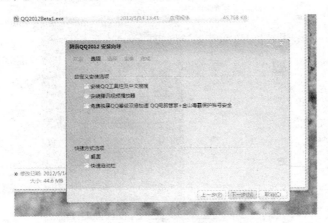

图 2.12　设置安装选项

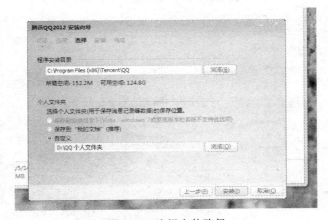

图 2.13　选择安装路径

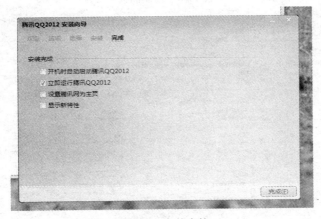

图 2.14　安装完毕

在图 2.17 中列出了这台计算机中所安装的全部应用程序，找到需要卸载的应用程序后，

单击【卸载】按钮，在弹出的对话框中单击【是】按钮即可卸载相应的应用程序，如图 2.18
所示就是卸载 QQ 程序。

图 2.15　打开【控制面板】

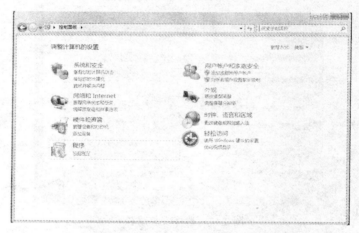

图 2.16　控制面板

图 2.17　卸载程序

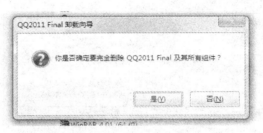

图 2.18　确认删除程序

　　许多程序自己带有卸载程序，用户也可以通过【开始】菜单，在该应用程序目录中选择卸载程序来卸载该应用程序。若卸载过程中出现一些提示对话框，这时只需按照对话框中相应的操作进行选择即可。

　　3．设置打开文件的默认程序

　　系统中安装了应用程序之后，系统通常会将文档的打开方式与应用程序关联。也就是说，系统将指明在双击某类文档时，使用特定的应用程序打开文件。例如，安装了 Word 程序之后，系统将.doc 文件与 Word 关联，用户双击.doc 文件时，系统会启动 Word 程序来打开文件。但是当安装的应用程序较多时，文件的关联会显得混乱，有时系统并没有使用用户所需要的应用程序来打开文件。这时用户可以设置打开文件的默认程序来修改文件的打开方式。

　　具体操作步骤如下：

　　首先，选中一个希望修改打开方式的文件。

　　单击右键，在菜单中选择【打开方式】命令，如图 2.19 所示。

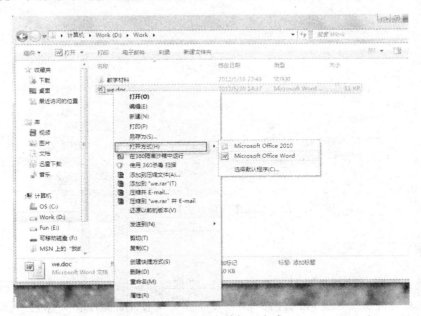

图 2.19　选择文件打开方式

　　在弹出的【打开方式】对话框中选择要使用的应用程序即可。

　　若在【打开方式】对话框中没有用户所需的应用程序，可以在图 2.20 中选择【选择默认程序】，在如图 2.21 所示的【打开方式】对话框中，可以通过【浏览】按钮直接指定所需要的应用程序。

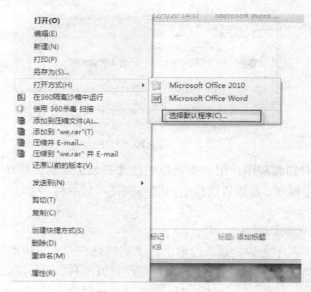

图 2.20　选择默认程序

图 2.21　【打开方式】对话框

### 2.3.4　文件和文件夹管理

操作系统在管理计算机中软硬件资源时，一般都将数据以文件的形式存储在硬盘上，以文件夹的方式对计算机中的文件进行管理，以便于用户的使用。文件和文件夹的管理在操作系统中是很重要的一个部分。

1.　文件和文件夹

（1）文件。模糊地说文件是一段程序或数据的集合，具体地说在计算机系统中文件是一组赋名的相关联字符流的集合或者是相关联记录的集合。计算机系统中每个文件都对应一个文件名，文件名由主文件名和扩展名构成。主文件名表示文件的名称，一般由用户给出，扩展名主要说明文件的类型。常用的文件扩展名和文件类型如表 2.1 所示。

表 2.1　文件扩展名

| 文件扩展名 | 文件类型 |
| --- | --- |
| exe | 可执行文件 |
| txt | 文本文件 |
| doc | Word 文件 |
| docx | Word 2007 文件 |
| xls | Excel 文件 |
| ppt | PowerPoint 文件 |
| html | 超文本文件 |
| avi | 视频文件 |
| wav | 音频文件 |
| mp3 | 利用 MPEG-1 Layout3 标准压缩的文件 |
| rar | WinRAR 文件 |
| bmp | 位图文件（图像文件中的一种） |
| jpeg | 图像压缩文件 |
| sys | 系统文件 |
| pdf | 图文多媒体文件 |

文件的种类非常多，了解文件扩展名对文件的管理和操作具有很重要的作用。

（2）文件夹。文件夹是操作系统中用来存放文件的工具。文件夹中可以包含文件夹和文件，在同一个文件夹中不能存放名称相同的文件或文件夹。为了方便对文件的有效管理，我们经常将同一类的文件放在一个文件夹中。

**2. 文件或文件夹隐藏和显示**

Windows 系统为了保证文件重要信息的安全性，提供了对文件属性进行设置以及不同的显示方法，从而为用户更好地保护数据信息起到一定帮助。

（1）隐藏文件或文件夹。在隐藏文件和文件夹时首先要对文件和文件夹的属性进行设置，然后再修改文件夹选项。具体步骤为选中需要隐藏的文件或文件夹，单击鼠标右键，弹出快捷菜单，选择【属性】命令，弹出对话框，选中【隐藏】，单击【确定】按钮。需注意的是在对文件夹进行设置时提供两种方式给用户，一种为只隐藏文件夹，另一种为隐藏文件夹以及其中的全部子文件夹和文件。然后单击工具栏上的【组织】按钮，选择【文件夹和搜索选项】，在【查看】选项卡的【高级设置】列表中选中【不显示隐藏的文件、文件夹或驱动器】，单击【确定】按钮。

（2）显示文件或文件夹。利用上述的方法进入到高级设置，将选中的【不显示隐藏的文件、文件夹和驱动器】取消即可显示隐藏的信息。

**3. 加密、解密文件或文件夹**

Windows 系统除了提供隐藏的方法保证信息安全外还提供了一种更强的保护方法：加密文件或文件夹。操作步骤如下：选中需要加密的对象，单击鼠标右键弹出快捷菜单，选择【属性】项，弹出属性对话框，在【常规】选项卡下单击【高级】按钮，选中【加密内容以便保护数据】项，单击【确定】按钮返回上一级，再单击【应用】按钮，弹出【确认属性更改】对话框，选中【将更改应用于此文件夹、子文件夹和文件】项，最后单击【确定】按钮完成加密操作。解密时只需按照加密操作的步骤进入【高级属性】对话框，将【加密内容以便保护数据】项取消后就对加密数据进行了解密。

4. 文件或文件夹的基本操作

文件或文件夹的基本操作包括新建、删除、复制、移动、重命名和快捷方式的创建等。由于文件夹和文件的操作方式是一致的，因此本章将不再分别介绍。例如用户需要移动文件夹时，可以参考下文中文件的移动操作来进行。

（1）新建文件或文件夹。打开要建立新文件的目录后，在窗口空白处单击鼠标右键，选择【新建】，然后在其子菜单中选择所需建立文件的类型，即可新建文件，如图 2.22 所示。

图 2.22　新建文件

（2）删除文件或文件夹。当用户不再需要某个文件时，可以将该文件从计算机中删除，以释放占用的空间。具体操作如下：首先将鼠标移动到需要删除的文件上，单击鼠标右键，在菜单中选择【删除】命令，之后在弹出的提示对话框中单击【是】按钮，如图 2.23 和图 2.24 所示，即可删除该文件。

图 2.23　删除文件

图 2.24　确认删除

为了避免用户误操作删除了错误的文件，系统并未将如上操作所删除的文件从计算机中彻底删除，而是将其移动到回收站里，用户可以通过回收站还原文件。如果用户需要彻底地删除文件，只需在回收站图标上单击鼠标右键，选择【清空回收站】命令，则回收站内的文件将被永久删除，如图 2.25 所示。

图 2.25　清空回收站

注意：如果用户想直接删除文件，而不移动到回收站，可选中所需删除的文件，按住【Shift】键后按【Del】键。

（3）复制文件或文件夹。在用户需要将某个文件复制一份到另外的目录时，可以进行复制文件的操作。首先打开想要复制的文件所在的文件夹，选中该文件，单击鼠标右键，在菜单中选择【复制】命令。之后，打开要复制到的文件夹，在窗口中的空白处单击鼠标右键，在菜单中选择【粘贴】命令即可，如图 2.26 和图 2.27 所示。

图 2.26　复制文件操作

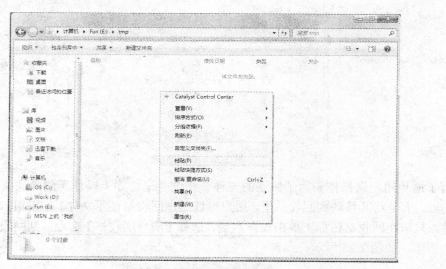

图 2.27　粘贴文件操作

应该注意的是，在进行复制和粘贴时，可以使用快捷键来代替完成。复制的快捷键为【Ctrl+C】，粘贴的快捷键为【Ctrl+V】。

（4）移动文件或文件夹。需要将一个文件移动到其他文件夹时，可以进行移动文件的操作。移动文件的操作和复制文件类似，不同的是，复制文件时对源文件采取复制命令，这时源文件将保留；而在进行移动文件的操作时，对源文件进行的是剪切操作。

首先打开所需移动的文件所在的文件夹，选中该文件，单击鼠标右键，在菜单中选择【剪切】命令。之后，打开要移动到的文件夹，在窗口中的空白处单击鼠标右键，在菜单中选择【粘贴】命令即可，如图 2.28 和图 2.29 所示。

图 2.28　剪切文件操作

同样，在进行剪切和粘贴时，可以使用快捷键来代替完成。剪切的快捷键为【Ctrl+X】，粘贴的快捷键为【Ctrl+V】。

（5）重命名文件或文件夹。有时用户需要改变文件名，这时可采用重命名操作来完成。首先打开需要改名的文件所在目录，选中该文件，单击鼠标右键，在菜单中选择【重命名】命令后，文件名处将变为编辑框，这时可以输入新的文件名，完成后按回车或者单击窗口其他地方即可，操作界面如图 2.30 和图 2.31 所示。

图 2.29　移动文件

图 2.30　重命名文件

图 2.31　修改文件名

重命名文件也可以使用快捷键完成，相应的快捷键为【F2】。

（6）快捷方式的创建。有时，为了能方便快捷地找到所需的文件，我们可以为文件建立快捷方式，通过快捷方式能快速地找到并打开该文件。

　　首先打开文件所在的文件夹，如图 2.32 所示，选中文件，单击鼠标右键，在菜单中选择【创建快捷方式】命令，这时将在文件所在目录中建立一个该文件的快捷方式，如图 2.33 所示，可以将该快捷方式移动到所需的地方。也可以在如图 2.34 所示界面中单击右键，在快捷菜单中选择【发送到】子菜单中的【桌面快捷方式】，直接在系统桌面上建立该文件的快捷方式。

图 2.32　创建快捷方式

图 2.33　文件的快捷方式

图 2.34　桌面快捷方式

　　应该注意的是，该文件的快捷方式仅仅是该文件的一个指向，并不是该文件本身。所以当文件不存在时，快捷方式是无法进行打开操作的。

### 2.3.5　控制面板

在 Windows 系列操作系统中，"控制面板"是图形用户界面重要的系统设置工具。通过控制面板中提供的工具，用户可以直观地查看系统状态，修改所需的系统设置。相比 Windows 以前的版本，Windows 7 系统中的控制面板有一些操作上的改进，下面我们介绍 Windows 7 系统的控制面板的使用技巧。

单击【开始】菜单中的【控制面板】选项即可打开 Windows 7 系统的控制面板。有时为了方便用户快速地打开控制面板，也可将控制面板作为快捷方式放在桌面上。

在 Windows 7 系统中，控制面板缺省以"类别"来显示功能菜单，分为系统和安全、用户账户和家庭安全、网络和 Internet、外观、硬件和声音、时钟、语言和区域、程序、轻松访问等几项，每一项下显示了具体的功能选项。除了"类别"的显示方式外，Windows 7 系统还提供了"大图标"和"小图标"的显示方式，用户可单击【查看方式】进行选择。在"小图标"显示方式下，所有的功能项都一一罗列，虽然查找所需功能略显不便，但功能全面，而"类别"显示方式的向导性更好。

同时 Windows 7 系统还为用户提供了两种快捷的功能查找方式。用户可以单击地址栏中的向右的小箭头展开子菜单，选择其中的功能选项。也可以利用查找功能快速找到所需设置。

下面我们对控制面板中的常用功能进行介绍。

1. 用户账户和家庭安全

Windows 7 操作系统允许设置多个用户，每个用户有自己的权限，可以独立地完成对计算机的使用，保证了不会因多人共同使用计算机而带来的安全问题。微软公司在家庭安全设置中专门加入家长控制功能，使家长对计算机的使用安全进行控制。

（1）添加用户账号。Windows 7 可以对原有用户账号进行管理，也提供了用户账号的新建功能，具体操作为：单击【开始】按钮，选择【控制面板】项，在如图 2.35 所示的【控制面板】窗口中选择【用户账户和家庭安全】下的【添加或删除用户账户】命令。

图 2.35　用户账户和家庭安全

　　在弹出的【管理账户】窗口中选择【创建一个新账户】命令，如图 2.36 所示。在弹出的【创建新账户】窗口中键入新账户名，根据图 2.37 所示选择所需创建用户的权限类型，最后单击【创建账户】按钮完成。

图 2.36　创建账户

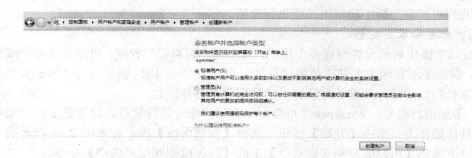

图 2.37　选择账户类型

图 2.38 所示就为创建用户名为 summer，权限类型选择为标准用户时的结果。

图 2.38　用户账户创建成功

（2）用户账户设置。新创建的用户账户是没有密码的，而且很多设置都是系统默认生成的，我们可以根据自己的喜好和需要进行设置，下面介绍更改用户图片和设置、修改、删除用户密码的操作。

①更改用户图片。在完成新账户创建的窗口中单击用户名或图标。在弹出的如图 2.39 所示的【更改账户】窗口中选择【更改图片】命令，在如图 2.40 所示的【选择图片】窗口中根据自己需要可以选择系统自带的图片进行设置，也可以通过浏览更多图片来进行设置，最后单击【更改图片】按钮即可完成修改。

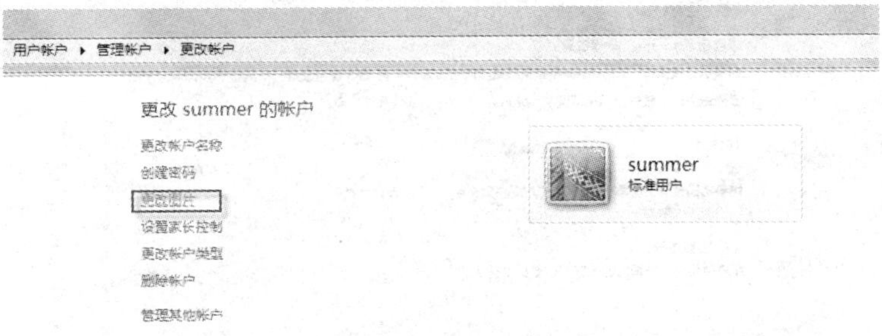

图 2.39　更改账户图片

图 2.40　选择图片

②设置、修改、删除用户密码。利用和更改图片一样的方法进入到更改账户窗口。选择【创建密码】命令，进入如图 2.41 所示的【创建密码】窗口后通过【新密码】和【确认新密码】文本框进行密码的设置，两次设置的密码必须相同。在输入完密码提示之后单击【创建密码】按钮就完成了密码的设置。

要进行密码修改和删除，之前用户账户必须已经设置了密码。修改密码和删除密码都是通过【更改账户】窗口中的【更改密码】和【删除密码】命令来实现，方法和设置密码基本相同，这里就不再详细介绍。

③删除用户账户。当某个用户以后不再使用本系统，需要对相应的账户信息进行删除，具体方法为在如图 2.42 所示的【更改账户】窗口，选择【删除账户】命令，在打开的如图 2.43

所示的【删除账户】窗口中单击【删除文件】按钮，最后在如图 2.44 所示的【确认删除】窗口中单击【删除账户】按钮，完成用户账户删除。

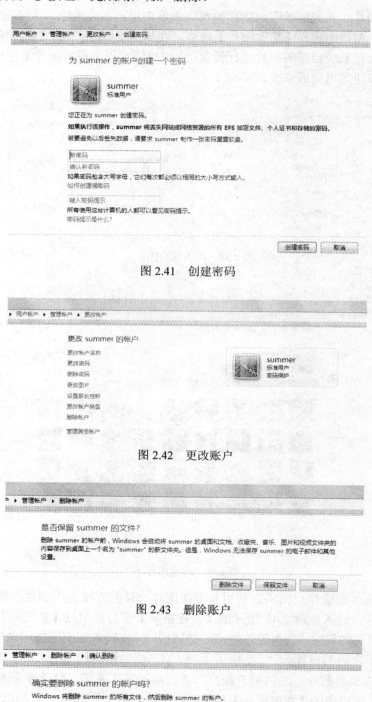

图 2.41　创建密码

图 2.42　更改账户

图 2.43　删除账户

图 2.44　确认删除

（3）家长控制功能。家长控制功能能够让家长控制孩子对计算机的使用权限和使用情况。实现的方法是家长为管理员身份，可以限制一般标准用户使用计算机的时间、能玩的游戏和可以执行的程序。

2．网络和 Internet

用户可以通过【网络和 Internet】项来对网络进行设置，查看网络情况，并且可以进行 Internet 项设置。下面主要介绍一下 Internet 项设置，对 Internet 进行相应的安全设置，可以帮助用户防范病毒和黑客的侵扰。

（1）更改主页。操作系统提供用户将自己常用的某网页设置为首页，方便使用，具体方法为单击【开始】菜单，打开【控制面板】，选择【网络和 Internet】项，弹出如图 2.45 所示的【Internet 属性】对话框，在【常规】选项卡中，在【主页】处键入需要设置的主页的地址，单击【确定】按钮，就完成了更改设置。

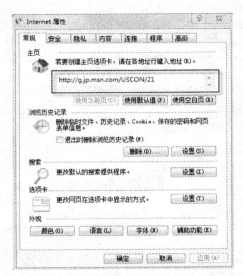

图 2.45　【Internet 属性】对话框

（2）设置安全级别。用户可以设置 IE 浏览器的安全级别，来提高浏览器的安全性，从而保证用户在进行 Internet 浏览时系统的安全。设置 IE 浏览器的安全级别的具体操作步骤如下：单击【控制面板】中的【网络和 Internet】，并选择其中的【Internet 选项】，如图 2.46 所示。

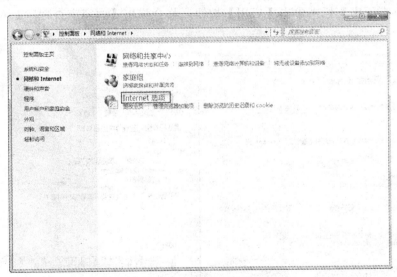

图 2.46　【网络和 Internet】窗口

弹出如图 2.47 所示的【Internet 属性】对话框，切换到【安全】选项卡。

在【选择区域以查看或更改安全设置】列表框中选择要设置的区域。选择【Internet】选项后，用户可以拖动【该区域的安全级别】栏中的滑块来更改所选择的默认安全级别设置。当然，用户也可以根据自己的具体需要来自定义安全级别。单击【自定义级别】按钮，将会弹出如图 2.48 所示的【安全设置-Internet 区域】对话框，用户可根据需要对【设置】列表框中各个选项进行具体的设置。

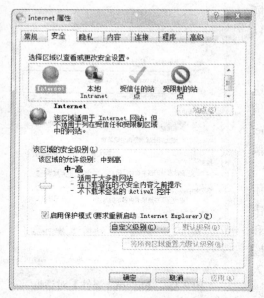

图 2.47　【Internet 属性】对话框【安全】选项卡

图 2.48　安全设置

（3）设置信息限制。用户可以利用 IE8 中的信息限制屏蔽掉一些不安全和不健康的网站站点。首先按前面所叙述的方法打开【Internet 属性】对话框，切换到如图 2.49 所示的【内容】选项卡。

在【内容审查程序】栏中单击【启用】按钮，将会弹出【内容审查程序】对话框，如图 2.50 所示。

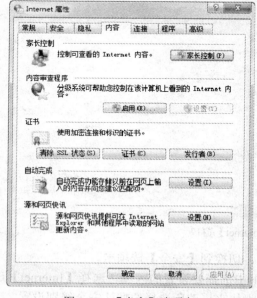

图 2.49　【内容】选项卡

图 2.50　【内容审查程序】对话框

在【分级】选项卡中，在列表框中选择类别选项，并利用下方的滑块来指定用户能够查看的内容。设置完毕后单击【确定】按钮，将弹出如图 2.51 所示的【创建监护人密码】对话框，在文本框中填入相应的信息即可创建监护人密码信息。

3. 时钟、语言和区域

和以前的 Windows 系统一样，在 Windows 7 系统中用户可以通过图 2.52 所示的【时钟、语言和区域】选项设置系统的时间和输入法等。

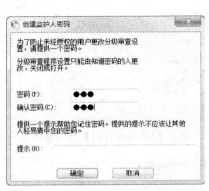

图 2.51　【创建监护人密码】对话框

图 2.52　【时钟、语言和区域】窗口

（1）设置系统时间。单击【日期和时间】选项，在如图 2.53 所示的【日期和时间】对话框中选择【日期和时间】标签项，单击【更改日期和时间】按钮，即可在图 2.54 所示的【日期和时间设置】对话框中更改系统的时间和日期。用户可以单击下方的【更改时区】按钮来改变所在的时区设置。

图 2.53　【日期和时间】对话框

图 2.54　更改日期和时间设置

此外，在【日期和时间】对话框中 Windows 7 系统还有如图 2.55 所示的【附加时钟】和如图 2.56 所示的【Internet 时间】两个选项卡。

【附加时钟】功能可让用户增加多个时钟。

而【Internet 时间】选项卡则能帮助用户将计算机设置为自动与 Internet 上的报时网站链接，同步时间，【Internet 时间设置】对话框如图 2.57 所示。

图 2.55　【附加时钟】选项卡

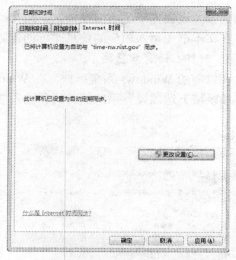

图 2.56　【Internet 时间】选项卡

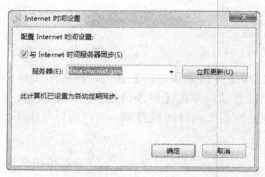

图 2.57　【Internet 时间设置】对话框

（2）设置输入法。在【区域和语言】对话框中，用户不仅可以设置系统中日期和时间的格式，也可以对输入法进行相关的设置。具体的操作方法是：首先在图 2.58 中单击【更改键盘或其他输入法】选项，打开如图 2.59 所示的【区域和语言】对话框。

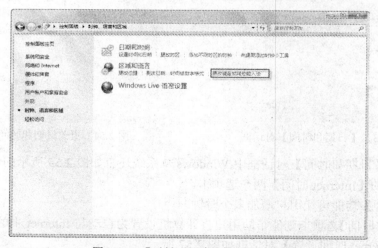

图 2.58　【时钟、语言和区域】窗口

单击【键盘和语言】选项卡，单击【更改键盘】按钮。

打开图 2.60 所示的【文本服务和输入语言】对话框后，在【常规】选项卡中即可对输入法进行添加、删除等操作。

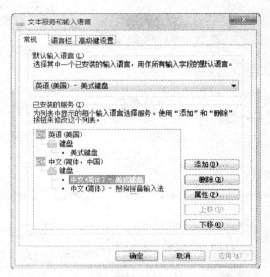

图 2.59　【区域和语言】对话框　　　　　图 2.60　【文本服务和输入语言】对话框

在图 2.61 所示的【高级键设置】选项卡中则能更改输入法打开和切换的快捷键。

图 2.61　【高级键设置】选项卡

（3）设置桌面时钟工具。除了基本的设置外，Windows 7 系统还为用户设计了许多桌面小程序供用户选择使用。在图 2.62 所示窗口中，单击【向桌面添加时钟小工具】可以设置桌面工具。

在打开的如图 2.63 所示对话框中，列出了 Windows 7 系统所提供的一些桌面小工具。

用户选择并双击相应的工具图标，即可在桌面添加相应的小工具。例如，双击时钟工具，就能在桌面添加一个时钟的工具，如图 2.64 所示，能更为直观地显示系统时间。

图 2.62 【时钟、语言和区域】窗口

图 2.63 显示桌面小工具

图 2.64 桌面显示时钟

用户还可以通过单击时钟右边的小扳手的图标打开时钟工具的设置菜单，对该工具进行相应的设置。

操作系统是用户和计算机之间的接口，是最重要的系统软件。未安装操作系统的机器叫裸机，用户是无法使用的。

本章主要描述了操作系统的定义，介绍操作系统的功能、特性、分类以及能够提供的服务。操作系统是控制和管理计算机硬件和软件资源，能够合理分配工作流程并且能够方便用户使用的程序集合。它具有处理机管理、存储器管理、输入/输出设备管理、作业管理和文件管理等功能。操作系统具有并发性、共享性、虚拟性和异步性等特性。

除了介绍操作系统的基本知识外，还将现在比较常用的几种操作系统进行比较介绍，力求使读者能够对现有主流操作系统有更好的了解。最后对 Windows 7 操作系统的基础知识、基本操作、程序管理、文件和文件夹以及控制面板等常用操作进行详细介绍。通过本章的学习，掌握 Windows 7 操作系统的基本使用方法和操作。

 习 题

## 一、选择题

1. 你正在从一个 Windows XP Professional 的桌面上安装 Windows 7，在 Windows 7 的 DVD 光盘上可以执行哪些操作?（　　）

    A. 在 DVD 光盘上运行 setup.exe 启动 Windows 7 安装

    B. 使用 DVD 光盘的自动运行功能来启动安装

    C. 执行 Windows 7 完整安装

    D. 执行 Windows 7 升级安装，保存所有 Windows XP 的设置

2. 以下哪项不是 Windows 7 安装的最小需求? （　　）

    A. 1GB 或更快的 32 位（X86）或 64 位（X64）处理器

    B. 4GB（32 位）或 2GB（64 位）内存

    C. 16GB（32 位）或 20GB（64 位）可用磁盘空间

    D. 带 WDDM 1.0 或更高版本的 DirectX 9 图形处理器

3. 在 Windows 7 中你可以控制什么时间允许孩子的账户登录。以下哪项最准确地描述了在哪里配置这些选项?（　　）

    A. 无法选择这个功能，除非连接到域

    B. 选择【开始/控制面板/用户账户和家庭安全】，设置家长控制，并选择时间控制

    C. 选择【开始/控制面板/用户配置文件】，然后设置时间控制

    D. 设置一个家庭组并选择离线时间

4. 从最基本的外观上看，计算机的组成部分不包括（　　）。

    A. 主机　　　　　　B. 显示器　　　　　C. 鼠标、键盘　　　　D. 主板

5. 在【更改账户】窗口中不可进行的操作是（　　）。

    A. 更改账户名称　　　　　　　　　B. 创建或修改密码

    C. 更改图片　　　　　　　　　　　D. 创建新用户

6. 窗口的组成部分中不包含（　　）。

    A. 标题栏、地址栏、状态栏　　　　B. 搜索栏、工具栏

    C. 导航窗格、窗口功能区　　　　　D. 任务栏

## 二、填空题

1. Windows Media Player 是 Windows 7 操作系统自带的一款多媒体播放器，使用它可以播放各种格式的音乐文件和视频文件，还可以播放_____和_____。

2. 当浏览的网页页面较大时，浏览窗口的_____和_____将出现滚动条，用鼠标单击并拖动滚动条，可以浏览窗口中未显示完的内容。

3. Windows 7 支持_____和_____硬件设备的安装。

4. Windows 7 启动后，系统进入全屏幕区域，整个屏幕区域称为_____。

5. Windows 7 桌面图标的排列可分为_____、_____、_____和_____。

三、判断题

1．硬盘是计算机中主要的，也是最大的存储设备，通常用于存放临时的数据和程序。
（　　）

2．Windows 7 将对话框按类别分成几个选项卡，每个选项卡都有一个名称，并依次排列在一起，选择其中一个选项卡，将会显示其相同的内容。（　　）

3．进入 Windows 7 操作系统后，默认使用的是中文输入法。（　　）

4．在不同状态下，鼠标光标的表现形式都一样。（　　）

5．保存文件或文件夹是管理文件的基本操作之一，也是非常重要的操作。（　　）

四、问答题

Windows 7 系统与以往微软的其他操作系统相比有什么相同点和不同点？

# 第3章 Word 2010 文字处理软件

## 3.1 Word 2010 概述

安装 Office 2010 是使用办公软件的基础，掌握 Office 办公软件的基础操作并对工作界面进行自定义设置有助于在今后的实际操作中提高工作效率。本节首先介绍安装 Office 2010，然后介绍 Office 2010 的启动、退出等基本操作，并学习自定义办公软件的工作界面。

### 3.1.1 Office 2010 系列组件

Office 2010 提供了一套完整的办公工具，其拥有的强大功能使它几乎涉及了计算机办公的各个领域，主要包括 Word、Excel、PowerPoint、Access 和 Outlook 等多个实用组件，用于制作具有专业水准的文档、电子表格和演示文稿以及进行数据库的管理和邮件的收发等操作。

1. 文字编排软件——Word 2010

Word 2010 用于制作和编辑办公文档，通过它不仅可以进行文字的输入、编辑、排版和打印，还可以制作出图文并茂的各种办公文档和商业文档。使用 Word 2010 自带的各种模板，还能快速地创建和编辑各种专业文档，如图 3.1 所示。

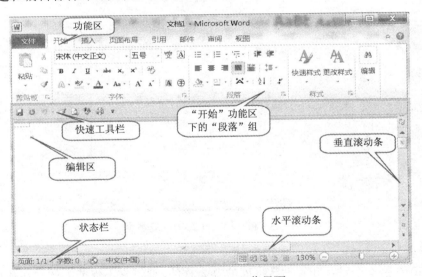

图 3.1　Word 2010 工作界面

2. 数据处理软件——Excel 2010

Excel 2010 用于创建和维护电子表格，通过它不仅可以方便地制作出各种各样的电子表格，还可以对其中的数据进行计算、统计等操作，甚至能将表格中的数据转换为各种可视性图表显示或打印出来，方便对数据进行统计和分析，如图 3.2 所示。

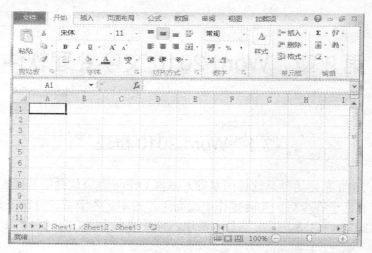

图 3.2　Excel 2010 工作界面

### 3. 演示文稿制作软件——PowerPoint 2010

PowerPoint 2010 是一个制作专业幻灯片且拥有强大制作和播放控制功能的软件，用于制作和放映演示文稿，利用它可以制作产品宣传片、课件等资料。在其中不仅可以输入文字、插入表格和图片、添加多媒体文件，还可以设置幻灯片的动画效果和放映方式，制作出内容丰富、有声有色的幻灯片，如图 3.3 所示。

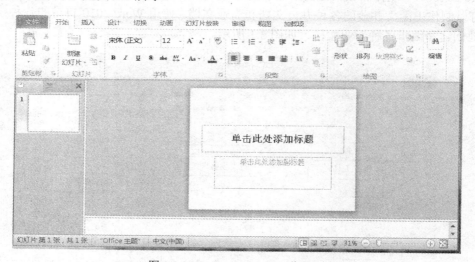

图 3.3　PowerPoint 2010 工作界面

### 4. 数据库管理软件——Access 2010

Access 2010 是一个设计和管理数据库的办公软件。通过它不仅能方便地在数据库中添加、修改、查询、删除和保存数据，还能根据数据库的输入界面进行设计以及生成报表，并且支持 SQL 指令，如图 3.4 所示。

### 5. 日常事务处理软件——Outlook 2010

Outlook 2010 是 Office 办公中的小秘书，通过它可以管理电子邮件、约会、联系人、任务和文件等个人及商务方面的信息。通过使用电子邮件、小组日程安排和公用文件夹等还可以与小组共享信息，如图 3.5 所示。

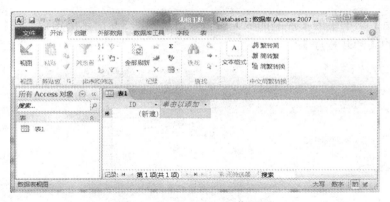

图 3.4　Access 2010 工作界面

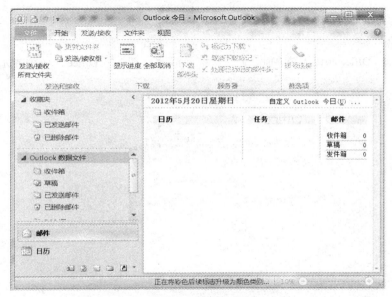

图 3.5　Outlook 2010 工作界面

### 3.1.2　Office 2010 的安装与卸载

在使用 Office 2010 之前,需要先将其安装到计算机中,它对计算机的软硬件环境还有一定的要求。因为 Office 2010 中包含了多个组件,所以其安装过程与其他软件有所不同。

1. 安装 Office 2010

安装 Office 2010 与安装一般的程序差不多,双击其安装文件后,即可根据向导提示进行安装,可以选择安装所有组件,也可以自定义安装自己需要的组件。

双击自动安装图标,系统自动打开 Microsoft Office 2010 安装对话框,可从中选择【立即安装】或【自定义】,如图 3.6 所示。

单击【立即安装】,即显示安装进度,如图 3.7 所示。

安装完毕,显示如图 3.8 所示,然后单击【关闭】按钮,完成安装。

2. 卸载 Office 2010

在使用 Office 2010 的过程中,如果软件出现问题,可将其卸载后重新安装。其卸载方法为：选择【开始】菜单中的【控制面板】命令，出现如图 3.9 所示的窗口，在打开的窗口中单击【程序】下的【卸载程序】。

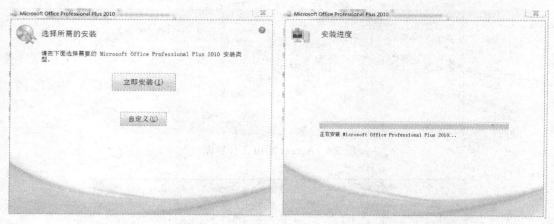

　　图 3.6　Office 2010 安装界面　　　　　　　　图 3.7　Office 2010 安装进度

图 3.8　Office 2010 安装完成

图 3.9　卸载程序界面

在打开的对话框中选中【删除】单选按钮后，单击【确定】按钮，在打开的提示对话框中单击【是（Y）】按钮执行卸载软件的操作。在卸载软件的过程中，同样会出现显示卸载进度的窗口，完成卸载后需要重启计算机。也可在打开的【添加或删除程序】对话框的【当前安装的程序】列表框中选择 Microsoft Office Professional Plus 2010 选项后单击【删除】按钮，直接卸载 Office 2010。

### 3.1.3　认识 Office 2010

Office 2010 安装完毕后即可使用其中的各个组件。在使用前应先熟悉其启动和退出方法，并了解其工作界面中各个部分的功能。

**1. 启动 Office 2010**

在 Windows 操作系统中启动 Office 2010 的方法与启动其他软件的方法一样，可以通过【所有程序】、【我最近的文档】和双击 Office 相关文档启动，其方法分别如下。

通过【所有程序】启动：选择【开始/所有程序/Microsoft Office】命令，然后在弹出的子菜单中选择需要启动的 Office 程序。

通过【我最近的文档】启动：选择【开始/我最近的文档】命令，然后在次级菜单中双击最近使用过的文档，即可启动相应类型的 Office 组件并打开该文档。

双击文档启动：在打开的窗口中双击 Office 文件图标，如 .docx、.mdb、.ppt 等类型的文件图标，即可启动相应类型的 Office 组件并打开该文件。

**2. Office 2010 工作界面**

Office 2010 中各组件的工作界面都大同小异，主要包括文件菜单、快速访问工具栏、标题栏、功能选项卡、功能区、文档编辑区、状态栏和视图栏等几部分。

本章首先对 Word 2010 的工作界面进行详解。

启动 Word 2010 后，打开该软件的工作界面，其中主要包括标题栏、功能选项卡、文档编辑区和状态栏等组成部分，各部分作用如下。

（1）标题栏。标题栏从左至右包括窗口控制图标、快速访问工具栏、标题显示区和窗口控制按钮。其中窗口控制图标和控制按钮都用于控制窗口最大化、最小化和关闭等状态；标题显示区用于显示当前文件名称信息；快速访问工具栏则用于快速实现保存、打开等使用频率较高的操作。

（2）功能选项卡。其作用是分组显示不同的功能集合。选择某个选项卡，其中包含了多种相关的操作命令或按钮。

（3）文档编辑区。用于对文档进行各种编辑操作，是 Word 2010 最重要的组成部分之一。该区域中闪烁的短竖线便是文本插入点。

（4）状态栏。状态栏左侧显示当前文档的页数/总页数、字数、当前输入语言及输入状态等信息；中间的 4 个按钮用于调整视图方式；右侧的滑块用于调整显示比例，如图 3.10 所示。

**3. 调整 Office 2010 的工作界面**

完成安装后，Office 2010 中各组件在启动后展示的是默认工作界面，用户可以根据自己的习惯自定义工作界面，下面以 Word 2010 为例。

（1）启动 Word 2010，在快速访问工具栏中单击鼠标右键，在弹出的快捷菜单中选择【自定义快速访问工具栏】命令。

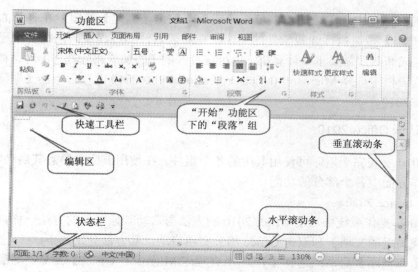

图 3.10　Word 2010 工作界面

（2）在打开的【Word 选项】对话框中默认选择【快速访问工具栏】选项卡，在左侧的列表框中选择【打印预览和打印】命令，单击【添加】按钮，在右侧列表框中显示出添加的命令，按照同样的方法添加【打开最近使用过的文件…】命令。

（3）单击【确定】按钮返回到工作界面，在快速访问工具栏中可以看到添加的命令按钮。在快速访问工具栏中单击鼠标右键，在弹出的快捷菜单中选择【功能区最小化】命令。

（4）在 Word 工作界面中可以看到功能区只显示出各个选项卡的名称，其中的各个命令已经被隐藏起来。

**4.　退出 Office 2010**

退出 Office 2010 的方法较多，仍以 Word 2010 为例，常用的有以下几种：

（1）单击 Word 2010 工作界面右上角的【关闭】按钮退出该软件。

（2）在 Word 2010 工作界面的左上方选择【文件】按钮，然后选择【退出】命令。

（3）在任务栏的 Word 2010 的缩略图上单击鼠标右键，在弹出的快捷菜单中选择【关闭所有窗口】命令。

（4）单击 Word 2010 工作界面左上角的控制图标，在弹出的下拉菜单中选择【关闭】命令。

### 3.1.4　Word 2010 特色

Word 的最初版本是由 Richard Brodie 为了运行 DOS 的 IBM计算机而在 1983 年编写的。随后的版本可运行于 Apple Macintosh（1984 年）、SCO UNIX 和 Microsoft Windows（1989 年），并成为了 Microsoft Office 的一部分，目前 Word 的最新版本就是 Word 2010，于 2010 年 6 月 18 日上市。

Microsoft Word 2010 提供了世界上最出色的功能，其增强后的功能可创建专业水准的文档，可以更加轻松地与他人协同工作并可在任何地点访问文件。

Word 2010 旨在提供最上乘的文档格式设置工具，利用它还可更轻松、高效地组织和编写文档，并使这些文档唾手可得，无论何时何地灵感迸发，都可捕获这些灵感。

1．改进的搜索与导航体验

在 Word 2010 中，可以更加迅速、轻松地查找所需的信息。利用改进的新"查找"体验，现在可以在单个窗格中查看搜索结果的摘要，并单击以访问任何单独的结果。改进的导航窗格会提供文档的直观大纲，以便于对所需的内容进行快速浏览、排序和查找。

2．与他人协同工作，而不必排队等候

Word 2010 重新定义了人们可针对某个文档协同工作的方式。利用共同创作功能，可以在编辑论文的同时，与他人分享你的观点。也可以查看正与你一起创作文档的他人的状态，并在不退出 Word 的情况下轻松发起会话。

3．几乎可从任何位置访问和共享文档

在线发布文档，然后通过任何一台计算机或你的 Windows 电话对文档进行访问、查看和编辑。借助 Word 2010，可以从多个位置使用多种设备来尽情体会非凡的文档操作过程。

Microsoft Word Web App。离开办公室、出门在外或离开学校时，可利用 Web 浏览器来编辑文档，同时不影响你的查看体验的质量。

Microsoft Word Mobile 2010。利用专门适合于你的 Windows 电话的移动版本的增强型 Word，保持更新并在必要时立即采取行动。

4．向文本添加视觉效果

利用 Word 2010，可以像应用粗体和下划线那样，将诸如阴影、凹凸效果、发光、映像等格式效果轻松应用到文档文本中。可以对使用了可视化效果的文本执行拼写检查，并将文本效果添加到段落样式中。现在可将很多用于图像的相同效果同时用于文本和形状中，从而能够无缝地协调全部内容。

5．将文本转换为醒目的图表

Word 2010 提供了用于使文档增加视觉效果的更多选项。从众多的附加 SmartArt 图形中进行选择，从而只需键入项目符号列表，即可构建精彩的图表。使用 SmartArt 可将基本的要点句文本转换为引人入胜的视觉画面，以更好地阐释观点。

6．为文档增加视觉冲击力

利用 Word 2010 中提供的新型图片编辑工具，可在不使用其他照片编辑软件的情况下，添加特殊的图片效果。可以利用色彩饱和度和色温控件来轻松调整图片，还可以利用所提供的改进工具来更轻松、精确地对图像进行裁剪和更正，从而有助于将一个简单的文档转化为一件艺术作品。

7．恢复认为已丢失的工作

在某个文档上工作片刻之后，是否在未保存该文档的情况下意外地将其关闭？没关系。利用 Word 2010，可以像打开任何文件那样轻松恢复最近所编辑文件的草稿版本，即使从未保存过该文档也是如此。

8．跨越沟通障碍

Word 2010 有助于跨不同语言进行有效地工作和交流。比以往更轻松地翻译某个单词、词组或文档。针对屏幕提示、帮助内容和显示，分别对语言进行不同的设置。利用英语文本到语音转换播放功能，为以英语为第二语言的用户提供额外的帮助。

9．将屏幕截图插入到文档

直接从 Word 2010 中捕获和插入屏幕截图，以快速、轻松地将插图纳入到工作中。如果使用已启用 Tablet 的设备（如 Tablet PC 或 Wacom Tablet），则经过改进的工具使设置墨迹格式与设置形状格式一样轻松。

　　10. 利用增强的用户体验完成更多工作

　　Word 2010 可简化功能的访问方式。新的 Microsoft Office Backstage 视图将替代传统的【文件】菜单，从而只需单击几次鼠标即可保存、共享、打印和发布文档。利用改进的功能区，可以更快速地访问常用命令，方法为：自定义选项卡或创建自己的选项卡，从而使工作风格体现出个性化经验。

### 3.1.5　Word 2010 功能区简介

　　Microsoft Word 从 Word 2007 升级到 Word 2010，其最显著的变化就是使用【文件】按钮代替了 Word 2007 中的 Office 按钮，使用户更容易从 Word 2003 和 Word 2000 等旧版本中迁移。另外，Word 2010 同样取消了传统的菜单操作方式，而代之以各种功能区。在 Word 2010 窗口上方看起来像菜单的名称其实是功能区的名称，当单击这些名称时并不会打开菜单，而是切换到与之相对应的功能区面板。每个功能区根据功能的不同又分为若干个组，每个功能区所拥有的功能如下：

　　1.【开始】功能区

　　【开始】功能区中包括剪贴板、字体、段落、样式和编辑五个组，对应 Word 2003 的【编辑】和【段落】菜单部分命令。该功能区主要用于帮助用户对 Word 2010 文档进行文字编辑和格式设置，是用户最常用的功能区。

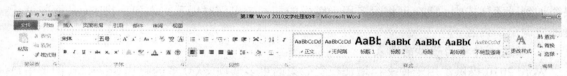

图 3.11　【开始】功能区

　　2.【插入】功能区

　　【插入】功能区包括页、表格、插图、链接、页眉和页脚、文本、符号和特殊符号几个组，对应 Word 2003 中【插入】菜单的部分命令，主要用于在 Word 2010 文档中插入各种元素。

图 3.12　【插入】功能区

　　3.【页面布局】功能区

　　【页面布局】功能区包括主题、页面设置、稿纸、页面背景、段落、排列几个组，对应 Word 2003 的【页面设置】和【段落】菜单中的部分命令，用于帮助用户设置 Word 2010 文档页面样式。

图 3.13　【页面布局】功能区

**4.【引用】功能区**

　　【引用】功能区包括目录、脚注、引文与书目、题注、索引和引文目录几个组，用于实现在 Word 2010 文档中插入目录等比较高级的功能。

图 3.14　【引用】功能区

**5.【邮件】功能区**

　　【邮件】功能区包括创建、开始邮件合并、编写和插入域、预览结果和完成几个组，该功能区的作用比较专一，专门用于在 Word 2010 文档中进行邮件合并方面的操作。

图 3.15　【邮件】功能区

**6.【审阅】功能区**

　　【审阅】功能区包括校对、语言、中文简繁转换、批注、修订、更改、比较和保护几个组，主要用于对 Word 2010 文档进行校对和修订等操作，适用于多人协作处理 Word 2010 长文档。

图 3.16　【审阅】功能区

**7.【视图】功能区**

　　【视图】功能区包括文档视图、显示、显示比例、窗口和宏几个组，主要用于帮助用户设置 Word 2010 操作窗口的视图类型，以方便操作。

图 3.17　【视图】功能区

**8.【加载项】功能区**

　　【加载项】功能区包括菜单命令一个分组，加载项是可以为 Word 2010 安装的附加属性，如自定义的工具栏或其他命令扩展。【加载项】功能区则可以在 Word 2010 中添加或删除加载项。

图 3.18　【加载项】功能区

9. 在 Word 2010 快速访问工具栏中添加常用命令

Word 2010 文档窗口中的快速访问工具栏用于放置命令按钮，使用户快速启动经常使用的命令。默认情况下，快速访问工具栏中只有数量较少的命令，用户可以根据需要添加多个自定义命令，操作步骤如下：

（1）打开 Word 2010 文档窗口，单击【文件/选项】命令，如图 3.19 所示。

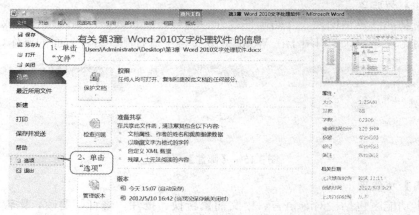

图 3.19　单击【选项】命令

（2）在打开的【Word 选项】对话框中切换到【快速访问工具栏】选项卡，然后在【从下列位置选择命令】列表中单击需要添加的命令，并单击【添加】按钮即可，如图 3.20 所示。

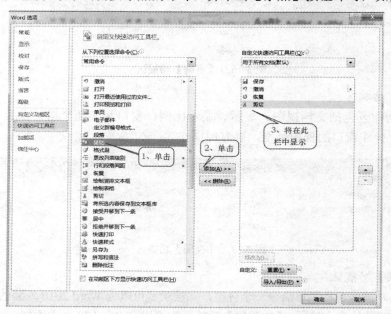

图 3.20　选择添加的命令

（3）重复步骤（2），可以向 Word 2010 快速访问工具栏添加多个命令，依次单击【重置】、【仅重置快速访问工具栏】按钮，将快速访问工具栏恢复到原始状态，如图 3.21 所示。

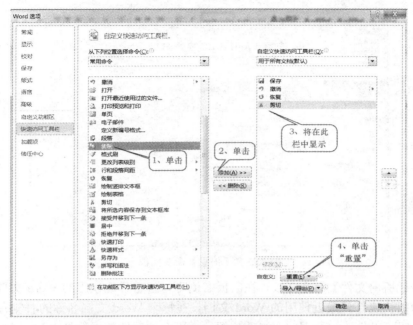

图 3.21　单击【重置】按钮

**10. 全面了解 Word 2010 中的【文件】按钮**

相对于 Word 2007 的 Office 按钮，Word 2010 中的【文件】按钮更有利于 Word 2003 用户快速迁移到 Word 2010。【文件】按钮是一个类似于菜单的按钮，位于 Word 2010 窗口左上角。单击【文件】按钮可以打开【文件】面板，包含【信息】、【最近所用文件】、【新建】、【打印】、【共享】、【打开】、【关闭】、【保存】等常用命令，如图 3.22 所示。

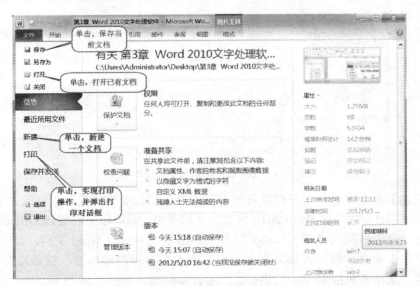

图 3.22　【文件】面板

在默认打开的【信息】命令面板中，用户可以进行旧版本格式转换、保护文档（包含设置Word文档密码）、检查问题和管理自动保存的版本，如图3.23所示。

图3.23　【信息】命令面板

打开【最近所用文件】命令面板，在面板右侧可以查看最近使用的 Word 文档列表，用户可以通过该面板快速打开最近使用的 Word 文档。在每个 Word 文档名称的右侧有一个固定按钮，单击该按钮可以将该记录固定在当前位置，而不会被后续使用的 Word 文档名称替换，如图3.24所示。

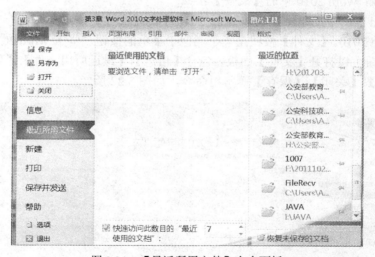

图3.24　【最近所用文件】命令面板

打开【新建】命令面板，用户可以看到丰富的 Word 2010 文档类型，包括"空白文档"、"博客文章"、"书法字帖"等 Word 2010 内置的文档类型。用户还可以通过 Office.com 提供的模板新建诸如"会议日程"、"证书"、"奖状"、"小册子"等实用 Word 文档，如图3.25所示。

打开【打印】命令面板，在该面板中可以详细设置多种打印参数，例如双面打印、指定打印页等参数，从而有效控制 Word 2010 文档的打印结果，如图3.26所示。

打开【保存并发送】命令面板，用户可以在面板中将 Word 2010 文档发送到博客文章、发送电子邮件或创建 PDF 文档，如图 3.27 所示。

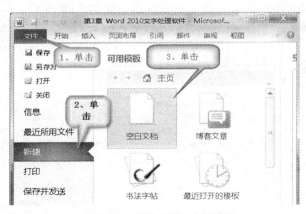

图 3.25　【新建】命令面板

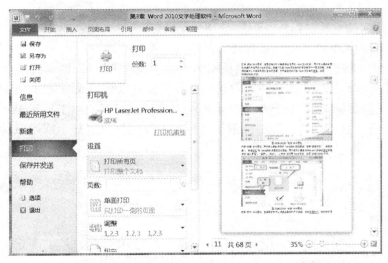

图 3.26　【打印】命令面板

图 3.27　【保存并发送】命令面板

　　选择【文件/选项】命令，可以打开【Word 选项】对话框。在【Word 选项】对话框中可以开启或关闭 Word 2010 中的许多功能或设置参数，如图 3.28 所示。

图 3.28　【Word 选项】对话框

11．在 Word 2010 中显示或隐藏标尺、网格线和导航窗格

　　在 Word 2010 文档窗口中，用户可以根据需要显示或隐藏标尺、网格线和导航窗格。在【视图】功能区的【显示】分组中，选中或取消相应复选框可以显示或隐藏对应的项目。

　　（1）显示或隐藏标尺。"标尺"包括水平标尺和垂直标尺，用于显示 Word 2010 文档的页边距、段落缩进、制表符等。选中或取消【标尺】复选框可以显示或隐藏标尺，如图 3.29 所示。

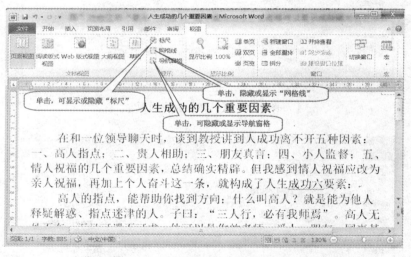

图 3.29　　Word 2010 文档窗口标尺

　　（2）显示或隐藏网格线。"网格线"能够帮助用户将 Word 2010 文档中的图形、图像、文本框、艺术字等对象沿网格线对齐，并且在打印时网格线不被打印出来。选中或取消【网格线】复选框可以显示或隐藏网格线，如图 3.30 所示。

　　（3）显示或隐藏导航窗格。"导航窗格"主要用于显示 Word 2010 文档的标题大纲，用户单击文档结构图中的标题可以展开或收缩下一级标题，并且可以快速定位到标题对应的正文内容，还可以显示 Word 2010 文档的缩略图。选中或取消【导航窗格】复选框可以显示或隐藏导航窗格，如图 3.31 所示。

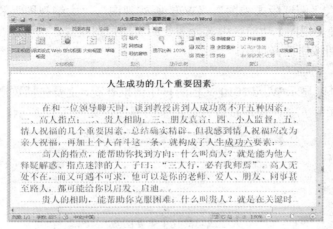

图 3.30　Word 2010 文档窗口网格线

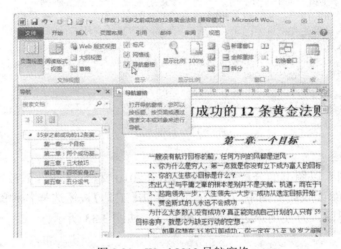

图 3.31　Word 2010 导航窗格

## 3.2　文档的基本操作

创建文档是编辑文档的基础，在 Word 2010 中进行文字处理对于编辑文档而言是必不可少的操作，文档的操作主要用到了移动与复制、粘贴、查找与替换等操作。本节主要学习文档的几种视图方式以及如何通过调整文档比例大小查看文档，如何创建文档以及文档的基本操作，在 Word 文档中输入各种文本的方法以及编辑文本的一些操作知识。

文档的基本操作包括创建文档、打开文档、保存文档和关闭文档等，这些操作也是其他 Office 组件的基本操作。

### 3.2.1　文档视图方式

文档视图是用来查看文档状态的工具，不同的文档视图显示了文档不一样的效果，有利于用户对文档进行查看和编辑。

Word 2010 提供了多种视图方式，用户可以根据编辑文档的用途来进行选择，这些视图模式包括"页面视图"、"阅读版式视图"、"Web 版式视图"、"大纲视图"和"草稿"等五种视图模式。用户可以在【视图】功能区中选择需要的文档视图模式，也可以在 Word 2010 文档窗口的右下方单击视图按钮选择视图。

1. 页面视图

"页面视图"可以显示 Word 2010 文档的打印结果外观，主要包括页眉、页脚、图形对象、分栏设置、页面边距等元素，是最接近打印结果的视图，如图 3.32 所示。

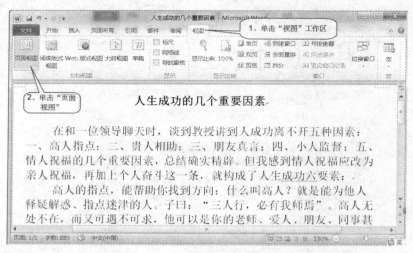

图 3.32　页面视图

2. 阅读版式视图

"阅读版式视图"以图书的分栏样式显示 Word 2010 文档，【文件】按钮、功能区等窗口元素被隐藏起来。在阅读版式视图中，用户还可以单击【工具】按钮选择各种阅读工具，按【Esc】键，退出阅读版式视图，方便用户进行审阅和编辑，如图 3.33 所示。

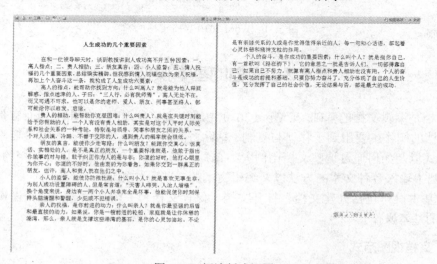

图 3.33　阅读版式视图

### 3．Web 版式视图

"Web 版式视图"以网页的形式显示 Word 2010 文档，是使用 Word 编辑网页时采用的视图方式，可将文档显示为不带分页符的长文档，且其中的文本和表格会随着窗口的缩放而自动换行。Web 版式视图适用于发送电子邮件和创建网页，如图 3.34 所示。

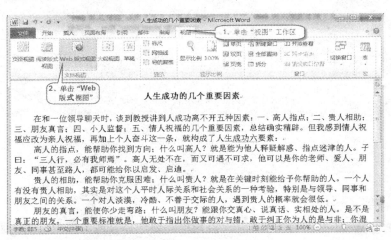

图 3.34　Web 版式视图

### 4．大纲视图

"大纲视图"是一种用缩进文档标题的形式表示标题在文档结构中的级别的视图显示方式，简化了文本格式的设置，用户可以很方便地进行页面跳转，大纲视图主要用于设置和显示 Word 2010 文档的标题的层级结构，并可以方便地折叠和展开各种层级的文档。大纲视图广泛用于 Word 2010 长文档的快速浏览和设置，如图 3.35 所示。

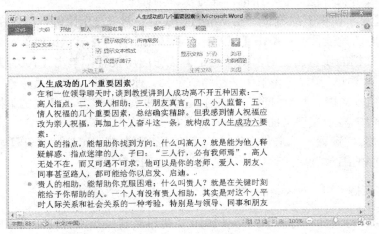

图 3.35　大纲视图

### 5．草稿

"草稿"视图简化了页面的布局，用来输入、编辑和设置文本格式。但无法显示页眉和页脚等信息，只适用于编辑一般的文档，和实际打印效果会有些出入，草稿视图取消了页面边距、分栏、页眉页脚和图片等元素，仅显示标题和正文，是最节省计算机系统硬件资源的视图方式。当然现在计算机系统的硬件配置都比较高，基本上不存在由于硬件配置偏低而使 Word

2010 运行遇到障碍的问题，如图 3.36 所示。

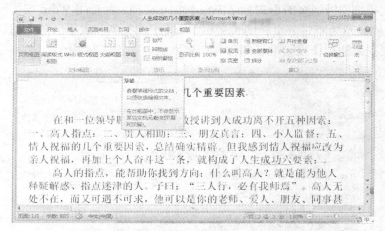

图 3.36　草稿视图

6. 切换视图方式

在编辑和浏览 Word 文档的过程中，可以根据需要选择合适的视图方式，通过【视图】选项卡中的功能按钮和视图栏中的按钮可对视图方式进行切换，其方法如下：

在打开的文档中，选择【视图/文档视图】组，分别单击【页面视图】按钮、【阅读版式视图】按钮、【Web 版式视图】按钮、【大纲视图】按钮以及【草稿】按钮即可切换到对应的视图方式。

7. 设置显示比例

在 Word 文档中，可以根据文档的长短、内容的多少设置显示比例。通过【显示比例】组和状态栏中的缩放滑块可设置显示比例，其方法分别如下。

（1）通过【显示比例】组设置。在 Word 2010 中要调整显示比例，可以在【视图/显示比例】组中单击相应的功能按钮。单击【显示比例】按钮，打开【显示比例】对话框，在其中选择或自定义设置文档的显示比例后单击【确定】按钮应用设置。单击【100%】按钮，将使当前文档显示为实际大小。单击【单页】按钮缩放文档，使当前窗口中显示完整的一页内容。单击【双页】按钮缩放文档，使当前窗口中显示完整的两页内容。单击【页宽】按钮，根据文档的页面宽度在窗口中显示文档页面，使页面宽度与窗口宽度一致。

（2）通过状态栏设置。单击状态栏中的【缩放级别】按钮可快速打开【显示比例】对话框，拖动状态栏中的缩放滑块，可以快速调整显示比例。

### 3.2.2　创建文档

创建文档是编辑文档的前提，在 Word 2010 中可以新建一个没有任何内容的空白文档，也可以通过 Word 2010 中的模板快速新建具有特定内容、格式或作用的文档。

1. 新建空白文档

新建空白文档是文档编辑过程中最简单、最重要的操作之一。

（1）启动 Word 2010，系统会自动新建一个名为"文档 1"的空白文档。

（2）如果还需新建文档，选择【文件/新建】命令，在右侧界面的列表框中选择【可用模板】栏中的【空白文档】选项，单击【创建】按钮即可创建空白文档，如图 3.37 所示。

图 3.37　创建空白文档

（3）新建的文档自动命名为"文档 2"，如图 3.38 所示。

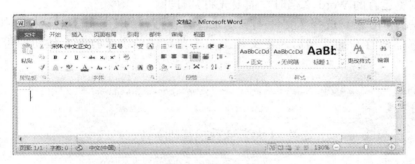

图 3.38　新建文档

**2. 利用模板新建文档**

新建文档时可利用 Word 2010 中预置的文档模板，快速地创建出具有固定格式的文档，如报告、备忘录、论文以及日历等，从而达到提高工作效率的目的。

（1）启动 Word 2010，选择【文件/新建】命令，在右侧界面的列表框中选择【可用模板】栏中的【博客文章】选项，如图 3.39 所示。

图 3.39　新建博客文章

（2）单击【创建】按钮，此时将根据用户所选择的模板创建一份文档，文档中已经定义了版式与内容的样式，如图 3.40 所示。

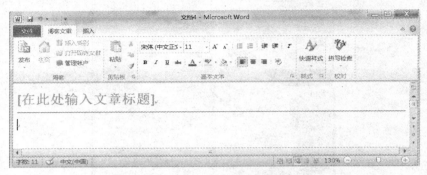

图 3.40  创建博客文章界面

### 3. 打开已有文档

当需要浏览已有的 Word 文档时，需要先将其打开。

启动 Word 2010 后，选择【文件/打开】命令，在打开的【打开】对话框中找到文档的保存路径，选择需要打开的文档后，在文档上双击鼠标或单击【打开】按钮即可，如图 3.41 所示。

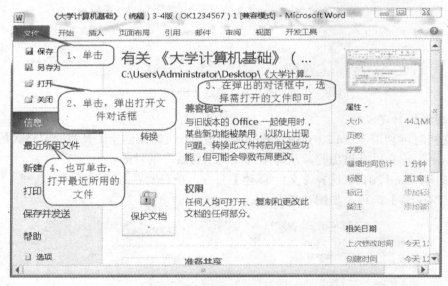

图 3.41  打开文档界面

在启动 Word 2010 的情况下，按快捷键【Ctrl+O】，也可打开对话框。

然后，根据保存路径，找到需要打开的文档，双击即可。

### 4. 保存文档

新建一篇文档后，需执行保存操作后才能将其存储到计算机中。保存文档分为保存新建文档和设置自动保存两种方式。

（1）保存新建的文档。新建文档后，可马上将其保存，也可在编辑过程中或编辑完成后再进行保存。对于新建的 Word 文档，在第一次保存时会打开【另存为】对话框，指定文档的保存路径、名称与类型。文档进行过一次保存后，下次再保存到同样的位置时，不会再打开【另存为】对话框，而直接按原类型、原文件名进行保存。

①对于新建的文档，选择【文件/保存】命令，将打开【另存为】对话框。

②在【保存位置】下拉列表框中选择保存路径，在【文件名】下拉列表框中输入要保存的文件名为"第 3 章 Word 2010 文字处理软件"，单击【保存】按钮，将文档保存到计算机中，如图 3.42 所示。

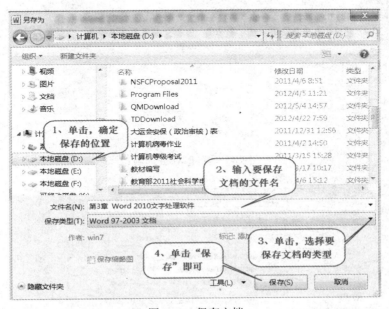

图 3.42　保存文档

③对文档进行保存后，Word 窗口标题栏中显示的文档名称已更改为"第 3 章 Word 2010 文字处理软件"。

技巧：如果不是第一次保存，可以使用快捷键【Ctrl+S】快速保存文档。

（2）设置自动保存。在编辑文档过程中，为了防止意外情况出现导致当前编辑内容丢失，Word 2010 提供了自动保存功能。

**例 3.1**　设置文档的自动保存时间为"5 分钟"。

（1）在 Word 文档的编辑窗口中选择【文件/选项】命令，如图 3.43 所示，打开【Word 选项】对话框。

（2）在该对话框中选择左侧列表框中的【保存】选项卡，在右侧的【保存文档】栏中选中【保存自动恢复信息时间间隔（A）】复选框，并在后面的数值框中输入"5"，如图 3.44 所示，再单击【确定】按钮。

5．关闭文档

当执行完文档的编辑操作后则需要关闭该文档。关闭文档的方法有以下 4 种：

（1）在标题栏空白处单击鼠标右键，在弹出的快捷菜单中选择【关闭】命令。

（2）单击标题栏右侧的【关闭】按钮关闭当前文档。

（3）选择【文件/关闭】命令。

（4）按快捷键【Alt+F4】。

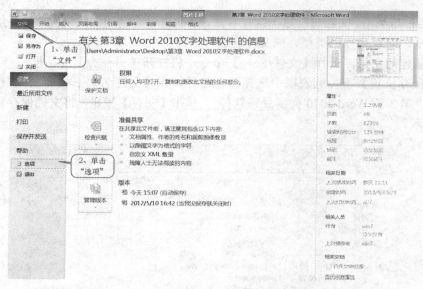

图 3.43　打开 Word 选项

图 3.44　设置自动保存

## 3.3　文本的输入与图片插入

新建 Word 2010 文档之后，还需要在文档中输入文本内容并对其进行编辑处理，从而使文档更加完整，内容更加完善。文本的输入是 Word 基本操作的基础。

### 3.3.1　定位文本插入点

当新建一个 Word 文档后，在文档的开始位置将出现一个闪烁的光标"I"，称之为文本插入点。在进行文本的输入与编辑操作之前，必须先将文本插入点定位到需要编辑的位置。定位文本插入点的方法有以下两种：

（1）将鼠标指针移至需要定位文本插入点的文本处，当其变为"I"形状后在需定位的目标位置处单击鼠标左键，即可将文本插入点定位于此。

（2）按【←】键可将文本插入点向左移动一个字符；按【→】键可将文本插入点向右移动一个字符；按【↑】键可将文本插入点移到上一行的相同位置；按【↓】键可将文本插入点移到下一行的相同位置。

### 3.3.2　输入文本

在 Word 2010 中输入文本就是在文档编辑区的文本插入点处利用鼠标和键盘输入所需的文本内容。当输入文本到达 Word 默认边界后，Word 会自动进行换行。

**1．输入普通文本**

输入普通文本的方法很简单，只需在文档编辑区的文本插入点处通过键盘和鼠标输入所需的文本内容。

**例 3.2**　在文档中输入汉字、英文字符和数字。

（1）在新建的空白文档中，单击语言栏中的输入法图标，选择一种输入法，这里以"搜狗输入法"为例。输入"人生成功的几个重要因素"的拼音编码"rscgdzhongyys"，如图 3.45 所示，然后按空格键和数字键进行选择，即可输入相应的汉字。

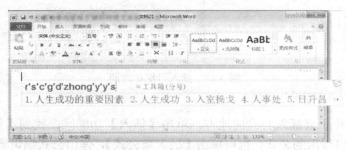

图 3.45　普通文本的输入

（2）按【Enter】键强制换行，按下【Caps Lock】键，输入大写英文字母，切换到中文输入法状态下，可以输入小写的英文字母。

（3）按【Enter】键将光标定位到下一行，使用键盘上的数字键输入相应的数字等。

**2．输入符号与特殊符号**

在输入文本时，符号的输入是不可避免的。对于普通的标点符号可以通过键盘直接输入，但对于一些特殊的符号，则可以通过 Word 2010 提供的"插入"功能进行输入。

**例 3.3**　在文档中插入符号和特殊符号。

采用如图 3.46 所示的方式和步骤即可插入符号和特殊符号。选择所需的特殊字符，单击【插入】按钮将其插入到文档中，单击【关闭】按钮关闭对话框并返回文档中，最后按快捷键【Ctrl+S】保存对文档所做的修改。

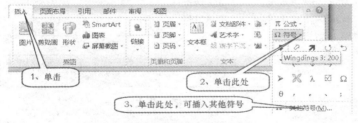

图 3.46　插入符号和特殊符号

## 3．输入日期和时间

在 Word 文档中，通过输入文本和数字可输入日期和时间，如果需要输入当前时间，也可通过【日期和时间】对话框快速插入。

**例 3.4**　在"库房管理规定 1.docx"文档中插入系统的当前日期。

首先，将光标定位于要插入日期的位置，然后选择【插入】功能区，选择【文本】组，单击【日期和时间】，然后选择日期和时间格式，按图 3.47 所示的步骤即可插入系统的当前日期。然后按快捷键【Ctrl+S】保存对文档所做的修改。

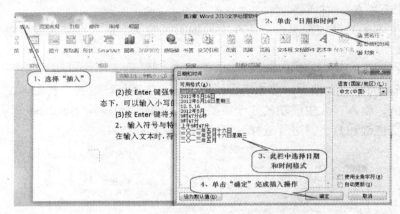

图 3.47　插入日期和时间

## 4．插入公式

首先将光标定位于要插入公式的地方，单击【插入】功能区，找到【符号】组，单击其下三角符号，会弹出常用的公式，也可单击【插入新公式】，弹出公式编辑器，输入其他公式，如图 3.48 所示。

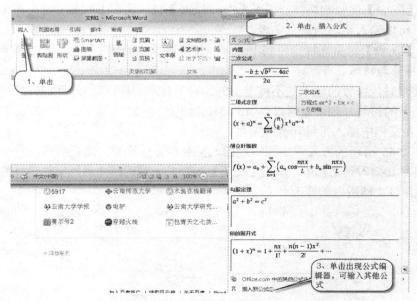

图 3.48　插入公式

打开【公式工具/设计】功能区，如图 3.49 所示，可进行公式的输入。

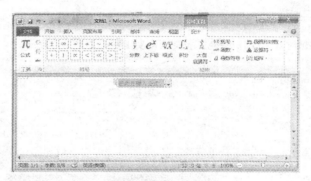

图 3.49　输入公式

### 3.3.3　插入图片

1．插入图片

选择【插入】功能区，单击【插图】组中的【图片】按钮，如图 3.50 所示。

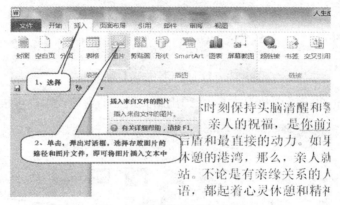

图 3.50　单击【图片】按钮

在弹出的对话框中，选择插入图片的路径和文件，然后单击【插入】按钮，如图 3.51 所示。

图 3.51　插入图片

　　双击插入的图片，打开【图片工具/格式】功能区，在【图片工具/格式】功能区中，可进行图片的编辑、图文混排、图片的裁剪等操作，如图 3.52 所示。

图 3.52　【图片工具/格式】功能区

　　如图 3.53 所示，单击【图片版式】，会弹出图文搭配的窗口，用户可根据需要进行选择。

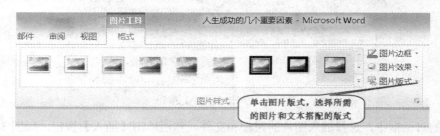

图 3.53　单击【图片版式】按钮

### 2. 图片的编辑

　　在【图片工具/格式】功能区中，可对图片艺术效果、旋转方式、裁剪和图片与文字的环绕方式进行设置，如图 3.54 所示。

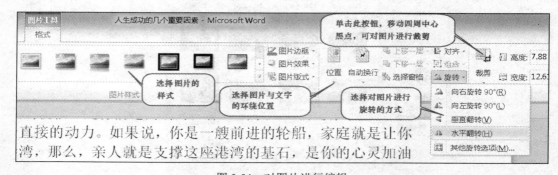

图 3.54　对图片进行编辑

3. 插入图形

图形的插入与图片的插入类似，插入图形步骤如图 3.55 所示。

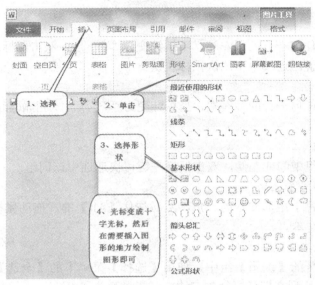

图 3.55　插入图形

其他艺术字、图表等对象的插入类似，在此不再赘述。

## 3.4　文档的编辑

文档的编辑工作是其他一切文档操作的基础，因此制作一份优秀文档的必备条件就是熟练掌握文档的编辑功能。用户经常需要在新建或打开的文档中对文本进行格式的编辑操作，然后对输入的文字和段落进行更为复杂的处理。Word 2010 提供了更为强大的功能选项，使用起来更加方便、简单。同时，使用 Word 中的即时预览功能，更加便于用户快速实现预想设计。因此，在处理文档时，无论是文档版面的设置、段落结构的调整，还是字句的增删，利用快捷键和功能区都显得十分方便。本节介绍 Word 2010 处理文字的编辑操作，包括文本的选择、复制、移动、删除、查找和替换，以及在文本输入时进行自动更正、拼写与语法检查等。

### 3.4.1　选择文本

在编辑文档时，首先要做的工作是对编辑的对象进行选择，只有选中了要编辑的对象才能进行编辑。Word 2010 提供了强大的文本选择方法。用户可以选择一个或多个字符、一行或多行文字、一段或多段文字、一幅或多幅图片，甚至整篇文档等。选择文本的几种主要方法如下。

1. 任意区域

将光标移至要选择区域的开始位置，单击并拖动鼠标左键至区域结束位置，这是最常用的文本选择方法。

2. 一整行文字

将鼠标移到该行的最左边，当指针变为"⌀"后，单击鼠标左键，将选中整行文字。

### 3. 连续多行文本

将鼠标移到要选择的文本首行最左边，当指针变为"⤢"后，按下鼠标左键，然后向上或向下拖动。

### 4. 一个段落

将鼠标移到本段任何一行的最左端，当指针变为"⤢"后，双击鼠标左键即可。或将鼠标移到该段内的任意位置，连续单击三次鼠标左键。

### 5. 多个段落

将鼠标移到本段任何一行的最左端，当指针变为"⤢"后，双击鼠标左键，并向上或向下拖动鼠标。

### 6. 选中一个词组

将插入点置于词组中间或左侧，双击鼠标左键可快速选中该词组。

### 7. 选中一个矩形文本区域

将鼠标的插入点置于矩形文本的一角，然后按住【Alt】键，拖动鼠标左键到文本块的对角，即可选定该矩形文本。

### 8. 整篇文档

在【开始】功能区的【编辑】组中，使用【选择】菜单下的【全选】命令。或按快捷键【Ctrl+A】。或将鼠标移到文档任一行的左边，当指针变为"⤢"后，连续单击三下鼠标左键。

### 9. 配合【Shift】键选择文本区域

将鼠标的插入点置于要选定的文本之前，单击鼠标左键，确定要选择文本的初始位置，移动鼠标到要选定的文本区域末端后，按住【Shift】键的同时单击鼠标左键。

此方法适合所选文档区域较大时使用。

### 10. 选择格式相似的文本

首先选中某一格式的文本，如具有某一标题格式的文本，单击鼠标右键，在弹出的菜单中单击【样式/选定所有格式类似的文本】命令，或是在【开始】功能区的【编辑】组中，单击【选择】菜单下的【选定所有格式类似的文本】命令，即可选中文档中所有具有同种格式的文本。

提示：【选定所有格式类似的文本】命令需要在【Word 选项】对话框中设置后才可用。具体操作方法是：在功能区单击鼠标右键，在弹出菜单中选择【自定义快速访问工具栏】。在弹出的【Word 选项】对话框中选择【高级】选项卡，在【编辑选项】中选中【保持格式跟踪】。

### 11. 调节或取消选中的区域

按住【Shift】键并按【↑】、【↓】、【→】、【←】箭头键可以扩展或收缩选择区，或按住【Shift】键，用鼠标单击，则选择区将扩展或收缩到该点为止。

要取消选中的文本，可以用鼠标单击选择区域外的任何位置，或按任何一个可在文档中移动的键（如【↑】、【↓】、【→】、【←】、【PageUp】和【PageDown】键等）。

## 3.4.2　修改文本

在对文档进行编辑的过程中，若输入的文本有错误就需要进行修改，其方法如下：

选择需要修改的文本，按【Delete】键（删除光标"I"后的一个字符）或【Backspace】键（删除光标"I"前的一个字符）删除后，再输入正确的文本。

如果要对修改的文本进行恢复，随时可以使用快捷键【Ctrl+Z】。

### 3.4.3　移动文本

移动文本是指将选择的文本从当前位置移动到文档的其他位置。在输入文字时，如果需要修改某部分内容的先后次序，可以通过移动操作进行调整，有如下几种方法：

（1）打开文档，选择需要移动的文本，按住鼠标左键不放，拖动鼠标至目标位置后释放鼠标左键即可移动文本。

（2）选择需移动的文本，单击鼠标右键，在弹出的快捷菜单中选择【剪切】命令，将光标移至目标位置，单击鼠标右键，在弹出的快捷菜单中选择【粘贴】命令即可。

（3）选择需移动的文本，按快捷键【Ctrl+X】，将光标移至目标位置，再按快捷键【Ctrl+V】即可。

### 3.4.4　复制文本

当需要输入相同的文字时，可通过复制操作快速完成。复制与移动两种操作的区别在于：移动文本后原位置的文本消失，复制文本后原位置文本仍然存在。具体方法有如下几种：

（1）打开文档，选择需要复制的文本，按住【Ctrl】键不放，将光标移至被选择的文本块区域中，按住鼠标左键不放，拖动鼠标至目标位置后，先释放鼠标左键，再释放【Ctrl】键即可。

（2）选择需要复制的文本，将光标移至被选择的文本区域中，单击鼠标右键，在弹出的快捷菜单中选择【复制】命令。

（3）选择需复制的文本，按快捷键【Ctrl+C】，将光标移至目标位置，再按快捷键【Ctrl+V】即可。

### 3.4.5　查找和替换文本

通过查找功能，可以在 Word 2010 中快速地查找指定字符或文本，并以选中的状态显示，利用替换功能可将查找到的指定字符或文本替换为其他文本。

1．查找文本

当文档中需要对关键信息进行查看时，可采用查找文本的方式进行查看。方法如下：

（1）选择【开始/编辑】组，单击【查找】按钮右侧的下拉按钮，在弹出的下拉列表中选择【高级查找】选项，如图 3.56 所示。

（2）打开【查找和替换】对话框，在【查找内容】下拉列表框中输入要查找的内容，单击【查找下一处】按钮，要查找的文本以选中状态显示。

技巧：在当前文档中，按快捷键【Ctrl+F】将弹出【查找和替换】对话框。

2．替换文本

当需要对整个文档中某一词组进行统一修改时，可以使用"替换"功能实现。

（1）打开文档，选择【开始/编辑】组，单击【替换】按钮，打开【查找和替换】对话框。

（2）在【查找内容】框中输入要查找的内容，如"图象"，在【替换为】框中输入"图像"。单击【替换】按钮，即从光标位置开始处替换第一个查找到的符合条件的文本并选择下一个需要替换的文本。

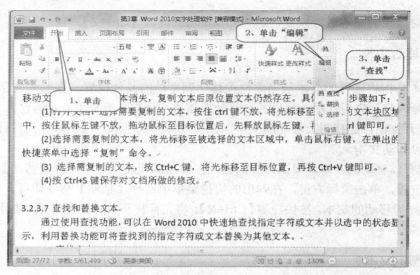

图 3.56　查找文本

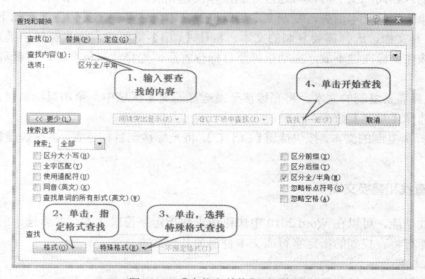

图 3.57　【查找和替换】对话框

（3）逐次单击【替换】按钮，则按顺序逐个进行替换，当替换完文档中所有需要替换的文本后，将弹出提示对话框，提示用户替换的数目。

（4）单击【确定】按钮，返回【查找和替换】对话框，单击【关闭】按钮，关闭该对话框并返回文档中，即可看到所有"图象"文本替换为"图像"文本。

（5）按快捷键【Ctrl+S】保存对文档所做的修改。

### 3.4.6　撤消与恢复

当进行文档编辑时，难免会出现输入错误，常常对文档的某一部分内容不太满意，或在排版过程中出现误操作，那么撤消和恢复以前的操作就显得很重要。Word 2010 提供了撤消和恢复操作来修改这些错误和避免误操作。因此，即使误操作了，也只需单击【撤消】按钮，就能恢复到误操作前的状态，从而大大提高了工作效率。

1．撤消操作

Word 会随时观察用户的工作，并能记住操作细节，当出现了误操作时可以执行撤消操作。撤消操作有以下几种实现方式：

（1）单击快速访问工具栏上的【撤消】按钮右侧的下拉箭头，打开如图 3.58 所示的撤消操作列表，里面保存了可以撤消的操作。无论单击列表中的哪一项，该项操作及其以前的所有操作都将被撤消，例如将光标移到【键入"很"】选项上，Word 2010 会自动选定这些操作，单击即可撤消这些操作，从而恢复到原来的样子。可见该方法可一次撤消多步操作。

（2）如果只撤消最后一步的操作，可直接单击快速访问工具栏上的【撤消】按钮↺，或使用快捷键【Ctrl+Z】。

2．恢复操作

执行完撤消操作后，【撤消】按钮右边的【恢复】按钮↻将变为可用，表明已经进行过撤消操作。此时如果用户又想恢复撤消操作之前的内容，则可执行恢复操作。恢复操作同撤消操作一样，也有两种实现方式：

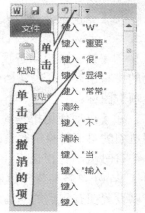

图 3.58 撤消操作列表

（1）单击快速访问工具栏上的【恢复】按钮，恢复到所需的操作状态。该方法可恢复一步或多步操作。

（2）使用快捷键【Ctrl+Y】。

### 3.4.7 Word 自动更正功能

在文本的输入过程中，难免会出现一些拼写错误，如将"书生意气"写成了"书生义气"，将"the"写成了"teh"等。Word 提供了许多奇妙的"自动"功能，它们能自动地对输入的错误进行更正，帮助用户更好、更快地创建正确文档。

1．自动更正

"自动更正"功能关注常见的输入错误，并在出错时自动更正它们，有时在用户意识到这些错误之前它就已经进行自动更正了。

（1）设置自动更正选项。要设置自动更正选项，需在选项卡一栏，单击鼠标右键，选择【自定义快速访问工具栏】命令，或单击【文件】选项卡，在打开的文件管理中心中单击右下角的【选项】按钮，打开【Word 选项】对话框，单击【校对】选项，在菜单栏的右侧选择【自动更正选项】按钮，在弹出的【自动更正】对话框中，选择【自动更正】选项卡。

【自动更正】选项卡中给出了自动更正错误的多个选项，用户可以根据需要选择相应的选项。在【自动更正】选项卡中，各选项的功能如下：

①【显示"自动更正选项"按钮】复选框：选中该复选框后可显示【自动更正选项】按钮。

②【更正前两个字母连续大写】复选框：选中该复选框后可将前两个字母连续大写的单词更正为首字母大写。

③【句首字母大写】复选框：选中该复选框后可将句首字母没有大写的单词更正为句首字母大写。

④【表格单元格的首字母大写】复选框：选中该复选框后可将表格单元格中的单词设置为首字母大写。

⑤【英文日期第一个字母大写】复选框：选中该复选框后可将输入的英文日期单词的第一个字母设置为大写。

⑥【更正意外使用大写锁定键产生的大小写错误】复选框：选中该复选框后可对由于误按大写锁定键（Caps Lock 键）产生的大小写错误进行更正。

⑦【键入时自动替换】复选框：选中该复选框后可打开自动更正和替换功能，即更正常见的拼写错误，并在文档中显示【自动更正】图标，当鼠标定位到该图标后，显示【自动更正选项】图标。

⑧【自动使用拼写检查器提供的建议】复选框：选中该复选框后可在输入时自动用功能词典中的单词替换拼写有误的单词。

有时自动更正也很让人讨厌。例如，一些著名的诗人从不用大写字母来开始一个句子。要让 Word 忽略某些看起来是错误的但实际无误的特殊用法，可以单击【例外项】按钮。例如可以设置在有句点的缩写词后首字母不要大写，如图 3.59 所示。

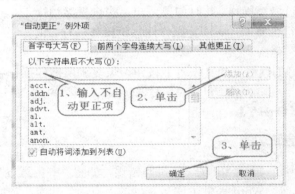

图 3.59　自动更正例外项

（2）添加自动更正词条。Word 2010 提供了一些自动更正词条，通过滚动【自动更正】选项卡下面的列表框可以仔细查看自动更正词条。用户也可以根据需要逐渐添加新的自动更正词条。方法是在【自动更正】对话框中【自动更正】选项卡的【替换】文本框中输入要更正的单词或文字，在【替换为】文本框中输入更正后的单词或文字，然后单击【添加】按钮即可，此时添加的新词条将自动在下方的列表框中进行排序。如果想删除【自动更正】列表框中已有的词条，在选中该词条后单击【删除】按钮。

**例 3.5**　希望将"图像"词条添加到 Word 中，当用户输入"图象"时，自动更新为"图像"，其操作步骤为：

（1）在选项卡一栏，右击，选择【自定义快速访问工具栏】命令，打开【Word 选项】对话框，单击【校对】选项，选择【自动更正选项】按钮，在弹出的【自动更正】对话框中，选择【自动更正】选项卡。

（2）选中【键入时自动替换】复选框，并在【替换】文本框中输入"图象"，在【替换为】文本框中输入"图像"。

（3）单击【添加】按钮，即可将其添加到自动更正词条并显示在列表框中，如图 3.60 所示。

（4）单击【确定】按钮，关闭【自动更正】对话框。

图 3.60　自动更正设置

在其后输入文本时，当输入"图象"后，可看到输入的"图象"被替换为"图像"。

自动更正的一个非常有用的功能是可以实现快速输入。因为在【自动更正】对话框中，除了可以创建较短的更正词条外，还可以将在文档中经常使用的一大段文本（纯文本或带格式文本）作为新建词条，添加到列表框中，甚至一幅精美的图片也可作为自动更正词条保存起来，然后为它们赋予相应的词条名。这样，在输入文档时只要输入相应的词条名，再按一次空格键就可转换为该文本或图片。例如在【替换】文本框中输入"ynjgxy"，在【替换为】文本框中输入"云南警官学院"，以后在输入文本时输入"ynjgxy"后，再输入空格符，"ynjgxy"将被"云南警官学院"词条替换。

当使用某一词条实现快速输入具有某一格式的文本或图片时，先选中带有格式的文本或图片，然后打开【自动更正】对话框中的【自动更正】选项卡，此时可看到在【替换为】文本框中已经显示出复制的带格式的文本（此时需选择【带格式文本】单选按钮）或图片（由于文本框大小的限制，图片看不到），在【替换】文本框中输入词条后，单击【添加】按钮加入列表框中，单击【确定】按钮关闭对话框。以后输入此词条后，再输入空格符，此词条将会被带格式文本或图片所取代。

2.　键入时自动套用格式

Word 2010 不仅能自动更正，还可以自动套用格式。用户可以对文字快速应用标题、项目符号和编号列表、边框、表格、符号以及分数等格式。

　　用户要设置"键入时自动套用格式"功能，可在选项卡栏，单击鼠标右键，选择【自定义快速访问工具栏】命令，打开【Word 选项】对话框，单击【校对】选项，单击【自动更正选项】按钮，在弹出的【自动更正】对话框中，选择【键入时自动套用格式】选项卡，如图3.61 所示。

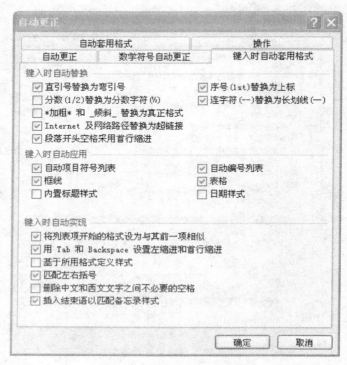

图 3.61　设置自动套用格式

　　此选项有三部分：【键入时自动替换】、【键入时自动应用】、【键入时自动实现】。每一部分又有若干复选框选项，用户可根据需要进行相应选择。

　　3.　自动图文集

　　自动图文集用于存储用户经常要重复使用的文字或图形，它可为选中的文本、图形或其他对象创建相应词条。当用户需输入自动图文集中的词条时，直接插入即可，它极大地提高了工作效率。自动图文集与自动更正的区别在于，前者的插入需要使用【自动图文集】命令来实现，而后者是在输入时由 Word 自动插入词条。

　　自动图文集是构建基块的一种类型，每个所选的文本或图形都存储为"构建基块管理"中的一个"自动图文集"词条，并给词条分配唯一的名称，以便在要使用它时方便查找。设置方法分三步：一是创建"自动图文集"词条；二是更改自动图文集词条的内容；三是将自动图文集词条插入文档中。

　　Word 2010 提供的自动图文集词条被分成若干类，如"表格"、"封面"或"公式"等，用户在需要插入自动图文集词条的时候，不仅可以按名称进行查找，也可以按这些类别查找用户所创建的词条。

　　将自动图文集词条插入文档的操作步骤如下：

　　（1）将插入点置于需要插入自动图文集词条的位置。

（2）在【插入】功能区下的【文本】组中，单击【文档部件】下拉按钮，然后单击【构建基块管理器】。如果知道构建基块的名称，单击【名称】，使之按字母排序。如果知道构建基块所属库名，单击【库名】，按所属类别进行查找。

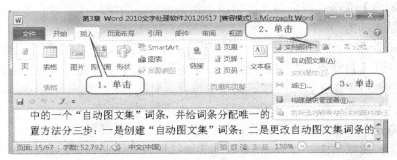

图 3.62　构建基块管理器

（3）单击【插入】按钮。用户还可以用快捷键插入自动图文集词条，其方法是在文档中输入自动图文集词条名称，按下【F3】键可以确认插入该词条。

### 3.4.8　拼写和语法检查

Word 2010 提供的"拼写和语法"功能，可以将文档中的拼写和语法错误检查出来，以避免可能因为拼写和语法错误而造成的麻烦，从而大大提高工作效率。默认情况下，Word 2010 在用户输入词语的同时自动进行拼写检查。用红色波浪下划线表示可能出现的拼写问题，用绿色波浪下划线表示可能出现的语法问题，以提醒用户注意。此时用户可以立刻检查拼写和语法错误。

#### 1．更正拼写和语法错误

对于文档中的拼写和语法错误，用户可以随时进行检查并更改。在更改拼写和语法错误时，可将鼠标置于波浪线上右击，将弹出如图 3.63 所示的快捷菜单。

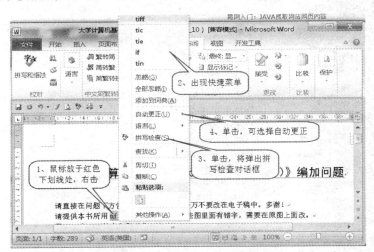

图 3.63　拼写和语法错误快捷菜单

在拼写错误快捷菜单中，会显示有多个相近的正确拼写建议，在其中选择一个正确的拼写方式即可替换原有的错误拼写。

在拼写错误快捷菜单中，各选项的功能如下。

【忽略】命令：忽略当前的拼写，当前的拼写错误不再显示错误波浪线。

【全部忽略】命令：用来忽略所有相同的拼写，不再显示拼写错误波浪线。

【添加到词典】命令：用来将该单词添加到词典中，当用户再次输入该单词时，Word 就会认为该单词是正确的。

【自动更正】命令：用来在其下一级子菜单中设置要自动更正的单词。若选择【自动更正】命令，可打开【自动更正】对话框的【自动更正】选项卡，进行自动更正设置。

【语言】命令：用来在其下一级子菜单中选择一种语言。

【拼写检查】命令：用来打开【拼写】对话框进行拼写检查设置。

【查找】命令：用来打开【信息检索】任务窗格进行相关信息的检索。

在语法错误快捷菜单中，若 Word 对可能的语法错误有语法建议，将显示在语法错误快捷菜单的最上方；若没有语法建议，则会显示【输入错误或特殊用法】信息。在该快捷菜单中，部分选项的功能如下：

【忽略一次】命令：用来忽略当前的语法错误，但若在其他位置仍然有该语法错误，则仍然会以绿色波浪线标出。

【语法】命令：用来打开【语法】对话框进行语法检查设置。

2. 启用/关闭输入时自动检查拼写和语法错误功能

在输入文本时自动进行拼写和语法检查是 Word 默认的操作，但如果文档中包含有较多特殊拼写或特殊语法，则启用键入时自动检查拼写和语法错误功能，就会对用户编辑文档带来一些不便。因此在编辑一些专业性较强的文档时，可先将键入时自动检查拼写和语法错误功能关闭。

若要关闭键入时自动检查拼写和语法错误功能，可在选项卡栏，单击鼠标右键，选择【自定义快速访问工具栏】命令，打开【Word 选项】对话框，单击【校对】选项。在【在 Word 中更正拼写和语法时】选项组中取消对【键入时检查拼写】复选框及【随拼写检查语法】复选框的选择，如图 3.64 所示。

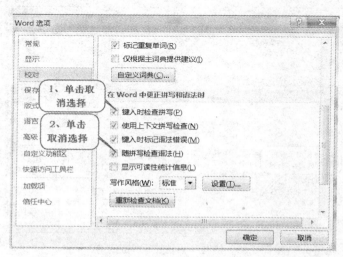

图 3.64　更正拼写和语法

# 3.5　文档排版

每个文档都有不同的格式要求，通过对文档进行排版来得到不同的效果。本节主要学习在 Word 2010 文档中设置字符格式、段落格式、项目符号和编号、边框和底纹以及页面设置等文档格式的方法。

## 3.5.1　设置字符格式

通过对文档的字符进行排版，显示出文本的外观效果。通过对文本的字体、大小、颜色等属性进行设置，可以使文档内容达到所需的效果。在 Word 2010 中有多种设置字体格式的方法，分别介绍如下。

### 1.　使用浮动工具栏设置字体格式

在 Word 2010 中选择文本时，可以显示或隐藏一个半透明的工具栏，称为浮动工具栏，在浮动工具栏中可以快速地设置字体格式。具体方法如下：

（1）打开要进行排版的文档，选择标题文本，在弹出的浮动工具栏的【字体】和【字号】下拉列表框中分别设置为【黑体】和【二号】，如图 3.65 所示。

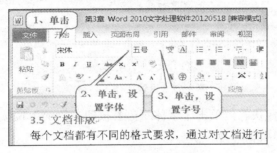

图 3.65　设置字体格式

（2）再次选择文本，在弹出的浮动工具栏中单击【以不同颜色突出显示文本】按钮，可以为选中的文本设置颜色。

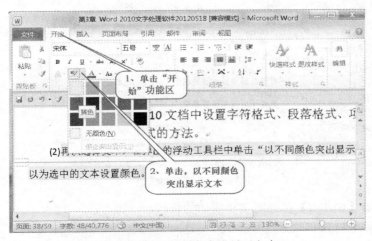

图 3.66　以不同颜色突出显示文本

（3）按快捷键【Ctrl+S】保存修改。

2．使用【字体】组快速设置字体格式

利用【开始】功能区中【字体】组的参数可快速对选择的文本进行格式设置。通过它可实现对文本的字体外观、字号、字形、字体颜色等的设置，功能十分强大。

（1）打开要进行排版的文档，选择标题文本，选择【开始/字体】组，单击【下划线】按钮，如图 3.67 所示。

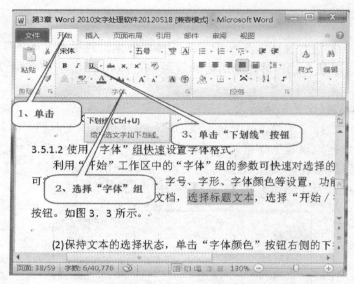

图 3.67　设置字体下划线

（2）保持文本的选择状态，单击【字体颜色】按钮右侧的下拉按钮，在弹出的下拉列表中选择【红色】选项，如图 3.68 所示。

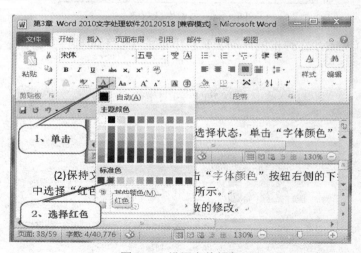

图 3.68　设置字体颜色

（3）按快捷键【Ctrl+S】保存对文档所做的修改。

3．使用【字体】对话框设置字体格式

除了通过浮动工具栏和【字体】组设置字体格式，还可以通过【字体】对话框进行设置。

（1）打开要排版的文档，选择第 3 行文本，单击【开始/字体】组右下角的按钮。

（2）打开【字体】对话框，选择【字体】选项卡，在【中文字体】下拉列表框中选择【黑体】选项，在【字形】列表框中选择【加粗】选项，在【着重号】下拉列表框中选择【•】选项。

（3）单击【字体颜色】下拉列表框右侧的下拉按钮，在弹出的下拉列表中选择【主题颜色】栏中的【蓝色，强调文字颜色 1】选项，单击【确定】按钮，如图 3.69 所示。

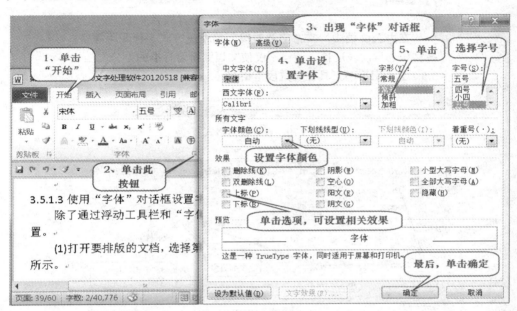

图 3.69 【字体】对话框

（4）关闭【字体】对话框，在文档编辑区的空白区域单击鼠标，此时便可看到所选文本已发生改变，保存对文档所做的修改。

总之，凡是涉及到对字符的排版，首先选中文本，然后调出【字体】对话框，或者利用快速工具栏，或者利用【开始】功能区下的【字体】组进行设置即可。

### 3.5.2 设置段落格式

在办公文档中，常常需要对段落的缩进方式、行间距等格式进行设置和调整，可以提高文档的层次表现性，这样不仅使文档更符合标准的办公文档格式，也使文档具有可读性。

1. 利用浮动工具栏设置段落格式

在浮动工具栏中，可快速设置居中对齐、增加缩进量和减少缩进量 3 种段落格式。设置对齐方式只有一个 ≡ 按钮，单击它可使当前段落居中对齐。单击 ≡ 按钮可减少段落的缩进量；单击 ≡ 按钮可增加段落的缩进量。

2. 使用【段落】组快速设置段落格式

（1）打开需要进行排版的文档，选择文档标题。选择【开始/段落】组，单击【居中】按钮，如图 3.70 所示。

（2）选择正文第 2 行和第 3 行文本，在【开始/段落】组中单击【增加缩进量】按钮，如图 3.71 所示。

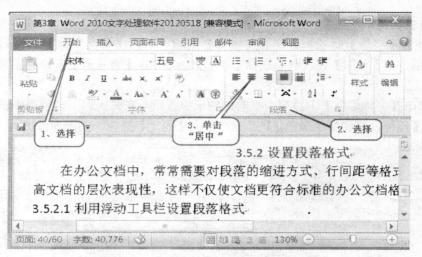

图 3.70　设置段落格式

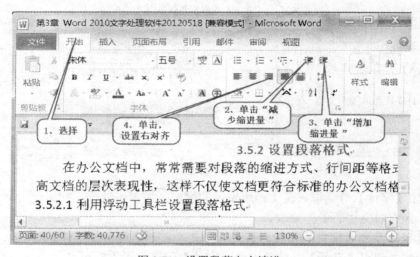

图 3.71　设置段落左右缩进

（3）选择文档的落款，在【开始/段落】组中单击▀按钮，使其右对齐，单击【保存】按钮保存对文档所做的修改。

3.　使用【段落】对话框设置段落格式

除了通过浮动工具栏和【段落】组设置段落格式，还可以使用【段落】对话框进行更详细的设置。

（1）打开要进行排版的文档，选择正文前 3 行文本。单击【开始/段落】组右下角的按钮。

（2）打开【段落】对话框，选择【缩进和间距】选项卡，在【间距】栏的【段前】和【段后】数值框中均输入"0.5 行"，单击【确定】按钮。

（3）选择正文需要进行排版的文本，打开【段落】对话框，选择【缩进和间距】选项卡，在【特殊格式】下拉列表框中选择【首行缩进】选项，单击【确定】按钮，如图 3.72 所示，最后保存对文档所做的修改。

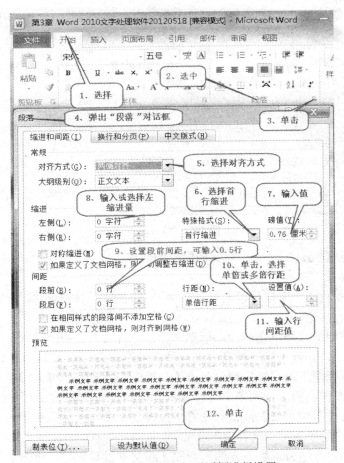

图 3.72　利用【段落】对话框进行设置

### 3.5.3　设置项目符号和编号

在文档中添加相应的编号或项目符号，可以起到强调作用，使文档的层次结构更清晰，内容更醒目。

**1. 设置项目符号样式**

项目符号主要使用在具备并列关系的段落文本之前，放在文本前起强调作用。在 Word 2010 文档中可以快速为文本设置项目符号。在打开的文档中，选中需要设置的内容，选择【开始/段落】组，单击【项目符号】按钮 ≡ 右侧的下拉按钮，在弹出的下拉列表中选择需要的项目符号样式，这里选择➤样式。

**2. 设置编号**

Word 2010 提供了多种预设的编号样式，包括"1，2，3…"、"一，二，三…"、"A，B，C…"等，用户在使用时可依据不同的情况选择编号，还可以根据自己的喜好自定义新编号格式。

（1）打开需设置编号的文档，选择相关的段落文本。

（2）选择【开始/段落】组，单击【编号】按钮右侧的下拉按钮，在弹出的下拉列表中选择编号库中的"1），2），3）…"样式，如图 3.73 所示。

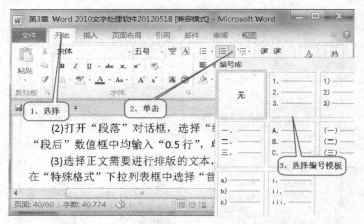

图 3.73　编号设置

（3）按快捷键【Ctrl+S】，保存对文档所做的修改。

3．使用多级编号

在 Word 2010 文档中，用户可以通过更改编号列表级别创建多级编号列表，使 Word 编号列表的逻辑关系更加清晰。

（1）打开待排版的文档，选择段落标题文本。选择【开始/段落】组，单击【多级列表】按钮右侧的下拉按钮，在弹出的下拉列表中选择编号库中的"1，1.1，1.1.1…"样式。

（2）选择段落标题下的二级标题，单击【开始/段落】组，再单击【多级列表】按钮右侧的下拉按钮，在弹出的下拉列表中选择编号库中的"1，1.1，1.1.1"样式。

（3）再次单击【多级列表】按钮右侧的下拉按钮，在弹出的下拉列表中选择【更改列表级别】选项，在弹出的子菜单中选择"2 级"。

（4）按照同样的方法为总则下方的另一段 2 级文本设置编号，单击选择设置的编号，单击鼠标右键，在弹出的快捷菜单中选择【继续编号】命令自动更正编号。

（5）与此类似，选择其他段落文本，按照和步骤（3）一样的方法为其设置 1 级编号，为其下方的文本设置 2 级编号。

（6）选择 1.1 级下方的文本，为其设置 3 级编号，单击鼠标右键，在弹出的快捷菜单中选择【继续编号】命令自动更正编号，如图 3.74 所示。

（7）保存对文档所做的修改。

### 3.5.4　其他重要排版方式

在编辑论文、杂志、报刊等一些带有特殊效果的文档时，通常需要使用一些特殊排版方式，如分栏排版、首字下沉、设置文字方向等，这些排版方式可以使文档更美观，使文档内容更生动醒目。

1．分栏排版

分栏排版是一种新闻排版方式，被广泛应用于报刊、杂志、图书和广告单等印刷品中。使用分栏排版功能可制作别出心裁的文档版面，从而使整个页面更具可观性。

在打开的文档中，选择需要进行分栏的文档内容，选择【页面布局/页面设置】组，单击【分栏】按钮，在弹出的下拉列表中选择需要的选项即可为选择的文本分栏。如果想要对分栏的宽度和间距进行更详细的设置，可选择【更多分栏】选项，在打开的【分栏】对话框中对分栏的效果进行自定义设置。

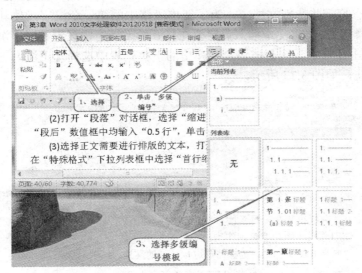

图 3.74　多级编号的输入

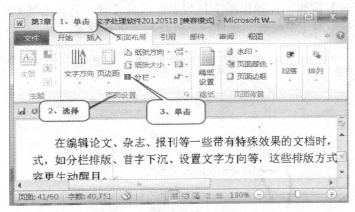

图 3.75　分栏选项

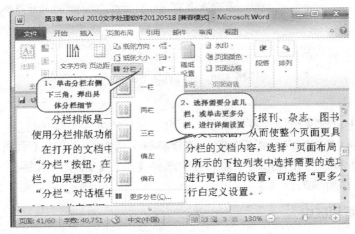

图 3.76　分栏排版

**2．首字下沉**

在报刊、杂志等一些特殊文档中，为了突出段落中的第一个汉字，使其更醒目，通常会使用首字下沉的排版方式。将文本插入点定位在打开的文档中需设置首字下沉的位置，选择【插入/文本】组，单击【首字下沉】按钮，在弹出的下拉列表中选择【下沉】选项，即可设置这种特殊的排版方式，如图 3.77 所示。

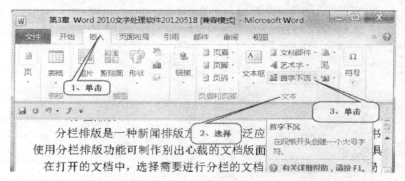

图 3.77　选择首字下沉

单击【首字下沉】按钮，在弹出的下拉列表中选择【首字下沉选项】选项，可在打开的【首字下沉】对话框中对下沉位置、字体、下沉行数等进行设置。

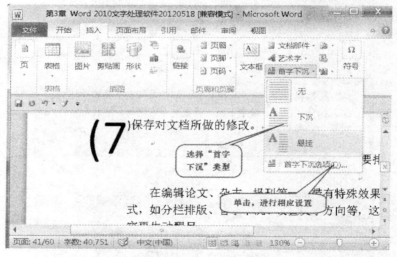

图 3.78　设置首字下沉

**3．设置文字方向**

在 Word 2010 中可对文档进行各种水平、垂直、旋转等文字方向的设置。

（1）打开需进行文字方向设置的文档，选择整篇文档内容，单击【页面布局/页面设置】组中的【文字方向】按钮，在弹出的下拉列表中选择【垂直】选项，如图 3.79 所示。

（2）保存对文档所做的修改。

### 3.5.5　设置边框和底纹

在制作如邀请函、备忘录、海报、宣传画等有特殊用途的 Word 文档时，通过为文档中的文本、段落和整个页面添加边框和底纹，可以使文档更加美观，同时也突出重点。

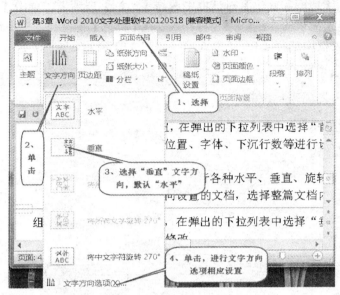

图 3.79　文字方向的设置

## 1. 设置文字边框和底纹

为了突出显示某些文本，使重要的文本内容区别于其他普通文本，可以为文字添加边框和底纹。

（1）打开待排版的文档，选择文本，单击【开始/字体】组中的【字符边框】按钮。

（2）保持文本的选择状态，单击【开始/字体】组中的【字符底纹】按钮，为标题文本添加默认的底纹颜色，如图 3.80 所示，保存对文档所做的修改。

图 3.80　文字边框和底纹的设置

## 2. 设置段落边框和底纹

利用【边框和底纹】对话框可以为所选段落设置各种样式的边框和底纹，主要是通过【开始/段落】组中的【添加边框】按钮来实现。

（1）打开待排版的文档，选择第一段正文文本。选择【开始/段落】组，单击【下框线】

按钮右侧的下拉按钮。在弹出的下拉列表中选择【边框和底纹】选项。

（2）在打开的【边框和底纹】对话框中选择【边框】选项卡，单击【设置】栏中的【方框】按钮，在【样式】列表框中选择第 3 种样式，在【颜色】下拉列表框中选择【深红】选项，在【宽度】下拉列表框中选择【1.0 磅】选项，如图 3.81 所示。

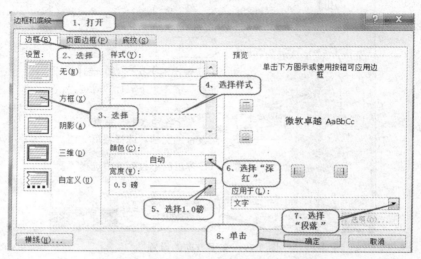

图 3.81　段落边框的设置

（3）选择【底纹】选项卡，在【填充】下拉列表框中选择【橙色，强调文字颜色 6，深色 25%】色块对应的选项，单击【确定】按钮，如图 3.82 所示。

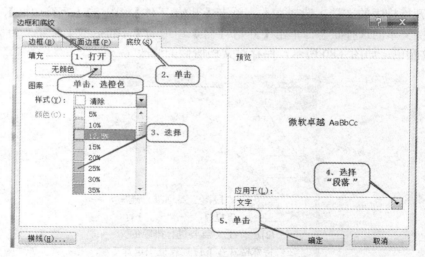

图 3.82　段落底纹的设置

3．设置页面边框和底纹

设置页面边框和底纹的做法与设置段落边框和底纹的做法类似。将光标定位于需要设置边框和底纹的页面中，选择【开始/段落】组，单击【下框线】按钮右侧的下拉按钮。在弹出的下拉列表中选择【边框和底纹】选项，在打开的【边框和底纹】对话框中选择【页面边框】选项卡，在【样式】、【颜色】、【宽度】下拉列表框中可对边框样式进行设置，单击【预览】栏中的各按钮可选择在页面的上、下、左、右方向添加边框。在【艺术型】下拉列表框中可对艺术型边框进行设置，如图 3.83 所示。

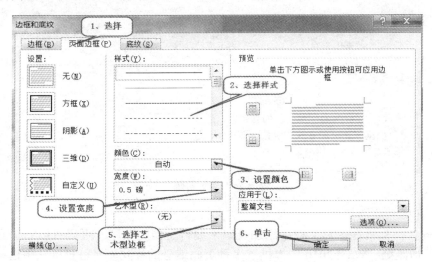

图 3.83　页面边框的设置

要为页面设置底纹时，可直接选择【底纹】选项卡，在打开的界面中设置页面底纹。

### 3.5.6　页面设置

为了让文档的整个页面看起来更加美观，有时可根据文档内容的需要自定义页面大小和页面格式。页面格式的设置主要包括纸张大小、页边距、页眉/页脚以及页码等。

**1．插入页眉与页脚**

页眉和页脚位于文档中每个页面页边距的顶部和底部，在编辑文档时，可以在页眉和页脚中插入文本或图形，如页码、公司徽标、日期或作者名等。

（1）打开待排版的文档，双击要插入页眉/页脚的位置，激活页眉和页脚工具的【设计】选项卡，进入页眉/页脚编辑状态，如图 3.84 所示。

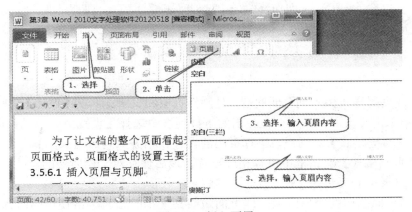

图 3.84　插入页眉

（2）在页眉/页脚中可以插入页码和时间等，也可直接输入页眉/页脚的内容，单击【页脚】按钮，在页脚输入相关内容即可，如图 3.85 所示。

（3）在文档中双击鼠标退出页眉/页脚编辑状态，保存对文档所做的修改。

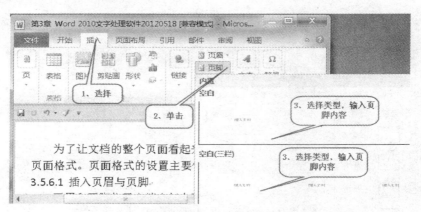

图 3.85　插入页脚

**2．插入页码**

为便于查找，常常在一篇文档中添加页码来编辑文档的顺序。页码可以添加到文档的顶部、底部或页边距处。Word 2010 中提供了多种页码编号的样式库，可直接从中选择合适的样式将其插入，也可对其进行修改。

（1）打开需要插入页码的文档，单击【插入/页眉和页脚】组中的【页码】按钮，在弹出的下拉列表中选择【页面底端】选项，如图 3.86 所示。

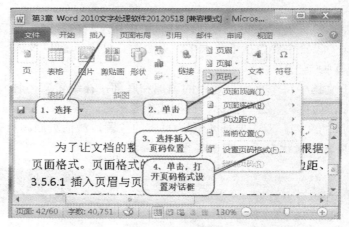

图 3.86　插入页码

（2）将所选页码样式插入到页面底端，且激活页眉和页脚工具的【设计】功能区，在【页眉和页脚】组中单击【页码】按钮，在弹出的下拉列表中选择【设置页码格式】选项。

（3）打开【页码格式】对话框，进行页码的设置和相关页码的输入，单击【确定】按钮。

（4）在【页码格式】对话框中进行相应设置，最后保存对文档所做的修改。

**3．设置纸张大小和页边距**

页边距是指页面四周的空白区域，即页面边线到文字的距离。常使用的纸张大小一般为 A4、16 开、32 开和 B5 等，不同文档要求的页面大小也不同，用户可以根据需要自定义设置纸张大小。

（1）打开需设置纸张大小和页边距的文档，选择【页面布局/页面设置】组，单击【纸张大小】按钮，在弹出的下拉列表中选择【其他页面大小】选项，如图 3.88 所示。

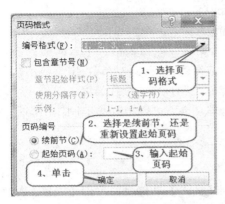

图 3.87　【页码格式】对话框

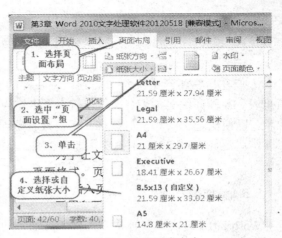

图 3.88　设置纸张大小

（2）打开【页面设置】对话框，在【纸张大小】下拉列表框中选择【自定义大小】选项，在【宽度】和【高度】数值框中输入数值即可，其他参数均保持默认值，单击【确定】按钮。

（3）选择【页面布局/页面设置】组，单击【页边距】按钮，在弹出的下拉列表中选择【自定义边距】选项，如图 3.89 所示。

图 3.89　设置页边距

（4）打开【页面设置】对话框，在【页边距】栏的【上】、【下】数值框中均输入 "2 厘米"，在【左】、【右】数值框中均输入 "2.5 厘米"，单击【确定】按钮完成对页边距的设置。

（5）按快捷键【Ctrl+S】保存对文档所做的操作。

# 3.6　表格制作

人们在日常生活中经常会遇到各种各样的表格，如统计数据表格、个人简历表格、学生信息表、各种评优奖励表、课程表等。表格作为显示成组数据的一种形式，用于显示数字和其他项，以便快速引用和分析数据。表格具有条理清楚、说明性强、查找速度快等优点，因此使用非常广泛。Word 2010 中提供了非常完善的表格处理功能，可以很容易地制作出满足需求的表格。

## 3.6.1　创建表格

Word 2010 提供了多种建立表格的方法，切换到【插入】功能区，单击【表格】按钮，弹出创建表格的下拉菜单，其中提供了创建表格的 6 种方式：用单元格选择板直接创建表格、使用【插入表格】命令、使用【绘制表格】命令、使用【文本转换成表格】命令、使用【Excel 电子表格】命令、使用【快速表格】命令。

1. 创建基本表格的方法

Word 2010 提供了多种创建基本表格的方法。

**方法 1：**使用下拉菜单中的单元格选择板直接创建表格。操作步骤如下：

（1）单击【插入】功能区下的【表格】按钮，将鼠标移到下拉菜单中最上方的单元格选择板中。随着鼠标的移动，系统会自动根据当前鼠标位置在文档中创建相应大小的表格。使用该单元格选择板能创建的表格大小最大为 8 行 10 列，每个方格代表一个单元格。单元格选择板上面的数字表示选择的行数和列数，如图 3.90 所示。

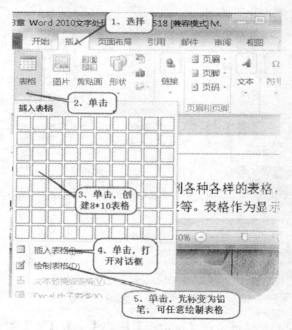

图 3.90　创建表格

（2）用鼠标向右下方拖动以覆盖单元格选择板，覆盖的单元格变为深颜色显示，表示被选中，同时文档中会自动出现相应大小的表格。此时，单击鼠标左键，文档中插入点的位置会出现相应行列数的表格，同时单元格选择板自动关闭。

**方法 2**：使用【插入表格】命令可以创建任意大小的表格。操作步骤如下：

（1）单击要创建表格的位置。

（2）单击【插入】功能区下的【表格】按钮，在打开的下拉菜单中选择【插入表格】命令，打开【插入表格】对话框。

（3）在【表格尺寸】选项组下面相应的输入框中输入需要的列数和行数，这里分别输入列数 6 和行数 8，创建 6 列×8 行的表格。

（4）在【自动调整操作】选项组中，设置表格调整方式和列的宽度。

固定列宽：输入一个值，使所有的列宽度相同。其中，选择"自动"项可创建一个列宽值低于页边距，具有相同列宽的表格，等同于选择【根据窗口调整表格】选项。

根据内容调整表格：使每一列具有足够的宽度以容纳其中的内容。Word 会根据输入数据的长度自动调整行和列的大小，最终使行和列具有大致相同的尺寸。

根据窗口调整表格：本选项用于创建 Web 页面。当表格按照 Web 方式显示时，应使表格适应窗口大小。

（5）如果以后还要制作相同大小的表格，选中【为新表格记忆此尺寸】复选框。这样下次再使用这种方式创建表格，对话框中的行数和列数会默认为此数值。

（6）单击【确定】按钮，在文档插入点处即可生成相应形式的表格。

**方法 3**：使用【绘制表格】命令创建表格，该方法常用来绘制更复杂的表格。

除了前两种利用 Word 2010 功能自动生成表格的方法，还可以通过【绘制表格】命令来创建更复杂的表格。例如，单元格的高度不同或每行包含不同列数的单元格，其操作方法如下。

（1）在文档中确定准备创建表格的位置，将光标放置于插入点。

（2）单击【插入】功能区下的【表格】按钮，在弹出的下拉菜单中选择【绘制表格】命令。

（3）首先要确定表格的外围边框，这里可以先绘制一个矩形。把鼠标移动到准备创建表格的左上角，按下左键向右下方拖动，虚线显示了表格的轮廓，到达合适位置时放开左键，即在选定位置出现一个矩形框。

（4）绘制表格边框内的各行各列。在需要添加表格线的位置按下鼠标左键，此时鼠标变为笔形，水平、竖直移动鼠标，在移动过程中 Word 可以自动识别出线条的方向，然后放开左键则可以自动绘出相应的行和列。如果要绘制斜线，则要从表格的左上角开始向右下方移动，待 Word 识别出线条方向后，松开左键即可。

（5）若希望更改表格边框线的粗细与颜色，可通过【设计】功能区下【绘图边框】组中的【笔颜色】和【表格线的磅】值微调框进行设置。

（6）如果绘制过程中不小心绘制了不必要的线条，可以使用【设计】功能区下【绘图边框】组中的【擦除】按钮。此时鼠标指针变成橡皮擦形状，将鼠标指针移到要擦除的线条上按鼠标左键，系统会自动识别出要擦除的线条（变为深红色显示），松开鼠标左键，则系统会自动删除该线条。如果需要擦除整个表格，可以用橡皮擦在表格外围画一个大的矩形框，待系统识别出要擦除的线条后，松开左键即可自动擦除整个表格。

**方法 4**：从文字创建表格。

Word 2010 提供了直接从文字创建表格的方法，即利用表格中的转换功能，将文字转换成表格，在本章的后面部分将会详细介绍。

**方法 5**：使用【快速表格】功能快速创建表格。

操作步骤如下：

（1）单击文档中需要插入表格的位置。

（2）单击【插入】功能区下【表格】组中的【表格】按钮，在弹出的下拉菜单中选择【快速表格】选项，然后再选择所需要使用的表格样式。

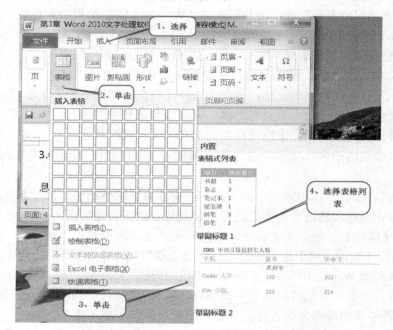

图 3.91　使用【快速表格】功能快速创建表格

**方法 6**：在文档中插入 Excel 电子表格。

Excel 电子表格具有强大的数据处理能力，在 Word 中使用【插入/Excel 电子表格】命令将 Excel 电子表格嵌入到 Word 文档中。双击该表格进入编辑模式后，可以发现 Word 功能区会变成 Excel 的功能区，用户可以像操作 Excel 一样使用该表格。

**2．表格嵌套**

Word 2010 允许在表格中建立新的表格，即嵌套表格，创建嵌套表格可采用以下两种办法：

（1）首先在文档中插入或绘制一个表格，然后再在需要嵌套表格的单元格内插入或绘制表格。

（2）首先建立好两个表格，然后把一个表格拖到另一个中即可。

**3．添加数据**

在表格中输入数据同在文档中其他地方输入数据一样简单。首先要选择需要输入文本的单元格，把光标移动到相应的位置后就可以直接输入任意长度的文本。用鼠标确定位置比较方便。

需要注意的是，若一个单元格中的文字过多，会导致该单元格变得过大，从而挤占别的单元格的位置；如果需要在该单元格中压缩多余的文字，单击【布局】功能区下【表】组中的【属性】按钮，或单击鼠标右键，在弹出的快捷菜单中选择【表格属性】命令，打开【表格属性】对话框，选中该对话框中的【单元格】选项卡，单击【选项】按钮，然后选中【适应文字】复选框即可。

### 3.6.2　修改表格

用户创建的表格常常需要修改才能完全符合要求，另外由于实际情况的变更，表格也需要相应地进行一些调整。主要思路是：选中表格或单元格，然后再进行相应的操作。

#### 1.　增加或删除表格的行、列和单元格

要增加或删除行、列和单元格必须要先选定表格。选定表格后，单击鼠标右键，选择相应选项，即可完成对表格中单元格或行、列的增加与删除。

（1）选定单元格

①单击【布局】功能区下的【表】组中的【选择】按钮，在弹出的下拉菜单中选择所需选取的类型（表格、行、列、单元格）。

②选定一个单元格：把鼠标指针放在要选定的表格的左侧边框附近，指针变为斜向右上方的实心箭头➚，这个时候单击左键，就可以选定相应的单元格。

③选定一行或多行：移动鼠标指针到表格该行左侧外边，鼠标变为斜向右上方的空心箭头⬀形状，单击左键即可选中该行。此时再上下拖动鼠标可以选中多行。

④选定一列或多列：移动鼠标指针到表格该列顶端外边，鼠标变为竖直向下的实心箭头⬇形状，单击左键即可选中该列。此时再左右拖动鼠标可以选中多列。

⑤选中多个单元格：按住鼠标左键在所要选中的单元格上拖动可以选中连续的单元格。如果需要选择分散的单元格，则首先需要按照前面的办法选中第一个单元格，然后按住 Ctrl键，依次选中其他的单元格即可。

⑥选中整个表格：将鼠标拖过表格，表格左上角将出现表格移动控点，单击该控点，或者直接按住鼠标左键，将鼠标拖过整张表格。

选择了表格后就可以执行插入操作了，插入行、列和插入单元格的操作略有不同。

（2）插入行、列

①在表格中，选择待插入行（或列）的位置。所插入行（或列）必须要在所选行（或列）的上面或下面（或左边、右边）。

②单击【布局】功能区下的【行和列】组中的相应按钮进行相应操作，或单击鼠标右键，在弹出的快捷菜单中选择【插入/在左侧插入列】、【插入/在右侧插入列】或者【插入/在上方插入行】、【插入/在下方插入行】命令。

（3）插入单元格

①在表格中，选择待插入单元格的位置。

②单击【布局】功能区下的【行和列】组的对话框启动器（或单击鼠标右键，在弹出的快捷菜单中选择【插入/插入单元格】命令），弹出【插入单元格】对话框。

③选择相应的操作方式，单击【确定】按钮即可。

（4）删除行、列和单元格

①在表格中，选中要删除的行、列或单元格。

②单击【布局】功能区下的【行和列】组中的【删除】按钮，弹出下拉菜单，根据删除内容的不同，选择相应的删除命令。选择删除单元格时会弹出【删除单元格】对话框。

③单击【确定】按钮即可。

2．合并、拆分表格或单元格

合并单元格是指将同一行或同一列中的两个或多个单元格合并为一个单元格。拆分单元格与合并单元格的含义相反。

（1）合并单元格

①选中要合并的单元格。

②单击【布局】功能区下的【合并】组中的【合并单元格】按钮，或选中单元格后单击鼠标右键，在弹出的快捷菜单中选择【合并单元格】命令。

如果合并的单元格中有数据，那么每个单元格中的数据都会出现在新单元格内部。

（2）拆分单元格

①选择要拆分的单元格，单元格可以是一个或多个连续的单元格。

②单击【布局】功能区下的【合并】组中的【拆分单元格】按钮；或单击鼠标右键，在弹出的快捷菜单中选择【拆分单元格】命令。

③设置要将选定的单元格拆分成的列数或行数。

④单击【确定】按钮即可。

（3）修改单元格大小

①选择要修改的单元格。

②若要修改单元格的高度，可直接在【布局】功能区下的【单元格大小】组中的【高度】按钮旁边的编辑框中输入所需高度的数值，或直接使用编辑框旁的上、下按钮调节其高度。

③若要修改单元格的宽度，可直接在【布局】功能区下的【单元格大小】组中的【宽度】按钮旁边的编辑框中输入所需宽度的数值，或直接使用编辑框旁的上、下按钮调节其宽度。

（4）拆分表格

拆分表格可将一个表格分成两个表格，其操作步骤如下：

①单击要成为第二个表格的首行的行。

②单击【布局】功能区下的【合并】组中的【拆分单元格】按钮，或按下组合键【Ctrl+Shift+Enter】即可。

如果要将拆分后的两个表格分别放在两页上，在执行第 2 步后，使光标位于两个表格间空白处，按下组合键【Ctrl+Enter】即可。如果希望将两个表格合并，只需删除表格中间的空白即可。

当然还可以利用表格边框，把一张表格拆分为左、右两部分，操作步骤如下：

①首先选中表格中间的一列。

②单击【设计】功能区下的【绘制边框】组的对话框启动器，或单击鼠标右键，选择【边框和底纹】命令，弹出【边框和底纹】对话框，再单击【边框】选项卡。

③在【设置】组中，选中【方框】选项，然后单击【预览】项下面的▦按钮和▦按钮，把【预览】区中表格的上、下两条框线取消。

④单击【确定】按钮，即可看到原表格被拆分成左、右两个表格。

### 3.6.3　设置表格格式

为了使创建完成后的表格达到需要的外观效果，需要进一步地对边框、颜色、字体以及文本等进行一定的排版，以美化表格，使表格内容更清晰。

1. 表格自动套用格式

Word 2010 内置了许多种表格格式，使用任何一种内置的表格格式都可以为表格应用专业的格式设计。

自动设置表格格式的操作步骤如下：

（1）选中要修饰的表格，将会出现【设计】功能区，可以看到【表格样式】组中提供了几种简单的表格样式。用鼠标在样式上滑动，在文档中可以预览到表格应用该样式后的效果。

（2）在预览效果满意的样式上单击鼠标左键，文档中的表格就会自动应用该样式。

（3）选择任一样式后，可以单击【设计】功能区下的【表格样式选项】组中的相应按钮来对样式进行调整，同时可以随时观察表格样式发生的变化。

2. 表格中文字的字体设置

表格中文字的字体设置与文本中的设置方法一样，参照字体的相关设置即可，本处主要讨论文字对齐方式和文字方向两个方面。

（1）文字对齐方式

Word 2010 提供了 9 种不同的文字对齐方式。在【布局】功能区下的【对齐方式】组中显示了这 9 种文字对齐方式。默认情况下，Word 2010 将表格中的文字与单元格的左上角对齐。

用户可以根据需要更改单元格中文字的对齐方式，操作步骤如下：

①选中要设置文字对齐方式的单元格。

②根据需要单击【布局】功能区下的【对齐方式】组中相应的对齐方式按钮；或单击鼠标右键，在弹出的快捷菜单中选择【单元格对齐方式】，然后再选择相应的对齐方式命令；或使用【开始】功能区下的【段落】组中的文字对齐方式按钮，进行文字对齐方式的设置。

（2）文字方向

默认情况下，单元格的文字方向为水平排列，可以根据需要更改表格单元格中的文字方向，使文字垂直或水平显示。

改变文字方向的操作步骤如下：

①单击包含要更改文字方向的表格单元格。如果要同时修改多个单元格，选中所要修改的单元格。

②单击【页面布局】功能区下的【页面设置】组中的【文字方向】按钮；或单击鼠标右键，在弹出的快捷菜单中选择【文字方向】命令，弹出【文字方向】对话框。

③设置所需的文字方向。

④单击【确定】按钮。

3. 设置表格中的文字至表格线的距离

表格中每一个单元格中的文字与单元格的边框之间都有一定的距离。默认情况下，字号大小不同，距离也不相同。如果字号过大，或者文字内容过多，影响了表格展示的效果，就要考虑设置单元格中的文字离表格线的距离了。调整的操作步骤如下：

（1）选择要做调整的单元格。如果要调整整个表格，则选中整个表格。

（2）单击【布局】功能区下的【表】组中的【属性】按钮（或单击鼠标右键，在弹出的快捷菜单中选择【表格属性】命令），打开【表格属性】对话框。

（3）如果要针对整个表格进行调整，选择【表格】选项，单击【选项】按钮，打开【表格选项】对话框。在【默认单元格边距】组的【上】、【下】、【左】、【右】输入框中输入适当的值，并单击【确定】按钮。

（4）如果只调整所选中的单元格，选择【单元格】选项卡，然后单击【选项】按钮，弹出【单元格选项】对话框。首先要取消【与整张表格相同】复选框，然后在【单元格边距】组的【上】、【下】、【左】、【右】输入框中输入适当的值。

（5）单击【确定】按钮。

4．表格的分页设置

处理大型表格时，它常常会被分割成几页来显示。可以对表格进行调整，以便表格标题能显示在每页上（注：只能在页面视图或打印出的文档中看到重复的表格标题）。操作方法如下：

（1）选择一行或多行标题行。选定内容必须包括表格的第一行。

（2）单击【布局】功能区下的【数据】组中的【重复标题行】按钮即可。

5．表格自动调整

表格在编辑完毕后，为了达到满意的效果，常常需要对表格的效果进行调整，Word 2010提供了自动调整的功能，方法如下：

单击【布局】功能区下的【单元格大小】组中的【自动调整】按钮（或单击鼠标右键，在弹出的快捷菜单中选择【自动调整】命令），弹出下拉菜单，其中给出了三种自动调整功能：【根据内容调整表格】、【根据窗口调整表格】和【固定列宽】。另外，使用【布局】功能区下的【单元格大小】组中的【平均分布各行】按钮和【平均分布各列】按钮，也可以对表格进行自动调整。

（1）根据内容调整表格：自动根据单元格的内容调整相应单元格的大小。

（2）根据窗口调整表格：根据单元格的内容以及窗口的大小自动调整相应单元格的大小。

（3）固定列宽：单元格的宽度值固定，不管内容怎么变化，仅有行高可变化。

（4）平均分布各行：保持各行行高一致，这个命令会使选中的各行行高平均分布，不管各行内容怎么变化，仅列宽可变化。

（5）平均分布各列：保持各列列宽一致，这个命令会使选中的各列列宽平均分布，不管各列内容怎么变化，仅行高可变化。

6．改变表格的位置和环绕方式

新建的表格默认情况下是沿着页面左端对齐的，根据需要可能要对表格的位置进行移动和改变。

（1）移动表格

①在页面视图上，将指针置于表格的左上角，直到表格移动控点出现。

②将表格拖动到新的位置。

（2）对齐表格

①单击【布局】功能区下的【表】组中的【属性】按钮（或单击鼠标右键，在弹出的快捷菜单中选择【表格属性】命令），弹出【表格属性】对话框。

②单击【表格】选项卡。

③在【对齐方式】组下，选择所需的选项。例如选择【左对齐】，且在【左缩进】框中输入数值，并选择【文字环绕】组下的【无】选项。

（3）设置表格的文字环绕方式

在【表格属性】对话框的【表格】选项卡下的【文字环绕】组下选择【环绕】选项，可以直接设定文字环绕方式。如果对表格的位置及文字环绕的效果仍不满意，可单击【定位】按钮，弹出【表格定位】对话框。在【水平】、【垂直】选项组下的【位置】和【相对于】下拉框中有多种选项，可以根据需要进行选择，然后在【距正文】选项组中输入相应的数值。

　　7. 表格的边框和底纹

　　表格在建立之后，可以为整个表格或表格中的某个单元格添加边框或填充底纹。除了前面介绍的使用系统提供的表格样式来使表格具有精美的外观外，还可以通过进一步的设置来使表格符合要求。

　　Word 2010 提供了两种不同的设置方法。

　　（1）选中需要修饰的表格的某个部分，单击【设计】功能区下的【表格样式】组中的【底纹】按钮（或者单击【边框】按钮）右端的小三角按钮，可以显示一系列的底纹颜色（或边框设置），选择相应选项即可。

　　（2）选中需要修饰的表格的某个部分，单击【设计】功能区下的【绘图边框】组中的对话框启动器。或单击鼠标右键，在弹出的快捷菜单中选择【边框和底纹】命令，打开【边框和底纹】对话框，选择【边框】选项卡，在【设置】组中，选择【方框】项，则仅仅在表格最外层应用选定格式，不给每个单元格加上边框。选择【全部】项，则每个线条都应用选定格式。选择【虚框】项，则会自动为表格内部的单元格加上边框。

　　8. 设置表格列宽和行高

　　单击表格，可以直接对表格进行行、列的拖动以改变列宽和行高。若要进行精确的拖动，在单击表格的时候会出现相应的行、列标尺，通过标尺可以进行列宽和行高的精确调整。如果需要改变整个表格的大小，把鼠标指针移到表格的右下角，按住鼠标左键拖拉即可。

　　另外，也可以使用【表格属性】对话框来对表格的行高和列宽进行设置。

　　9. 制作具有单元格间距的表格

　　可以在建立表格之后，更改表格中单元格的间距来制作具有单元格间距的表格。操作步骤如下：

　　（1）选中表格。

　　（2）单击【布局】功能区下的【对齐方式】组中的【单元格边距】按钮（或单击鼠标右键，在弹出的快捷菜单中选择【表格属性】命令，弹出【表格属性】对话框，选择【表格】选项卡，单击【选项】按钮），打开【表格选项】对话框。选中【默认单元格间距】选项组下的【允许调整单元格间距】复选框，并在其右边输入相应的间距值。

### 3.6.4　使用排序和公式

　　Word 2010 提供了将表格中的文本、数字或数据按"升序"或"降序"两种顺序排列的功能。升序：顺序为字母从 A 到 Z，数字从 0 到 9，或最早的日期到最晚的日期。降序为字母从 Z 到 A，数字从 9 到 0，或最晚的日期到最早的日期。

　　1. 对表格中的内容进行排序

　　在表格中对文本进行排序时，可以选择对表格中单独的列或整个表格进行排序。也可在表格中的单独列中使用多于一个的单词或域进行排序。例如，如果一列同时包含名字和姓氏，可以按姓氏或名字进行排序。

　　Word 2010 提供了在表格列中使用多个单词或域进行排序的功能。例如，如果列中同时包含姓氏和名字，可以按照姓氏或名字进行排序，操作步骤如下：

　　（1）选择需要排序的列。

　　（2）单击【布局】功能区下的【数据】组中的【排序】按钮，打开【排序】对话框。

（3）在【类型】组下，选择所需选项。

（4）单击【选项】按钮，打开【排序选项】对话框，取消选中【仅对列排序】复选框。

（5）在【分隔符】组下，选择要排序的单词或域的字符类型，然后单击【确定】按钮，关闭【排序选项】对话框。

（6）在【排序】对话框的【主要关键字】框中，输入包含要排序的数据的列，然后在【使用】框中，选择要依据其排序的单词或域。

（7）在【排序】对话框的【次要关键字】框中，输入包含要排序的数据的列，然后在【使用】框中，选择要依据其排序的单词或域。

（8）如果还希望依据另一列进行排序，在【第三关键字】框中重复操作步骤（7）。

（9）单击【确定】按钮，关闭【排序】对话框，完成排序。

2．使用公式

Word 2010 的表格提供了强大的计算功能，可以帮助用户完成常用的数学计算。

计算行或列中数值的总和的操作步骤如下：

（1）单击要放置求和结果的单元格。

（2）单击【布局】功能区下的【数据】组中的【公式】按钮，打开【公式】对话框。

（3）如果选定的单元格位于一列数值的底端，建议采用公式"=SUM(ABOVE)"进行计算。如果选定的单元格位于一行数值的右边，将建议采用公式"=SUM(LEFT)"。如果该公式正确，单击【确定】按钮即可完成相应的计算。

其他的计算如求平均值 AVERAGE 和上面类似。

### 3.6.5　表格与文本之间的转换

Word 2010 中允许文本和表格进行互相转换。当用户需要将文本转换为表格时，首先应将需要进行转换的文本格式化，即把文本中的每一行用段落标记隔开，每一列用分隔符（如逗号、空格、制表符等）分开，否则系统将不能正确识别表格的行、列，从而导致不能正确地进行转换。

1．将表格转换为文本

将表格转换为文本的操作步骤如下：

（1）选择要转换为文本的表格或表格内的行。

（2）单击【布局】功能区下的【数据】组中的【转换为文本】按钮，打开【表格转换成文本】对话框。

（3）在【文字分隔符】组下，单击所需的选项，例如可选择【制表符】作为替代列边框的分隔符。

2．将文本转换成表格

将文本转换为表格时，使用逗号、制表符或其他分隔符标记新的列开始的位置。操作步骤如下：

（1）选择要转换的文本。

（2）在准备转换成表格的文本中，用逗号、制表符或其他分隔符标记新的列开始的位置。例如，在有两个字的一行中，在第一个字后插入逗号或制表符，从而创建一个两列的表格。

（3）单击【插入】功能区下的【表格】组中的【表格】按钮，弹出下拉菜单，单击【文本转换成表格】命令，弹出【将文字转换成表格】对话框。

（4）在【表格尺寸】选项组中的【列数】文本框中输入所需的列数，如果选择列数大于原始数据的列数，后面会添加空列；在【文字分隔位置】选项组下，单击所需的分隔符选项，如选择【制表符】。

（5）单击【确定】按钮，关闭对话框，完成相应的转换。

## 3.7　高级排版

为了提高工作效率，常常需要对长文档进行高级处理。本节将具体讲解样式的使用、编辑长文档和打印文档的方法。

### 3.7.1　样式的使用

办公人员日常处理的文档大部分格式都类似，用户可以将文档中具有代表性的文档格式定义为样式，在创建类似的文档时，直接调用该类文档样式即可。

1. 应用自带样式

Word 2010 自带了一个样式库，为用户提供了丰富的样式，用户可以直接应用，也可以对标题、字体和背景等样式进行修改，得到新的样式。

（1）打开文档，选择标题文本，单击【开始/样式】组中的【快速样式】按钮，在弹出的下拉列表中选择"标题 1"样式。

（2）选择标题文本，单击【开始/样式】组中的【更改样式】按钮，在弹出的下拉列表中选择【样式集/简单】选项。

（3）按快捷键【Ctrl+S】保存文档。

2. 修改样式

如果对 Word 2010 提供的样式不满意，可以重新创建或修改样式。修改样式的方法为：选择需要修改样式的文本后，直接在【样式】任务窗格中选择需要的样式进行修改。要新创建样式，可在【根据格式设置创建新样式】对话框中进行设置。

（1）打开文档，将文本插入点定位到正文第一段段落中，单击【开始/样式】组中的【扩展】按钮，打开【样式】任务窗格，单击【新建样式】按钮。

（2）打开【根据格式设置创建新样式】对话框，在【名称】文本框中输入"新建样式"，在【格式】栏的【字体】下拉列表框中选择【宋体】选项，在【字号】下拉列表框中选择【小四】选项，单击【确定】按钮。

（3）将文本插入点定位到正文第二段段落中，在【样式】任务窗格中单击【新建样式】按钮，第三段段落应用相同的样式，依此类推，完成后单击【关闭】按钮。

（4）按快捷键【Ctrl+S】保存文档。

### 3.7.2　长文档的编辑

在科研报告、调研报告、毕业（论文）设计等进行排版的过程中，常常需要编排目录和索引，在文档中插入脚注、尾注和批注等说明性文字。

1. 插入目录

在长文档中插入目录可以更清楚地理解文档的内容，单击目录中的某个标题可快速跳转到相应位置。如果对插入的目录不满意，还可以根据自己的需要对其进行修改。

（1）打开文档，对各类标题进行设置，分别设置为一级标题、二级标题、三级标题等。将文本插入点定位到文档中标题下方的空行处，单击【引用/目录】组中的【目录】按钮，在弹出的下拉列表中选择【插入目录】选项，如图 3.92 所示。

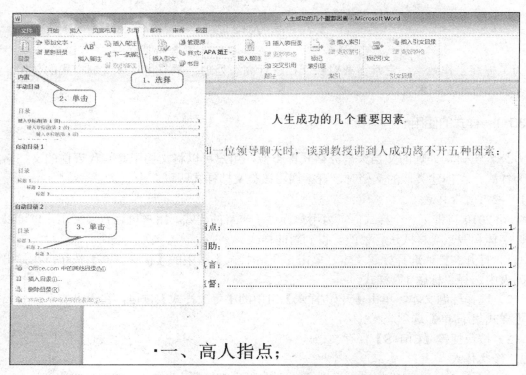

图 3.92　插入目录

（2）打开【目录】对话框，在【制表符前导符】下拉列表框中选择第 2 种制表符，在【显示级别】数值框中输入"3"，单击【修改】按钮，在打开的【样式】对话框中单击【修改】按钮，如图 3.93 所示。

（3）打开【修改样式】对话框，在【格式】栏中将字体改为【黑体】，字号改为【四号】，然后依次单击【确定】按钮应用设置。

（4）按快捷键【Ctrl+S】保存对文档所做的修改。

2．插入脚注和尾注

脚注和尾注用于对文档中的一些文本进行解释、延伸或批注等，其中脚注位于每一页的下方，尾注位于文档结尾。

（1）打开文档，选择需创建脚注的文本，单击【引用/脚注】组中的【插入脚注】按钮。此时所选文本右上角将出现数字 1，意为文档中的第一处脚注。同时当前页面下方将出现可编辑区域，在其中输入具体的脚注内容即可，如图 3.94 所示。

（2）选择需创建尾注的文本，选择【引用/脚注】组，单击【插入尾注】按钮。此时所选文本右上角将出现罗马字母 i，同时文档结尾出现可编辑区域，直接输入尾注内容。

（3）最后按快捷键【Ctrl+S】保存对文档所做的修改，如图 3.95 所示。

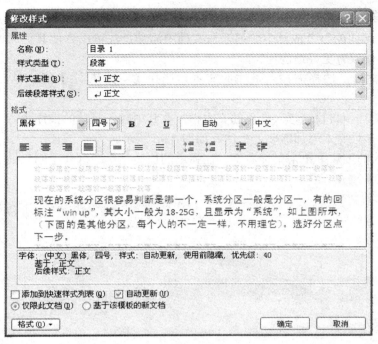

图 3.93　设置目录选项

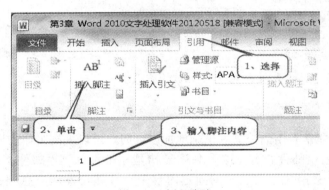

图 3.94　插入脚注

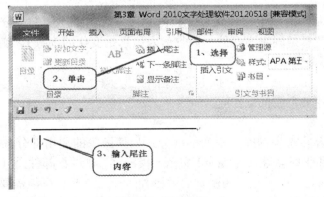

图 3.95　插入尾注

3. 添加批注

文档需要在不同的办公成员中传递，在文档中添加批注可以方便其他阅读者更好地理解批注者的用意，使双方更好地沟通。

（1）打开文档，选择需插入批注的文本，选择【审阅/批注】组，单击【新建批注】按钮。

（2）此时文档中将自动插入红色的文本框，在其中输入具体的批注内容，按照相同的方法便可为文档的多处文本添加需要的批注，如图 3.96 所示。

（3）在插入的批注上单击鼠标右键，在弹出的快捷菜单中选择【删除批注】命令可将该批注删除，如图 3.97 所示。

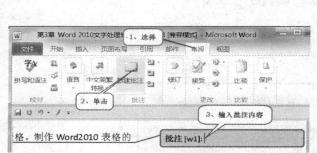

图 3.96　添加批注

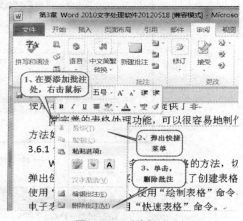

图 3.97　删除批注

（4）按快捷键【Ctrl+S】保存对文档所做的修改。

### 3.7.3　邮件合并

邮件合并是一个非常有用的工具，正确地加以运用，可以提高工作的质量和效率。

**基本概念和功能**："邮件合并"这个名称最初是在批量处理"邮件文档"时提出的。具体地说，就是在邮件文档（主文档）的固定内容中，合并与发送信息相关的一组通信资料（如 Excel 表、Access 数据表等数据源），批量生成需要的邮件文档，从而大大提高工作的效率。

**适用范围**：需要制作的数量比较大且文档内容可分为固定不变的部分和变化的部分（比如打印信封，寄信人信息是固定不变的，而收信人信息是变化的部分），变化的内容来自数据表中含有标题行的数据记录表。

**基本的合并过程**：邮件合并的基本过程包括三个步骤，只要理解了这些过程，就可以得心应手地利用邮件合并来完成批量作业。

1. 建立主文档

主文档是指邮件合并内容的固定不变的部分，如信函中的通用部分、信封上的落款等。建立主文档的过程就和平时新建一个 Word 文档一模一样，在进行邮件合并之前它只是一个普通的文档。唯一不同的是，如果正在为邮件合并创建一个主文档，可能需要考虑，这份文档要如何写才能与数据源更完美地结合，满足要求（在合适的位置留下数据填充的空间）。

（1）建立空白文档，设置页面方向为横向，如图 3.98 所示。

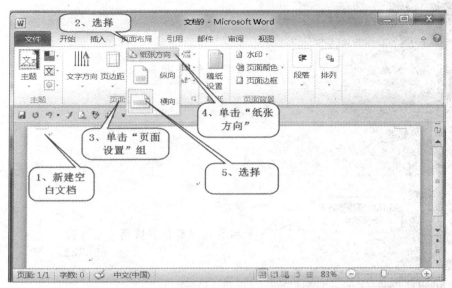

图 3.98　设置文档为横向

（2）选择信封的尺寸或自定义信封的大小，如图 3.99 所示。

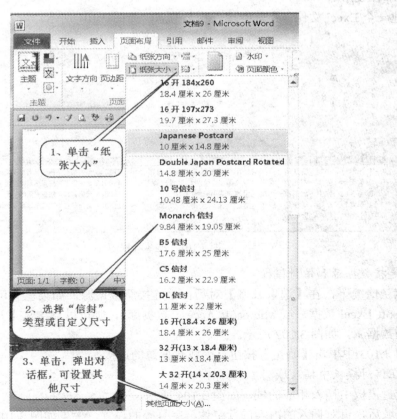

图 3.99　设置信封尺寸

（3）建立信封模板，输入不变部分，并排好版，变化部分留出空白，如图 3.100 所示。

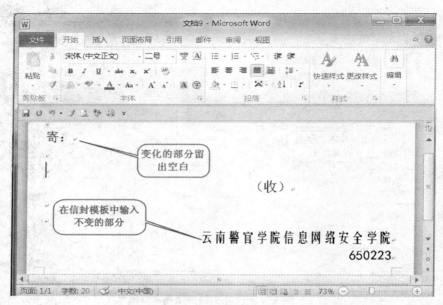

图 3.100　建立信封模板

## 2. 准备数据源

新建一个 Excel 文件，在其中输入相关信息，如图 3.101 所示。

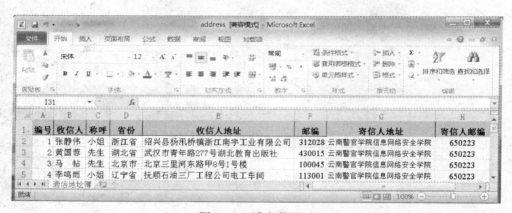

图 3.101　准备数据源

## 3. 连接数据源和信封模板

在默认情况下，在【选取表格】对话框中连接至数据源。如果已有可使用的数据源（例如 Microsoft Excel 数据表或 Microsoft Access 数据库），则可以直接从【开始邮件合并】选项卡连接至数据源，如图 3.102 所示。

在图 3.103 中单击【确定】按钮，完成数据源的连接。

## 4. 在信封模板中插入域

在信封模板中插入相应的域，如图 3.104 所示。

插入域后，可对插入的内容进行字体、字号等的设置，效果如图 3.105 所示。

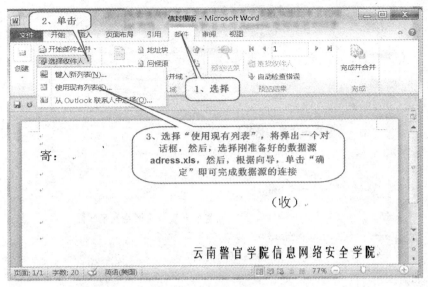

图 3.102　选择连接数据源

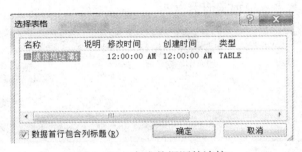

图 3.103　完成数据源的连接

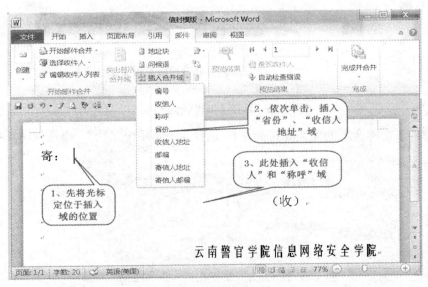

图 3.104　选择插入域

图 3.105 　插入域

5. 将数据源合并到主文档中

利用邮件合并工具，我们可以将数据源合并到主文档中，得到我们的目标文档。合并完成的文档的份数取决于数据表中记录的条数。

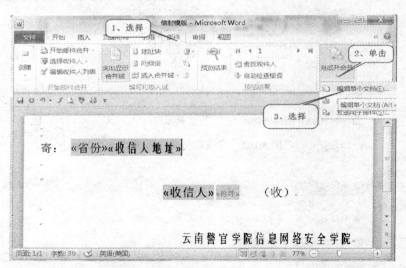

图 3.106 　选择【编辑单个文档】

单击【邮件】功能区下的【完成并合并】，选择【编辑单个文档】，出现如图 3.107 所示的对话框。

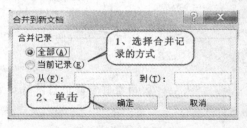

图 3.107 　合并到新文档

选择合并记录的方式，最后，单击【确定】按钮完成邮件的合并，效果如图 3.108 所示。

图 3.108　邮件合并结果

# 3.8　文档的保护与打印

文档编辑过程中或者编辑完成后，对文档进行保护，防止文档内容的丢失以及他人的非授权打开和使用。最后，对编辑完成的文档进行打印输出。

## 3.8.1　防止文档内容的丢失

### 1. 自动备份文档

在编辑和使用文档的过程中，为了防止意外的退出，丢失文档内容。为此，应对文档进行定时保存，以确保在存储的文档中包括最新更改，这样，在断电或计算机发生故障时，不会丢失文档内容。Word 2010 提供了文档自动备份功能，可以根据用户设定的自动保存时间自动保存文档。具体操作方法如下。

（1）单击【文件/选项】命令，打开【Word 选项】对话框。

（2）单击对话框左侧的【保存】选项，在右边的【保存文档】组中单击【将文件保存为此格式】下拉框，选中自动保存文档的版本格式。

（3）选中【保存自动恢复信息时间间隔】复选框，并设置自动恢复信息时间间隔，系统默认时间为 5 分钟。

（4）选中【如果我没保存就关闭，请保留上次自动保留的版本】复选框。

（5）设置自动恢复文件位置及默认文件位置。

（6）单击【确定】按钮，如图 3.109 所示。

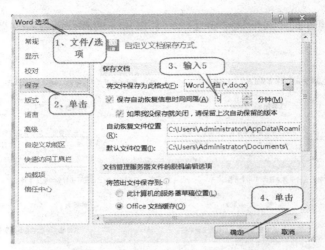

图 3.109　自动备份文档

2．为文档保存不同版本

Word 2010 提供了将同一个文档保存为不同版本的功能，文档可以保存为 Word 2007-Word 2010 文档格式、Word 97-Word 2003 格式，或直接另存为 PDF 或 XPS 文档格式。这样可以很方便地在不同的 Word 版本下编辑、浏览文档。

单击【文件/另存为】命令，在打开的【另存为】对话框中选择文档的保存路径；在【文件名】文本框中输入文件的保存名称；在【保存类型】下拉列表中选择文件的保存类型，如图 3.110 所示。

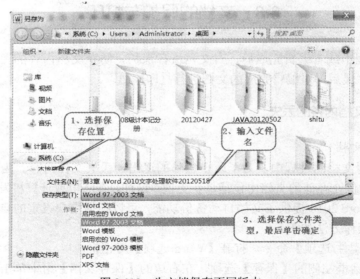

图 3.110　为文档保存不同版本

### 3.8.2　保护文档的安全

Word 2010 提供了对文档的加密方式，能够有效地防止文档被他人擅自修改和打开。

1．防止他人擅自修改文档

Word 2010 提供了各种保护措施来防止他人擅自修改文档，从而保证文档的安全性。单击

【文件】按钮，在打开的文件管理中心中单击【信息】选项，在右侧窗口中单击【保护文档】按钮，打开用于控制文件使用权限的【保护文档】下拉菜单。各菜单命令功能介绍如下。

（1）【标记为最终状态】命令：将文档标记为最终状态，使得其他用户知晓该文档是最终版本。该设置将文档标记为只读，不能额外进行输入、编辑、校对或修订操作。注意该设置只是建议项，其他用户可以删除【标记为最终状态】设置。因此，这种轻微保护应与其他更可靠的保护方式结合使用才更有意义。

（2）【用密码进行加密】命令：需要使用密码才能打开此文档，如图 3.111 所示，具体内容在后面的内容中介绍。

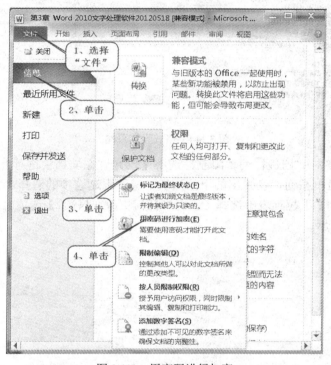

图 3.111　用密码进行加密

单击【用密码进行加密】，出现如图 3.112 所示对话框，要求输入密码，连续输入两次相同的密码，如图 3.113 所示，则密码设置成功，下次打开该文档，要求输入正确的密码才能打开。

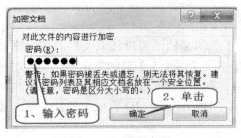

图 3.112　设置密码

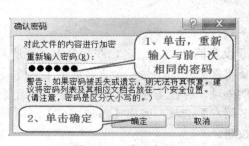

图 3.113　确认密码

（3）【限制编辑】命令：控制其他用户可以对此文档所做的更改类型。单击该命令弹出【限制格式和编辑】窗格。

①格式设置限制。要限制对某种样式设置格式，选中【限制对选定的样式设置格式】复选框，然后单击【设置】选项，弹出【格式设置限制】对话框，如图 3.114 所示。

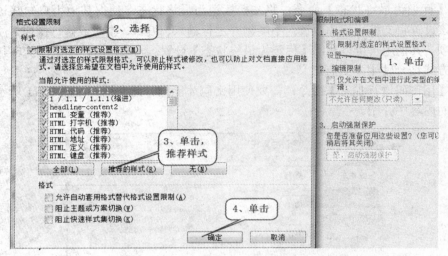

图 3.114　格式设置限制

②编辑限制。要对文档进行编辑限制，选中【仅允许在文档中进行此类型的编辑】复选框，然后单击其下拉框按钮，在弹出的下拉列表中进行限制选项的选择。

当在【编辑限制】下拉列表中选择【不允许任何更改（只读）】选项时，会弹出【例外项】选项，如图 3.115 所示。

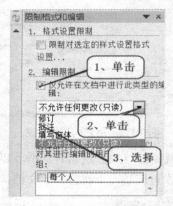

图 3.115　编辑限制

要设置例外项，选定允许某个人（或所有人）更改的文档，可以选取文档的任何部分。如果要将例外项用于每一个人，单击【例外项】菜单中的【每个人】前的复选框。要针对某人设置例外项，若在【每个人】下拉框中已经列出某人，则选中该人即可；若没有列出，则单击【更多用户】选项，弹出【添加用户】对话框，在其中输入用户的 ID 或电子邮件，单击【确定】按钮。

（3）启动强制保护。单击【启动强制保护】选项下的【是，启动强制保护】按钮，如图 3.116 所示，弹出【启动强制保护】对话框。可以通过设置密码的方式来保护格式设置限制。

（4）【按人员限制权限】命令：授予用户访问权限，同时限制其编辑、复制和打印能力。

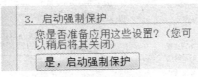

图 3.116  启动强制保护

（5）【添加数字签名】命令：通过添加不可见的数字签名来确保文档的完整性。

2．防止他人打开文档

Word 2010 还提供了通过设置密码对文档进行保护的措施，这可以控制其他人对文档的访问，或防止未经授权的查阅和修改。密码分为"打开文件时的密码"和"修改文件时的密码"，它是由一组字母加上数字的字符串组成，并且区分大小写。

记下所设密码并把它存放到安全的地方十分重要，如果忘记了打开文件时的密码，就不能再打开这个文档了。如果用户记住了打开文件时的密码，但忘记了修改文件时的密码，则可以以只读方式打开该文档，此时用户仍可以对该文档进行修改，但必须用另一个文件名保存。也就是说，原文档不能被修改。设置文档保护密码有两种方式，其中之一为在保存文档时设置文档保护密码，另一种方式是使用【用密码进行加密】命令，这里不再详述。

在保存文档时设置文档保护密码，具体操作方法如下：

（1）单击【文件/另存为】命令，打开【另存为】对话框。单击对话框左下角的【工具】选项，在打开的【工具】下拉菜单中，单击其中的【常规选项】命令，如图 3.117 所示，弹出【常规选项】对话框，如图 3.118 所示。

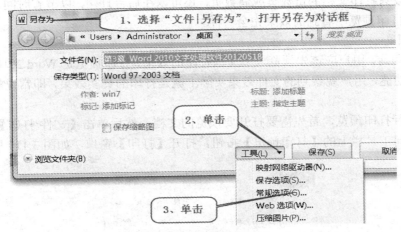

图 3.117  防止他人打开文件

（2）在【打开文件时的密码】框中输入一个限制打开文档的密码。密码的形式以"＊"号显示。

（3）在【修改文件时的密码】框中输入一个限制修改文档的密码。

（4）单击【确定】按钮，在随后打开的【确认密码】对话框中再次输入打开文件时的密码和修改文件时的密码，以核对所设置的密码。

（5）单击【确定】按钮，关闭【确认密码】对话框，返回到【另存为】对话框，再单击【保存】按钮，密码将立即生效。

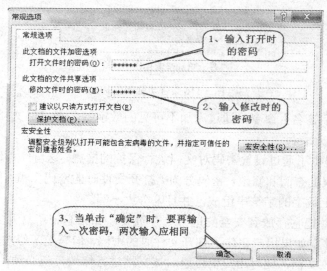

图 3.118  打开和修改密码的设置

### 3.8.3  打印文档

打印文档可以说是制作文档的最后一项工作，要想打印出满意的文档，就需要设置各种相关的打印参数。Word 2010 提供了一个非常强大的打印设置功能，利用它可以轻松地打印文档，可以做到在打印文档之前预览文档，选择打印区域，一次打印多份，对版面进行缩放，逆序打印，也可以只打印文档的奇数页或偶数页，还可以在后台打印，以节省时间，并且打印出来的文档和在打印预览中看到的效果完全一样。

1. 打印预览

在进行打印前，用户应该先预览一下文档打印的效果，打印预览是 Word 2010 的一个重要功能。利用该功能，用户观察到的文件效果实际上就是打印的真实效果，即常说的"所见即所得"功能。

用户要进行打印预览，首先需要打开要预览的文档，然后单击【文件/打印】命令，或直接单击快速访问工具栏上的【打印预览】按钮，打开【打印】窗口，如图 3.119 所示。

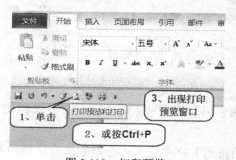

图 3.119  打印预览

在打开的窗口的右侧是打印预览区，用户可以从中预览文件的打印效果。打开的窗口的左侧是打印设置区，包含了一些常用的打印设置按钮及页面设置命令，用户可以使用这些按钮快速设置打印预览的格式。

在文档预览区中，可以通过窗口左下角的翻页按钮选择需要预览的页面，或移动垂直滚动条选择需要预览的页面。通过调节窗口右下角的显示比例滑块可调节页面显示的大小，如图3.120 所示。

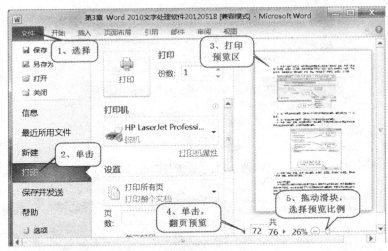

图 3.120　文档的打印预览

### 2. 打印文档的一般操作

针对不同的文档，可以使用不同的办法来进行打印处理。如果已经打开了一篇文档，可以使用以下方法启动打印选项。

（1）单击快速访问工具栏上的【快速打印】按钮，可以直接使用默认选项来打印当前文档。

（2）单击【文件/打印】命令，或直接单击快速访问工具栏上的【打印预览】按钮，或按快捷键【Ctrl+P】，单击【打印】按钮。

（3）直接单击快速访问工具栏上的【快速预览】按钮，可以按系统默认设置直接打印该文档，如图 3.121 所示。

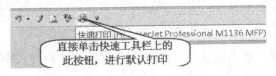

图 3.121　快速打印

### 3. 设置打印格式

在打印文档之前，通常要设置打印格式。在【打印】窗口左侧的【打印设置】区中，可以设置打印文档的格式。

（1）在【打印】选项组中，在【副本】右边的下拉列表框中设置文档的打印份数。

（2）在【打印机】选项组中，单击下拉列表框，选中一种打印机作为当前 Word 2010 的默认打印机，如图 3.122 所示。

单击【打印机属性】，打开打印机属性对话框，设置打印机的各种参数，如图 3.123 所示。

（3）在【设置】选项组中，可以对打印格式进行相关设置。

①【打印所有页】选项：单击该选项下拉框，在打开的下拉列表中可以选择打印文档的指定范围。

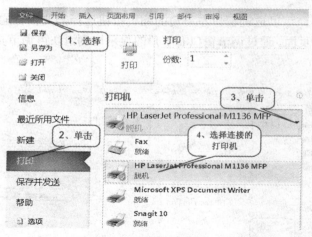

图 3.122　设置打印机

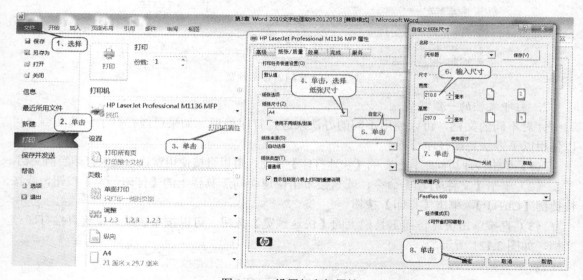

图 3.123　设置打印机属性

②【单面打印】选项：单击该选项下拉框，在打开的下拉列表中可以选择打印文档时是单面打印，还是手动双面打印。

③【调整】选项：单击该选项下拉框，在打开的下拉列表中有【调整】和【取消排序】两个选项。

④【纵向】选项：单击该选项下拉框，在打开的下拉列表中有【纵向】和【横向】两个选项。

⑤【纸张设置】选项：单击该选项下拉框，在打开的下拉列表中选择所需的纸张样式。

⑥【页边距设置】选项：单击该选项下拉框，在打开的下拉列表中选择所需的页边距设置样式。若均不满意，单击【自定义边距】按钮，打开【页面设置】对话框的【页边距】选项卡，根据需要进行页边距的设置。

4. 设置其他打印选项

用户还可以对打印文档进行其他的打印选项的设置。

单击【文件/选项】命令，可打开【Word 选项】对话框，在左边选中【显示】选项，如图 3.124 所示。

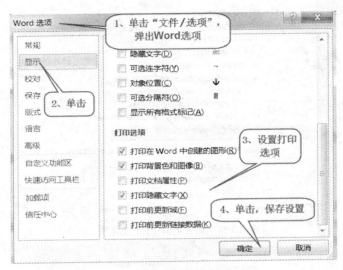

图 3.124　设置其他打印选项

（1）在【打印选项】选项组中对打印文档进行进一步的设置

①打印在 Word 中创建的图形：选择此选项可打印所有的图形对象，如形状和文本框。清除此复选框可以加快打印过程，因为 Word 会在每个图形对象的位置打印一个空白框。

②打印背景色和图像：选择此选项可打印所有的背景色和图像。清除此复选框可加快打印过程。

③打印文档属性：选择此选项可在打印文档后，在单独的页上打印文档的摘要信息。Word 在文档信息面板中存储摘要信息。

④打印隐藏文字：选择此选项可打印所有已设置为隐藏文字格式的文本。Word 不打印屏幕上隐藏文字下方出现的虚线。

⑤打印前更新域：选择此选项可在打印文档前更新其中的所有域。

⑥打印前更新链接数据：选择此选项可在打印文档前更新其中所有链接的信息。

（2）利用【高级】选项对打印文件的属性或其他信息进行设置

在【Word 选项】对话框中选中【高级】选项卡，如图 3.125 所示。在右边的【打印】和【打印此文档时】选项组中对打印文档进行进一步的设置。

【打印】选项组中，各功能说明如下。

①使用草稿品质：选中此选项将用最少的格式打印文档，这样可以加快打印过程。很多打印机不支持此功能。

②后台打印：选中此选项可在后台打印文档，它允许在打印的同时继续工作。此选项需要更多可用的内存以允许同时工作和打印。如果同时打印和处理文档使得计算机的运行速度非常慢，请关闭此选项。

③逆序打印页面：选中此选项将以逆序打印页面，即从文档的最后一页开始。打印信封时不要使用此选项。

④打印 XML 标记：选中此选项可打印应用于 XML 文档/XML 元素的 XML 标记。

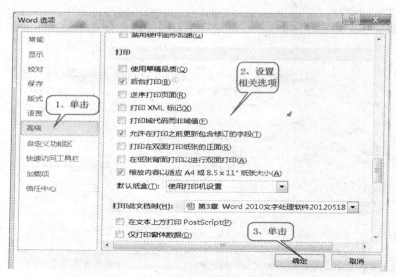

图 3.125　设置打印的高级选项

本章我们主要讨论了 Word 2010 的安装、启动与退出，以及 Word 2010 的特点和新增功能。重点讨论了在 Word 2010 环境下文档的编辑、文本的输入、排版、页面设置，以及在文档中进行表格制作等，最后对如何保护文档和文档打印进行了讨论。

总之，在对 Word 进行操作的过程的基本思路是：首先是启动或打开相关 Word 文件，选中要编辑和操作的对象，其次是对选中的对象进行编辑、排版等基本操作，最后是对所操作的对象进行保存即可。

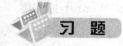

**一、选择题**

1. Word 2010 的用户界面有（　　）的特点。
　　A. 所见即所得　　　B. 所见即所想　　C. 所做即所得　　　D. 所现即所想
2. 第一次存盘会弹出（　　）。
　　A.【保存】对话框　　　　　　　　　B.【打开】对话框
　　C.【另存为】对话框　　　　　　　　D.【退出】对话框
3. Word 2010 中文版属于以下的（　　）软件包。
　　A. Windows 7　　　B. WPS 2010　　　C. CCED 2010　　　D. Office 2010
4. 在一个段落上连击鼠标（　　），则选取该段落。
　　A. 1 次　　　　　B. 2 次　　　　　C. 3 次　　　　　D. 4 次
5.【字体】对话框中不包括（　　）选项卡。
　　A. 字体　　　　　B. 字符间距　　　C. 文字效果　　　D. 段落格式

6．在 Word 2010 中，如果要把整个文档选定，先将光标移动到文档左侧的选定栏，然后（　　）。

　　A．双击鼠标左键　　　　　　　　B．连续击 3 下鼠标左键

　　C．单击鼠标左键　　　　　　　　D．双击鼠标右键

7．每年的元旦，某信息公司要发大量的内容相同的信，只是信中的称呼不一样，为了不做重复的编辑工作，提高效率，可用以下哪种功能实现？（　　）。

　　A．邮件合并　　　　B．书签　　　　C．信封和选项卡　　　D．复制

8．Word 2010 字形和字体、字号的缺省设置值是（　　）。

　　A．常规型、宋体、四号　　　　　　B．常规型、宋体、五号

　　C．常规型、宋体、六号　　　　　　D．常规型、仿宋体、五号

## 二、填空题

1．用户初次启动 Word 2010 时，Word 2010 打开了一个空白的文档窗口，其对应的文档所具有的临时文件名为_____。

2．Word 2003 文档窗口的左边有一列空列，称为选定栏，其作用是选定文本，当鼠标指针位于选定栏，单击左键，则_____；双击左键，则_____；3 击左键，则_____。

3．如果要把一篇文稿中的"computer"都替换成"计算机"，应选择_____功能区的_____组下的_____命令，在出现的【查找和替换】对话框的【查找内容】栏中输入_____，在【替换为】框中输入_____，然后单击_____按钮。

4．在 Word 2010 中编辑页眉和页脚的命令在_____。

## 三、应用题

根据题目要求对下表进行操作。

报名表

| 单位 | 姓名 | 性别 | 年龄 | 职务 | 备注 |
|---|---|---|---|---|---|
| 通信处 | | | | | |
| 装备处 | | | | | |
| 后勤处 | | | | | |

（1）在表格下加入一个 3 行 7 列的表格。

（2）将备注列下的所有单元格合并为一个单元格。

（3）将表格中所有的文字居中。

# 第 4 章　Excel 2010 表格处理软件

## 4.1　Excel 2010 概述

Excel 是微软公司 Microsoft Office 软件包中的一个通用的电子表格软件，集电子表格、图表、数据库管理于一体，支持文本和图形编辑，具有功能丰富、用户界面良好等特点。利用 Excel 提供的函数计算功能，用户不用编程就可以完成日常办公的数据计算、排序、分类汇总及报表等。自动筛选技术使数据库的操作变得更加方便，为普通用户提供了便利条件，是实施办公自动化的理想工具软件之一。

Excel 的一般用途包括：

**会计专用：**可以在众多财务会计表中使用 Excel 强大的计算功能。

**预算：**无论需求是与个人还是公司相关，都可以在 Excel 中创建任何类型的预算。

**账单和销售：**Excel 还可以用于管理账单和销售数据，可以轻松创建所需表单。

**报表：**可以在 Excel 中创建各种可反映数据分析或汇总数据的报表。

**计划：**Excel 是用于创建专业计划或有用计划程序的理想工具。

**跟踪：**可以使用 Excel 跟踪时间表或列表中的数据。

**使用日历：**由于 Excel 工作区类似于网格，因此它非常适用于创建任何类型的日历。

### 4.1.1　Excel 2010 特色

Excel 2010 与以往版本相比，除了其华丽的外表外，还增加了许多独具特色的新功能。

1. 改进的功能区

Excel 2007 中首次引入了功能区，利用功能区，可以轻松地查找以前隐藏在复杂菜单和工具栏中的命令和功能。尽管在 Excel 2007 中，可以将命令添加到快速访问工具栏，但无法在功能区上添加自己的选项卡或组。但在 Excel 2010 中，可以创建自己的选项卡和组，还可以重命名或更改内置选项卡和组的顺序。

2. Microsoft Office Backstage 视图

Backstage 视图是 Microsoft Office 2010 程序中的新增功能，它是 Microsoft Office Fluent 用户界面的最新创新技术，并且是功能区的配套功能。单击【文件】菜单即可访问 Backstage 视图，可在此打开、保存、打印、共享和管理文件以及设置程序选项。

3. 工作簿管理工具

Excel 2010 提供了可帮助管理、保护和共享内容的工具。

4. 迷你图

可以使用迷你图（适合单元格的微型图表）以可视化方式汇总趋势和数据。由于迷你图在一个很小的空间内显示趋势，因此，对于仪表板或需要以易于理解的可视化格式显示业务情况的其他位置，迷你图尤其有用。

5. 改进的数据透视表

可以更轻松、更快速地使用数据透视表。

6. 切片器

切片器是 Excel 2010 中的新增功能，它提供了一种可视性极强的筛选方法来筛选数据透视表中的数据。一旦插入切片器，即可使用按钮对数据进行快速分段和筛选，仅显示所需数据。此外，对数据透视表应用多个筛选器之后，不再需要打开一个列表来查看对数据所应用的筛选器，这些筛选器会显示在屏幕上的切片器中。可以使切片器与工作簿的格式设置相符，并且能够在其他数据透视表、数据透视图和多维数据集函数中轻松地重复使用这些切片器。

7. 改进的条件格式设置

通过使用数据条、色阶和图标集，条件格式设置可以轻松地突出显示所关注的单元格或单元格区域、强调特殊值和可视化数据。Excel 2010 融入了更卓越的格式设置灵活性。

8. 性能改进

Excel 2010 中的各种性能改进可更有效地与数据进行交互。

9. 带实时预览的粘贴功能

使用带实时预览的粘贴功能，可以在 Excel 2010 中或多个其他程序之间重复使用内容时节省时间。可以使用此功能预览各种粘贴选项，例如，"保留源列宽"、"无边框"或"保留源格式"。通过实时预览，可以在将粘贴的内容实际粘贴到工作表中之前确定此内容的外观。当将指针移到"粘贴选项"上方以预览结果时，将看到一个菜单，其中所含菜单项将根据上下文而变化以更好地适应要重复使用的内容。屏幕提示提供的附加信息可帮助做出正确的决策。

除以上以外，Excel 2010 还进行了非常多的改进，以方便使用。

## 4.1.2 启动与退出

1. Excel 2010 的启动

启动 Excel 2010 和启动 Office 2010 中的任何一种应用程序的方法相同，可以任选下列一种：

（1）单击【开始】→【所有程序】→【Microsoft Office】→【Microsoft Excel 2010】命令打开。

（2）从桌面打开（在桌面上建立快捷方式，需要时双击桌面上的快捷图标）。

（3）如果经常使用 Excel，系统会自动将 Excel 2010 的快捷方式添加到【开始】菜单上方的常用程序列表中，单击即可打开。

（4）双击与 Excel 关联的文件，如 xlsx 类型文件，可打开 Excel 2010，同时打开相应文件。

2. Excel 2010 的退出

退出 Excel 2010 也有很多种方法：

（1）单击窗口右上角的窗口关闭按钮。

（2）通过 Backstage 视图，在功能区单击【文件/退出】命令。

（3）单击窗口左上角的控制图标，在弹出的控制菜单中单击【关闭】命令。

（4）按快捷键【Alt+F4】，同样可以退出 Excel。

在选择退出时如果 Excel 中的工作簿没有保存，Excel 会给出未保存的提示框。单击【是】

或【否】按钮都会退出 Excel，单击【取消】按钮则不保存，回到编辑状态。如果同时打开了多个文件，Excel 会把修改过的文件都问一遍是否保存。

### 4.1.3　工作界面

Excel 2010 的工作界面中包含多种工具，用户通过使用这些工具菜单或按钮，可以完成多种运算分析工作。下面介绍 Excel 2010 的工作界面，如图 4.1 所示。

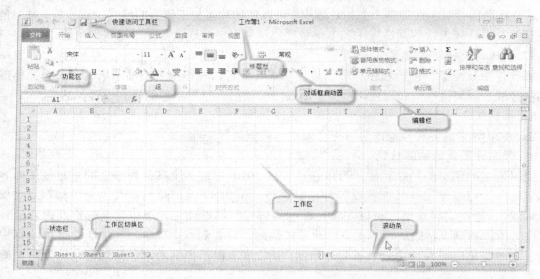

图 4.1　工作界面

#### 1．快速访问工具栏

快速访问工具栏位于 Excel 2010 工作界面的左上方，用于快速执行一些操作。使用过程中用户可以根据工作需要单击快速访问工具栏中的 ▼ 按钮添加或删除快速访问工具栏中的工具。默认情况下，快速访问工具栏中包括三个按钮，分别是【保存】、【撤消】和【重复】按钮。

#### 2．标题栏

标题栏位于 Excel 2010 工作界面的最上方，用于显示当前正在编辑的电子表格和程序名称。拖动标题栏可以改变窗口的位置，用鼠标双击标题栏可以最大化或还原窗口。在标题栏的右侧分别是【最小化】、【最大化】、【关闭】三个按钮。

#### 3．功能区

功能区位于标题栏的下方，默认会出现【开始】、【插入】、【页面布局】、【公式】、【数据】、【审阅】和【视图】七个功能区，功能区由若干个组组成，每个组中由若干功能相似的按钮和下拉列表组成。

（1）组。Excel 2010 程序将很多功能类似的、性质相近的命令按钮集成在一起，命名为"组"。用户可以非常方便地在组中选择命令按钮，编辑电子表格，如【页面布局】功能区下的【页面设置】组，如图 4.2 所示。

（2）启动器按钮。为了方便用户使用 Excel 表格运算分析数据，在有些组中的右下角还设计

图 4.2　组

了一个启动器按钮，单击该按钮后，根据所在不同的组，会弹出不同的命令对话框，用户可以在对话框中设置电子表格的格式或运算分析数据等内容，如图 4.3 所示。

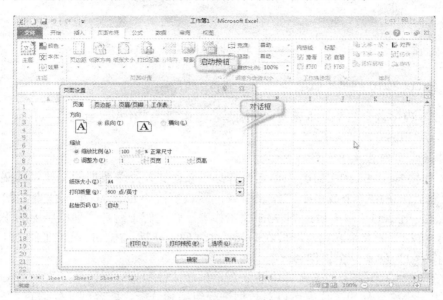

图 4.3　启动按钮、对话框

### 4. 工作区

工作区位于 Excel 2010 程序窗口的中间，是 Excel 2010 对数据进行分析对比的主要工作区域，用户在此区域中可以向表格中输入内容并对内容进行编辑，插入图片，设置格式及效果等，如图 4.4 所示。

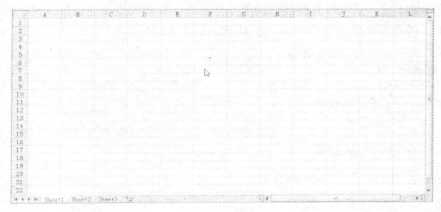

图 4.4　工作区

### 5. 编辑栏

编辑栏位于工作区的上方，其主要功能是显示或编辑所选单元格中的内容，用户可以在编辑栏中对单元格中的数值进行函数计算等操作。编辑栏的左端是"名称框"，用来显示当前选定单元格的地址。

### 6. 状态栏

状态栏位于 Excel 2010 窗口的最下方，在状态栏中可以显示工作表中的单元格状态，还可以通过单击视图切换按钮选择工作表的视图模式。在状态栏的最右侧，可以通过拖动显示比例滑块或单击【放大】、【缩小】按钮，调整工作表的显示比例，如图 4.5 所示。

图 4.5　状态栏

### 4.1.4　Excel 2010 的基本概念

Excel 2010 程序包含三个基本元素，分别是：工作簿、工作表、单元格。下面介绍三个基本元素的基本知识。

1．工作簿、工作表及单元格

（1）工作簿。在 Excel 2010 中，工作簿是用来存储并处理数据的文件，其文件扩展名为.xlsx。一个工作簿由一个或多个工作表组成，默认情况下包含 3 个工作表，默认名称为Sheet1、Sheet2、Sheet3，最多可达到 255 个工作表。它类似于财务管理中所用的账簿，由多页表格组成，将相关的表格和图表存放在一起，非常便于处理。Excel 2010 刚启动时自动创建的文件"工作簿 1"就是一个工作簿。

（2）工作表。工作表类似于账簿中的账页。包含按行和列排列的单元格，是工作簿的一部分，也称电子表格。使用工作表可以对数据进行组织和分析，能容纳的数据有字符、数字、公式、图表等。

（3）单元格。单元格是组织工作表的基本单位，也是 Excel 2010 进行数据处理的最小单位，输入的数据就存放在这些单元格中，它可以存储多种形式的数据，包括文字、日期、数字、声音、图形等。

在执行大多数 Excel 2010 命令或任务前，必须先选定要作为操作对象的单元格。这种用于输入或编辑数据，或者是执行其他操作的单元格称为活动单元格或当前单元格。活动单元格周围出现黑框，并且对应的行号和列标突出显示，如图 4.6 所示。

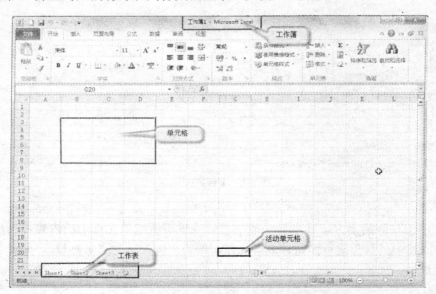

图 4.6　工作簿、工作表及单元格

2. 工作簿、工作表及单元格的关系

工作簿、工作表及单元格之间是包含与被包含的关系，一个工作簿中可以有多少个工作表，而一张工作表中含有多少个单元格。工作簿、工作表与单元格的关系是相互依存的关系，它们是 Excel 2010 中最基本的三个元素。

# 4.2　工作簿和工作表的基本操作

如果准备使用 Excel 2010 分析处理数据，首先应熟悉对工作簿的操作，下面将介绍有关工作簿操作的知识和技巧。

## 4.2.1　工作簿的基本操作

1. 工作簿的建立

使用工作簿，首先应建立一个工作簿以供编辑使用，下面将介绍几种创建工作簿的操作方法：

（1）启动 Excel 2010 时，如果没有指定要打开的工作簿，系统会自动打开一个名称为"工作簿 1"的空白工作簿。在默认情况下，Excel 为每个新建的工作簿创建 3 张工作表，分别为 Sheet1、Sheet2、Sheet3，用户可以对工作表进行改名、移动、复制、插入或删除等操作。

（2）单击快速访问工作栏上的【新建】按钮，系统将自动建立一个新的工作簿文件。如果系统已经建立了一个工作簿文件，这时系统将自动创建另一个新的工作簿，默认名为"工作簿 2"，如图 4-7 所示。

图 4.7　快速访问工具栏

（3）单击【文件/新建】命令，单击【可用模板】区域内的【空白工作簿】选项，然后单击【创建】按钮，即可建立一个新的工作簿文件，如图 4.8 所示。

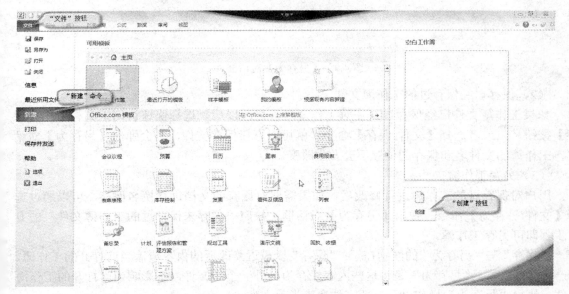

图 4.8　【文件】按钮

（4）使用快捷键【Ctrl+N】可快速新建空白工作簿。

（5）Excel 2010 还提供了用模板创建工作簿的方法，当需要创建一个相似的工作簿时，利用模板创建工作簿可以减少很多重复性工作。用户可以使用 Excel 2010 自带模板，也可以根据个人工作需要，自己创建模板。

2. 保存工作簿

创建好工作簿并建立工作表后，需要保存工作簿。此外，在对工作表进行处理的过程中，应注意随时保存文件，以免由于计算机故障、误操作、断电等其他因素造成数据丢失。

（1）保存未保存过的工作簿文件

选择快速访问工具栏上的【保存】按钮 ，或者选择【文件/保存】命令，弹出【另存为】对话框。

第一步，在【组织】框中选择工作簿保存的位置，在地址栏中可以看到已经选择的地址，如本地磁盘（D:）；第二步，在【文件名】下拉列表框中输入工作簿的名称，如"成绩表"；第三步，单击【保存】按钮，如图 4.9 所示。

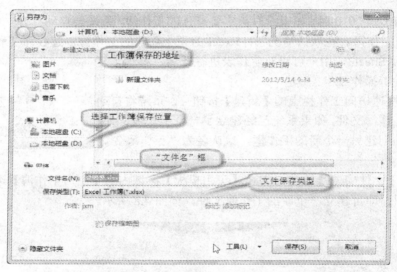

图 4.9　【另存为】对话框

（2）保存已经保存过的工作簿文件

如果工作簿文件已经保存过，在对工作簿进行修改以后，选择快速访问工具栏上的【保存】按钮 ，或者选择【文件/保存】命令，就可以直接保存文件，不会弹出【另存为】对话框，工作簿的文件名和保存的位置不会发生改变。

（3）另存工作簿

用户对保存过的工作簿进行修改后，如果需要对原有的文档进行换名保存，可以通过选择【文件/另存为】命令，弹出【另存为】对话框。按照"保存未保存过的工作簿文件"的方法步骤即可另存工作簿。

"保存"与"另存为"的区别在于："保存"以最近修改后的内容覆盖当前打开的工作簿，不产生新的文件。"另存为"是将这些内容保存为另外一个新文件，不影响当前打开的工作簿文件。执行"另存为"操作以后，新文件变为当前文件。

## 3. 关闭工作簿

当用户完成了工作表的编辑而不需要再进行其他操作时，就应该关闭工作簿文件，以防数据被误操作。关闭工作簿就是关闭当前正在使用的工作簿窗口，主要有下列几种方法：

（1）单击工作簿窗口右上角的按钮 。

（2）单击快速访问工具栏左边的 Excel 图标，在弹出的"控制菜单"中选择【关闭】菜单项。

（3）选择【文件/退出】命令。

如果所关闭的工作簿在关闭前未被保存过，在关闭前系统将弹出一个对话框，提示是否对该工作簿所做的修改进行保存，要保存就单击【保存】按钮，不想保存就单击【不保存】按钮。如果要放弃关闭工作簿的操作，则单击【取消】按钮，如图 4.10 所示。

图 4.10　提示对话框

## 4. 打开工作簿

创建好工作簿，对工作簿进行编辑并保存、关闭后，如果再次对它进行编辑，就需要先打开工作簿。打开工作簿的方法有以下几种：

（1）单击快速访问工具栏中的【打开】按钮，弹出【打开】对话框，如图 4.11 所示。在窗口导航窗格中，单击准备打开的工作簿的地址，如：本地磁盘（D:），在窗口工作区中，单击准备打开的工作簿，如：成绩表，单击【打开】按钮即可。

图 4.11　【打开】对话框

（2）选择【文件/打开】命令，其余操作步骤与第一种方法相同。

### 4.2.2　工作表的基本操作

工作表包含在工作簿中，对 Excel 2010 工作簿的操作事实上是对每张工作表进行操作，工作表的基本操作包括选择工作表，移动工作表，复制工作表，删除工作表，插入工作表，重命名工作表和隐藏工作表等操作，下面介绍较为常用的工作表操作方法。

1．选择工作表

（1）在工作表中进行数据的分析处理之前，应该先选择一张工作表。在 Excel 中默认创建有 3 张工作表，Sheet1、Sheet2、Sheet3，其名称显示在工作表标签区域，单击工作表标签即可选择该工作表，被选中的工作表变为活动工作表。

（2）如果需要选择两张或多张相邻的工作表，首先应该单击第一张工作表标签，然后再按住【Shift】键，单击准备选择的工作表的最后一张工作表标签。

（3）如果需要选择两张或多张不相邻的工作表，首先应该单击第一张工作表标签，然后再按住【Ctrl】键，同时单击准备选择的工作表标签。

（4）如果需要选择所有的工作表，使用鼠标右键单击任意一张工作表标签，在弹出的快捷菜单中选择【选定全部工作表】命令，即可完成选择所有工作表的操作。

2．工作表的移动

移动工作表是在不改变工作表数量的情况下，对工作表的位置进行调整，操作方法为：将鼠标指针指向需要移动的工作表标签，按下鼠标左键，此时出现一个黑色的小三角和形状像一张白纸的图标，拖动该工作表标签到需要移动的目的标签位置即可。

3．复制工作表

复制工作表则是在原工作表的基础上，再创建一个与原工作表有同样内容的工作表。操作方法与工作表移动方法相似，只不过在拖动鼠标的同时，按下【Ctrl】键，可以看到形状像一张白纸的图标上多加了一个"+"号，释放鼠标即可完成复制工作表。

4．插入工作表

插入工作表是工作表数量不能满足需求时，增加新的工作表，操作方法为单击【插入工作表标签】即可，如图 4.12 所示。新插入工作表的名称按照 Sheet1、Sheet2、Sheet3 的顺序排列，如图 4.13 所示。新插入的工作表被自动命名为 Sheet4。

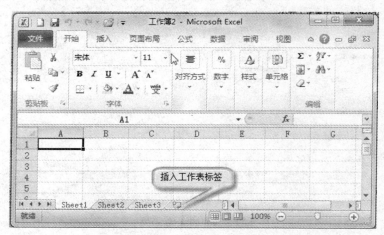

图 4.12　工作表的插入

5．删除工作表

可以删除不再使用的工作表，以节省磁盘资源，操作方法为使用鼠标右键单击准备删除的工作表，在弹出的快捷菜单中选择【删除】命令，即可删除工作表。

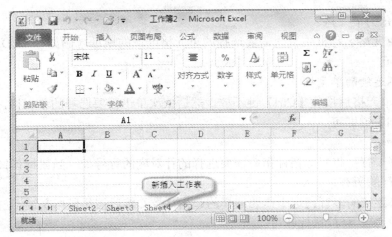

图 4.13　工作表的插入

### 6. 重命名工作表

在 Excel 2010 工作簿中，工作表的默认的名称为 Sheet1、Sheet2、Sheet3、Sheet+数字，为了便于直观地表示工作表的内容，可对工作表进行重新命名，操作方法为：使用鼠标右键单击准备重新命名的工作表，在弹出的快捷菜单中选择【重命名】命令，此时需要重命名的工作表标签呈高亮显示，输入新的工作表名，按下【Enter】键即可。

例如：打开"成绩表.xlsx"，将工作表 Shee1 重命名为"学生成绩表"，操作方法如下：

右键单击准备重新命名的工作表"Sheet1"，在弹出的快捷菜单中选择【重命名】命令，此时需要重命名的工作表"Sheet1"的标签呈高亮显示 Sheet1  Sheet2  Sheet3 ，表示它处于编辑状态，在标签上输入新的名称"学生成绩表" 学生成绩表  Sheet2  Sheet3 ，按【Enter】键即可。

用户还可以尝试通过使用鼠标右键单击工作表的方法，来进行隐藏、显示、保护工作表和改变工作表标签颜色等操作。

## 4.3　单元格的基本操作

在本章 4.1 节中我们已经介绍过单元格是组织工作表的基本单位，也是 Excel 2010 进行数据处理的最小单位，输入的数据就存放在这些单元格中。

### 4.3.1　选择单元格

#### 1. 选择一个单元格

直接单击某个单元格，即可选中。此外，在地址框中输入要选择的单元格的地址，例如 A3，然后按下【Enter】键确认，也可选中一个单元格。

#### 2. 选择连续的多个单元格

若要选择连续的多个单元格，可通过以下几种方法实现。

（1）选中需要选择的单元格区域左上角的单元格，然后按住鼠标左键不放并拖动，当拖动到需要选择的单元格区域右下角的单元格，释放鼠标即可。

（2）选中需要选择的单元格区域左上角的单元格，然后按住【Shift】键不放，并单击单元格区域右下角的单元格。

（3）在单元格名称框中输入需要选择的单元格区域的地址（例如"A1:D5"），然后按下【Enter】键即可。

**3．选择不连续的单元格**

选择一个单元格后按住【Ctrl】键不放，然后依次单击需要选择的单元格，选择完成后释放鼠标和【Ctrl】键即可。

**4．选择行**

（1）选择一行：将鼠标指针指向需要选择的行对应的行号处，当鼠标指针呈→时，单击鼠标可选中该行的所有单元格。

（2）选择连续的多行：选中需要选择的起始行号，然后按住鼠标左键不放，拖动至需要选择的末尾行号处，释放鼠标即可。

（3）选择不连续的多行：按下【Ctrl】键不放，然后依次单击需要选择的行对应的行号即可。

**5．选择列**

（1）选择一列：将鼠标指针指向需要选择的列对应的列标处，当鼠标指针呈↓时，单击鼠标可选中该列的所有单元格。

（2）选择连续的多列：选中需要选择的起始列标，然后按住鼠标左键不放，拖动至需要选择的末尾列标处，释放鼠标即可。

（3）选择不连续的多列：按下【Ctrl】键不放，然后依次单击需要选择的列对应的列标即可。

**6．选择全部单元格**

单击行号和列标交汇处的　　按钮，可选中当前工作表中的全部单元格。

### 4.3.2　单元格的编辑

**1．插入单元格**

即对工作表的结构进行调整，可以插入行、列、单元格。

（1）插入行。单击左边的行号选中一行，然后在【开始/单元格】组中，单击【插入】按钮右侧的下拉按钮，在弹出的下拉列表中单击【插入工作表行】选项，即可在所选择的行的前面插入空白行。

（2）插入列。单击列标选中一列，然后在【开始/单元格】组中，单击【插入】按钮右侧的下拉按钮，在弹出的下拉列表中单击【插入工作表列】选项，即可在所选择的列的前面插入空白列。

（3）插入一个单元格。选中某个单元格，然后在【开始/单元格】组中，单击【插入】按钮右侧的下拉按钮，在弹出的下拉列表中单击【插入单元格】选项，弹出【插入】对话框，如图4.14所示，选择活动单元格的移动方式，单击【确定】按钮，即可完成单元格的插入。也可用插入单元格的方式，完成插入整行和整列的操作。

**2．删除单元格**

在编辑表格的过程中，对于多余的单元格，可将其删除，删除是指删除行、列、单元格及单元格区域。

（1）删除行。单击需要删除的行的行号，然后在【开始/单元格】组中，单击【删除】按钮右侧的下拉按钮，在弹出的下拉列表中单击【删除工作表行】选项，即可删除所选择的行。

（2）删除列。单击需要删除的列的列标，然后在【开始/单元格】组中，单击【删除】按钮右侧的下拉按钮，在弹出的下拉列表中单击【删除工作表列】选项，即可删除所选择的列。

（3）删除一个单元格或单元格区域。选中需要删除的某个单元格或单元格区域，然后在【开始/单元格】组中，单击【删除】按钮右侧的下拉按钮，在弹出的下拉列表中单击【删除单元格】选项，弹出【删除】对话框，如图 4.15 所示。选择单元格的移动方式，单击【确定】按钮，即可完成单元格或单元格区域的删除。也可用删除单元格的方式，完成删除整行和整列的操作。

图 4.14　【插入】对话框　　　　　　　　图 4.15　【删除】对话框

### 4.3.3　数据的输入

当向单元格输入数据时，它可以存储多种形式的数据，包括文字、日期、数字、声音、图形等。输入的数据可以是常量，也可以是公式和函数，Excel 能自动把它们区分为文本、数值、日期和时间 3 种类型。

1. 数值类型

Excel 将由数字 0～9 及某些特殊字符组成的字符串识别为数值型数据。单击准备输入数值的单元格，在编辑栏的编辑框中，输入数值，然后按下【Enter】键。在单元格中显示时，系统默认的数值型数据一律靠右对齐。

若输入数据的长度超过单元格的宽度，系统将自动调整宽度。当整数长度大于 12 位时，Excel 将自动改用科学计数法表示，例如，输入"453628347265"，单元格的显示将为"4.53628E+11"，如图 4.16 所示。

若预先设置的数字格式为带两位小数，则当输入数值为 3 位以上小数时，将对第 3 位小数采取"四舍五入"。但在计算时一律以输入数而不是显示数进行，故不必担心误差。

无论输入的数字位数有多少，Excel 都只保留 15 位有效数字的精度。如果数字长度超过 15 位，Excel 2010 将多余的数字位舍入为零。

为避免将输入的分数视做日期，应在分数前冠以 0 并加一空格，如输入"1/2"时，应键入"0␣1/2"。

2. 日期和时间类型

Excel 内置了一些日期和时间格式，当输入数据与这些格式相匹配时，Excel 将它们识别为日期和时间型数据。Excel 将日期和时间视为数字处理。工作表中的日期和时间的显示方式取决于所在单元格中的数字格式。默认时，日期或时间项在单元格中右对齐。如果 Excel 不能识别输入的日期或时间格式，输入的内容将被视做文本，并在单元格中左对齐。

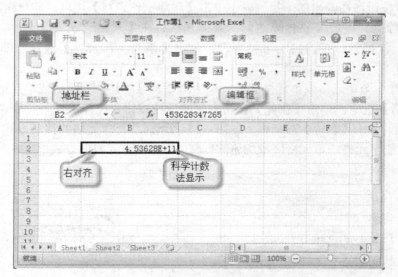

图 4.16  数值型数据的录入

如果要在同一单元格中键入日期和时间，应在其间用空格分开。

如果要按 12 小时制键入时间，应在时间后留一空格，并键入 AM 或 PM，表示上午或下午。如果不输入 AM 或 PM，Excel 默认使用 24 小时制。

在输入日期时，可以使用连字符（-）或斜杠（/），不区分大小写。

若想输入当天日期或时间，可通过组合键快速完成：

输入当天日期：Ctrl+；

输入当天时间：Ctrl+Shift+；

3．文本类型

除去被识别为公式（一律以"="开头）和数值或日期型的常量数据外，其余的输入数据 Excel 均认为是文本数据。在单元格中输入较多的就是文本信息，如输入工作表的标题、图表中的内容等。单击准备输入文本的单元格，在编辑栏的编辑框中，输入文本，然后按下【Enter】键。文本数据可以由字母、数字或其他字符组成，在单元格显示时一律靠左对齐。

例 4.1  在 C1 单元格内输入"课程表"。

首先单击第 C 列第 1 行的单元格，C1 单元格被选中，成为活动单元格，然后输入"课程表"，按下【Enter】键即可，活动单元格地址显示在地址栏，输入内容显示在编辑栏，如图 4.17 所示。

对于全部由数字组成的文本数据，输入时应在数字前加一个单引号（'），单引号是一个对齐前缀，使 Excel 将随后的数字作为文本处理，且在单元格中左对齐。或者输入一个"="然后用引号将要输入的数字括起来。例如，邮政编码 650223，输入时应键入'650223，或者="650223"。

### 4.3.4  数据的快速填充

自动填充功能是 Excel 的一项特殊功能，利用该功能可以将一些有规律的数据或公式方便快速地填充到需要的单元格中，从而提高工作效率。在单元格中填充数据主要分两种情况，一是填充相同数据，二是填充序列数据。

图 4.17　文本型数据的录入

**1．填充相同数据**

选择准备输入相同数据的单元格或单元格区域，把鼠标指针移动至单元格区域右下角的填充柄上，待指针变为黑色"＋"形状时，按下鼠标左键不放并拖动至准备拖动的目标位置即可，填充的方向可以向下或向右。

**例 4.2**　把 C4～C10 单元格全部填充成"法律"。

操作方法为：把鼠标指针移动至 C3 单元格右下角区域，待指针变为黑色"＋"形状（如图 4.18 所示），按下鼠标左键不放并拖动至单元格 C10，松开鼠标即可，如图 4.19 所示。

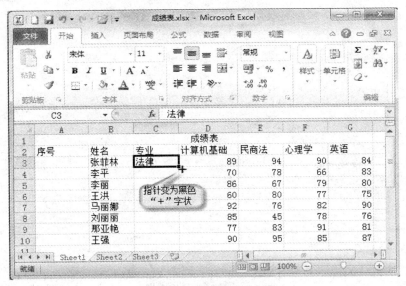

图 4.18　拖动填充柄

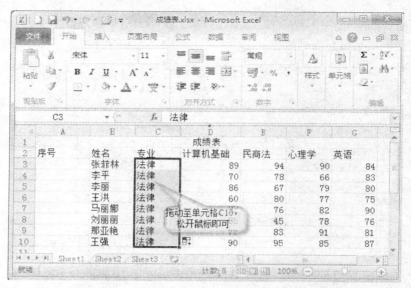

图 4.19　数据的填充

**2. 填充序列数据**

Excel 提供的数据"填充"功能，可以使用户快速地输入整个系列。例如，星期一、星期二、……、星期日，或一月、二月……，或是等差、等比数列等。填充方法是，先在单元格中输入序列的前两个数字，选中这两个单元格，将鼠标指针指向第二个单元格右下角，待指针变为黑色"＋"字状时，按下鼠标左键不放并拖动至准备拖动的目标位置即可，填充的方向可以向下或向右。

**例 4.3**　在 A1～A7 单元格中输入 1、3、5、…、15。

操作方法为：先在 A1、A2 单元格内分别填入 1、3，选中这两个单元格，然后把鼠标指针移动至 A2 单元格右下角的填充柄上，待指针变为黑色"＋"形状（如图 4.20 所示），按下鼠标左键不放并拖动至单元格 C10，松开鼠标，即可得到一个等差数列 1，3，5，7……，如图 4.21 所示。

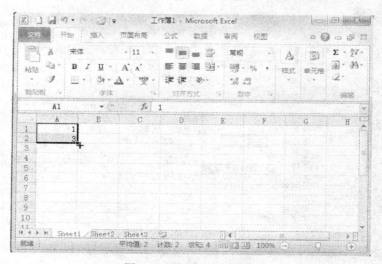

图 4.20　选择单元格区域

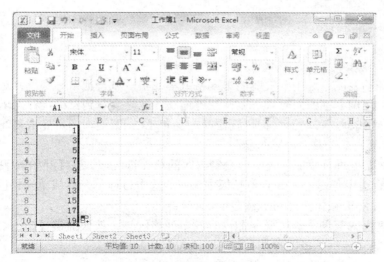

图 4.21　等差数列的填充

### 4.3.5　数据的修改与清除

**1. 修改数据**

选中需要修改的数据，直接输入正确的数据，然后按下【Enter】键即可。应用这种方法修改数据时，会自动删除当前单元格中的全部内容，保留重新输入的内容。

双击需要修改数据的单元格，使单元格处于编辑状态，然后定位好光标插入点进行修改，完成修改后按下【Enter】键确认修改。应用这种方法修改数据时，只对单元格的部分内容进行修改。

选中需要修改数据的单元格，将光标插入点定位到编辑框中，然后对数据进行修改，完成修改后按下【Enter】键确认修改。应用这种方法修改数据时，只对单元格的部分内容进行修改。

**2. 清除数据**

如果工作表中有不需要的数据，可将其清除，操作方法为：选中需要清除内容的单元格或单元格区域，在【开始/编辑】组中单击【清除】按钮，在弹出的下拉列表中选择需要的清除方式即可。

在弹出的下拉列表中提供了 6 种清除方式：

**全部清除：**可清除单元格或单元格区域中的内容和格式。

**清除格式：**可清除单元格或单元格区域中的格式，但保留内容。

**清除内容：**可清除单元格或单元格区域中的内容，但保留格式。

**清除批注：**可清除单元格或单元格区域中内容添加的批注，但保留单元格或单元格区域的内容及设置的格式。

**清除超链接：**可仅清除单元格或单元格区域超链接；也可清除单元格或单元格区域超链接和格式。

**删除超链接：**直接删除单元格或单元格区域超链接和格式。

清除与删除之间的区别在于，清除只是针对数据或格式，单元格或单元格区域继续保留，删除则是把单元格或单元格区域全部删除，包括单元格内的数据和格式。

### 4.3.6　数据的复制与粘贴

**1．复制单元格或单元格区域数据**

（1）鼠标拖动复制：选中要复制的单元格或单元格区域，把鼠标移动到选中单元格区域的边缘上，按住【Ctrl】键的同时按下鼠标左键拖动，此时会看到鼠标指针上增加了一个"+"号，同时有一个虚线框，移动到目标位置松开左键和【Ctrl】键，即可完成复制。这种方法能较为快速地完成同一工作表中数据的复制。

（2）通过剪贴板进行复制：选中要复制内容的单元格区域，在【开始/剪贴板】组中单击【复制】按钮，将选中的内容复制到剪贴板中，然后选中目标单元格或单元格区域，单击【剪贴板】组中的【粘贴】按钮，即可完成复制。

（3）快捷键方式复制：选中要复制内容的单元格区域，按快捷键【Ctrl+C】复制，然后选中目标单元格或单元格区域，按快捷键【Ctrl+V】粘贴即可。

**2．移动单元格或单元格区域**

（1）鼠标拖动移动：选中要移动的单元格区域，把鼠标移动到选区的边缘上，按下左键拖动，会看到一个虚框，在合适的位置松开左键，单元格区域就移动过来了。

（2）通过剪贴板进行移动：选中要移动的单元格区域，在【开始/剪贴板】组中单击【剪切】按钮，将选中的内容复制到剪贴板中，然后选中目标单元格或单元格区域，单击【剪贴板】组中的【粘贴】按钮，即可完成移动。

（3）快捷键方式移动：选中要复制内容的单元格区域，按快捷键【Ctrl+X】剪切，然后选中目标单元格或单元格区域，按快捷键【Ctrl+V】粘贴即可。

# 4.4　公式与函数

公式是在工作表中对数据进行计算和分析的式子。它可以引用同一工作表中的其他单元格、同一工作簿不同工作表中的单元格，或者其他工作簿的工作表中的单元格，对工作表数值进行加、减、乘、除等运算。因此，公式是 Excel 的重要组成部分。公式通常由算术式或函数组成。Excel 提供了 11 类 300 余种函数，支持对工作表中的数据进行求和、求平均、汇总以及其他复杂的运算，其函数向导功能，可引导用户通过系列对话框完成计算任务，操作十分方便。

在 Excel 中，输入公式均以"="开头，例如，"=A1+C1"。函数的一般形式为"函数名()"，例如，SUM()。下面介绍公式与函数的基本用法。

### 4.4.1　公式的使用

**1．运算符**

Excel 在公式中，可使用运算符来完成各种复杂的运算。运算符有算术运算符、比较运算符、文本运算符和引用运算符。

（1）算术运算符。公式中的算术运算符包括：+（加）、-（减）、*（乘）、/（除）、%（百分数）、^（乘方）。

**例 4.4**　计算图 4.22 中的每位同学的总分。

操作步骤如下：

①单击 G3 单元格，输入"=C3+D3+E3+F3"，如图 4.22 所示。

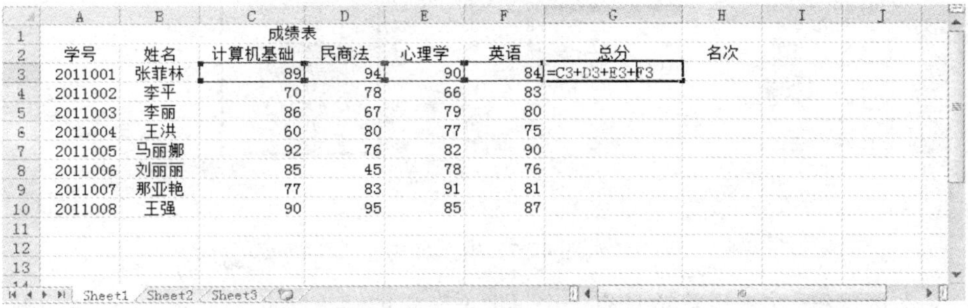

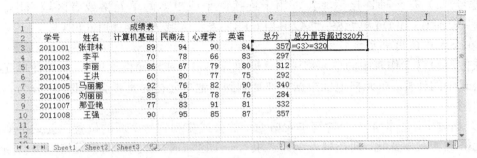

图 4.22　用公式计算总分

②按【Enter】键，此时在 G3 单元格中显示张菲林的总分。

③拖动自动填充柄至 G10，计算其他几名学生的总分，如图 4.23 所示。

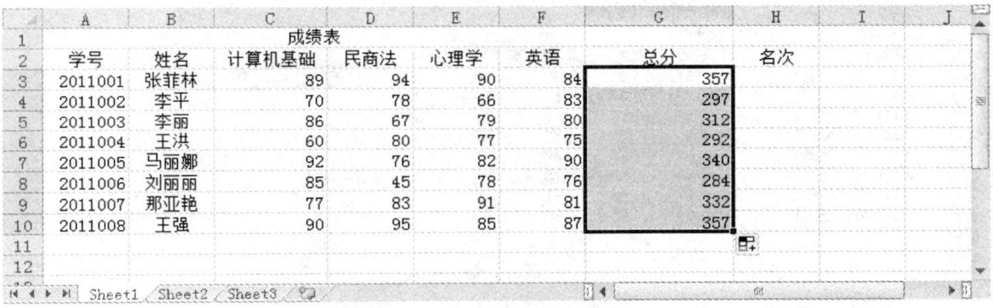

图 4.23　自动填充计算总分

（2）比较运算符。比较运算符有：=（等于）、<（小于）、>（大于）、<=（小于等于）、>=（大于等于）、<>（不等于）。

在公式中使用比较运算符时，其运算结果只有"真"或"假"两种值，它们被称为逻辑值。

**例 4.5**　计算学生总分是否超过 320 分。

操作步骤如下：

①单击 F3 单元格，输入公式"=G3>=320"，输入过程显示在编辑栏中，如图 4.24 所示。

图 4.24　输入公式

②按【Enter】键后，在 H3 单元格中显示"TRUE"。

③拖动填充柄至 H10，计算其他学生的情况，如图 4.25 所示。

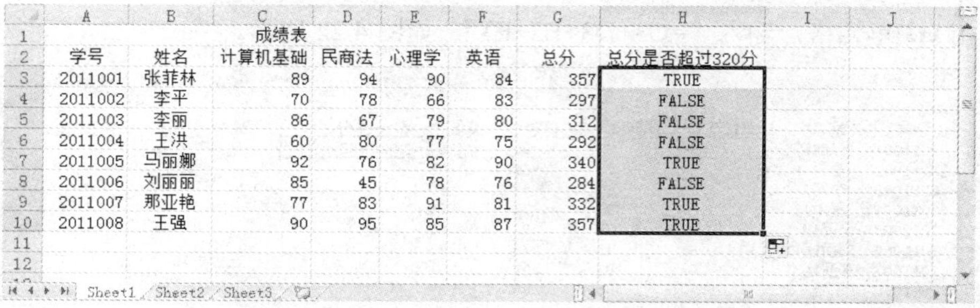

图 4.25　填充公式

（3）文本运算符。文本运算符只有一个，即"&"，它能够连接两个文本串，如"North"&"west"产生"Northwest"。

**例 4.6**　在 H3 中输入"=B3&"的"&C2&"成绩为"&C3"，按【Enter】键后，运算结果为"张菲林的计算机基础成绩为 89"，如图 4.26 所示。

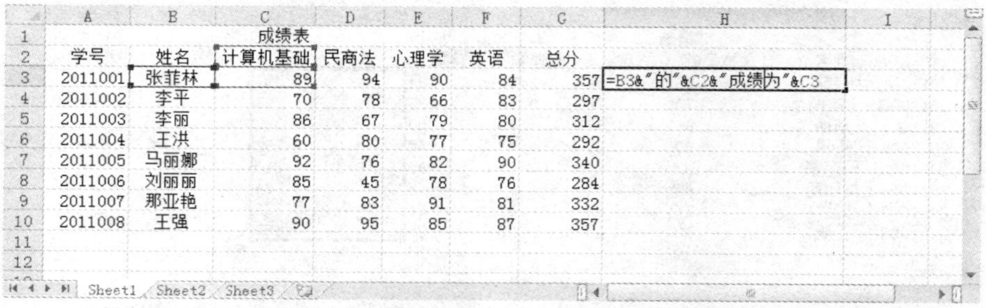

图 4.26　文本运算符

（4）引用运算符。引用的作用在于标识工作表上的单元格或单元格区域，并指明公式中所使用的数据的位置。通过引用可以在公式中使用工作表中不同部分的数据，或者在多个公式中使用同一单元格的数值。在 Excel 中的引用运算符有两个，即"："和"，"。

①冒号（：）被称为"区域引用运算符"。如 B1 表示一个单元格引用，而 B1:D4 就表示从 B1 到 D4 的单元格区域。如果用户在公式中引用工作表中的一行或一列中的所有单元，那么，可以用 2:3 表示第二行、第三行的所有单元格；用 A:D 表示 A 列、B 列、C 列和 D 列的所有单元格。这种区域的表示用于调用单元格或区域中的数值，并放入公式中。

②逗号（，）是一种连接运算符，用于连接两个或更多的单元格或者区域引用。例如，"B3,D4"表示 B3 和 D4 单元格；"A2:B4,E6:F8"表示区域 A2:B4 和 E6:F8。

**2．在公式中使用单元格引用**

公式中可包含工作表中的单元格引用（即单元格名字或单元格地址），从而使单元格的内容参与公式中的计算。单元格地址根据它被复制到其他单元格时是否会改变，可分为相对引用和绝对引用。

（1）相对引用：指把一个含有单元格地址的公式复制到一个新的位置，公式不变，但对应的单元格地址发生变化，即在用一个公式填入一个区域时，公式中的单元格地址会随着行和列的变化而改变。利用相对引用可以快速实现对大量数据进行同类运算。例如，图 4.23 中通过拖动自动填充柄把 G3 中的公式"=C3+D3+E3+F3"复制到 G4～G10 中，在 G4～G10 中公式不变，但对应的单元格地址发生变化，例如 G4 变为"=C4+D4+E4+F4"，这种单元格的引用叫"相对引用"。

（2）绝对引用：是在公式复制到新位置时单元格地址不改变的单元格引用，如果在公式中引用了绝对地址，则不论行、列怎样改变，地址总是不变。引用绝对地址必须在构成单元格地址的字母和数字前增加一个$符号。例如，上例中公式为"=$C$3+$D$3+$E$3+$F$3"，则复制到 H4:H10 中的公式相同，其计算结果都是张菲林的总分 357。我们单击 H4:H10 中的任一单元格，都可看到自动填充后，公式中的地址没有发生变化，如图 4.27 所示。

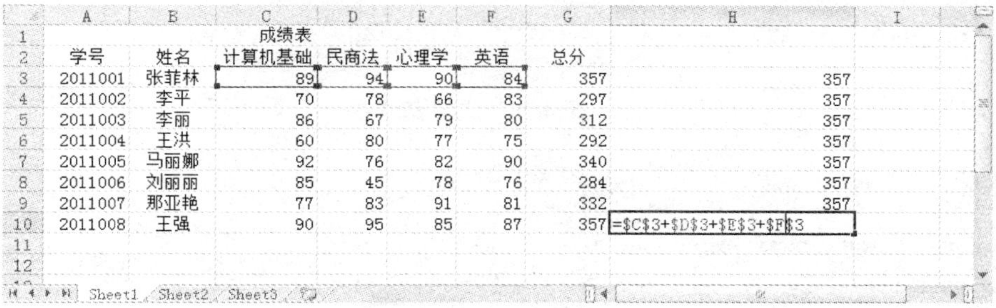

| | A | B | C | D | E | F | G | H | I |
|---|---|---|---|---|---|---|---|---|---|
| 1 | | | 成绩表 | | | | | | |
| 2 | 学号 | 姓名 | 计算机基础 | 民商法 | 心理学 | 英语 | 总分 | | |
| 3 | 2011001 | 张菲林 | 89 | 94 | 90 | 84 | 357 | | 357 |
| 4 | 2011002 | 李平 | 70 | 78 | 66 | 83 | 297 | | 357 |
| 5 | 2011003 | 李丽 | 86 | 67 | 79 | 80 | 312 | | 357 |
| 6 | 2011004 | 王洪 | 60 | 80 | 77 | 75 | 292 | | 357 |
| 7 | 2011005 | 马丽娜 | 92 | 76 | 82 | 90 | 340 | | 357 |
| 8 | 2011006 | 刘丽丽 | 85 | 45 | 78 | 76 | 284 | | 357 |
| 9 | 2011007 | 那亚艳 | 77 | 83 | 91 | 81 | 332 | | 357 |
| 10 | 2011008 | 王强 | 90 | 95 | 85 | 87 | 357 | =$C$3+$D$3+$E$3+$F$3 | |
| 11 | | | | | | | | | |
| 12 | | | | | | | | | |

图 4.27　绝对地址的引用

### 4.4.2　编辑公式

公式和一般的数据一样可以进行编辑，编辑方式同编辑普通的数据一样，可以进行复制和粘贴。先选中一个含有公式的单元格，在【开始/剪贴板】组中单击【复制】按钮，将选中的内容复制到剪贴板中，然后选中目标单元格，单击【剪贴板】组中的【粘贴】按钮，公式即被复制到目标单元格中了，可以发现其作用和上节自动填充出来的效果是相同的。

其他的操作如移动、删除等也同一般的数据是相同的，只是要注意在有单元格引用的地方，无论使用什么方式在单元格中填入公式，都存在一个相对和绝对引用的问题。

### 4.4.3　函数的使用

函数可以理解成预先定义好的公式。使用函数计算数据可大大地简化计算过程，Excel 提供了包括常用函数、财务、统计、文字、逻辑、查找与引用、日期与时间、数学与三角函数、数据库和信息函数等。Excel 函数的一般形式为：=函数名(参数 1,参数 2,…)。

利用函数进行计算的方法有多种，操作方法较为灵活，可以在编辑栏中直接输入函数。例如求和运算可在单元格中输入"=SUM(C3:F3)"。也可以单击【公式/函数库】组里的 Σ 按钮或单击【数据库】组中的【插入函数】按钮 fx。下面我们介绍利用插入函数进行计算的方法。

1. 用 AVERAGE 函数求平均值

**例 4.7**　计算图 4.28 中的每位同学的平均成绩。

操作步骤如下：

（1）单击【数据库】组中的【插入函数】按钮 fx，弹出【插入函数】对话框，如图 4.29 所示。

（2）在【或选择类别】下拉列表中选择【常用函数】选项，然后在【选择函数】列表框中选择【AVERAGE】函数，单击【确定】按钮，弹出【函数参数】对话框，如图 4.30 所示。

图 4.28　成绩表

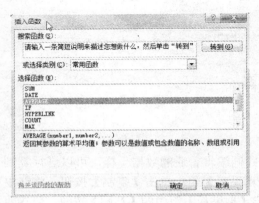

图 4.29　【插入函数】对话框

图 4.30　【函数参数】对话框

（3）在【Number1】参数框中输入求平均值参数，也可单击【Number1】参数框右侧的折叠按钮收缩【函数参数】对话框，通过拖动鼠标方式在工作表中选择参数区域，然后单击【确定】按钮，即可返回工作表，在当前单元格中看到计算结果，即第一位同学的平均成绩，如图 4.31 所示。

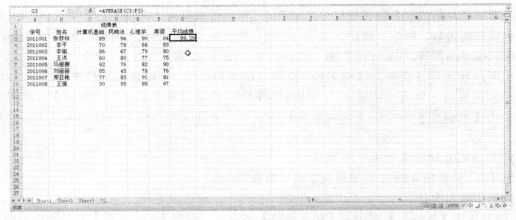

图 4.31　平均成绩的计算

2. 用 RANK 函数计算表中的名次

例 4.8　用函数计算图 4.32 所示的学生成绩表的名次。

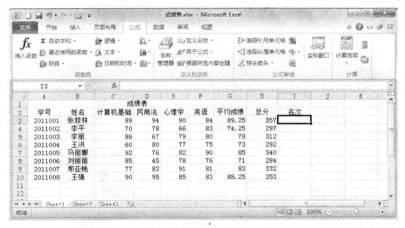

图 4.32　成绩表

（1）选择 I3 单元格为活动单元格，单击【数据库】组中的【插入函数】按钮 ，弹出
【插入函数】对话框。在【或选择类别】下拉列表中选择【全部】选项，然后在【选择函数】
列表框中选择【RANK】函数，如图 4.33 所示。

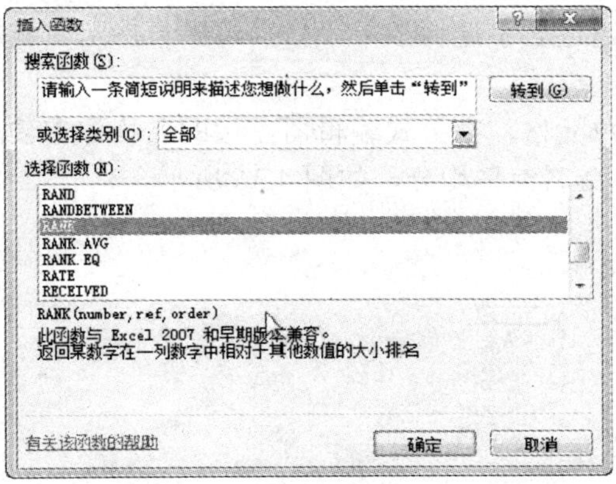

图 4.33　【插入函数】对话框

（2）单击【确定】按钮，弹出【函数参数】对话框。在【Number】参数框中输入求名次
的参数 H3，在【Ref】参数框中输入\$h\$3:\$h\$10，在使用 RANK 函数时，可以用总分来排列
名次，也可以用平均分来排列名次，其中 Ref 数字系列必须使用绝对引用，如图 4.34 所示。

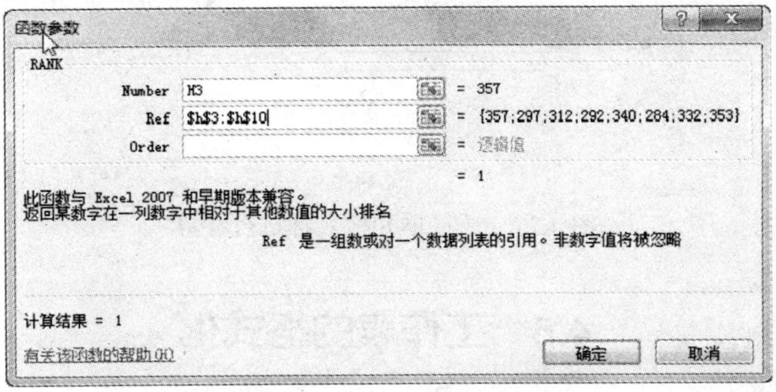

图 4.34　【函数参数】对话框

单击【确定】按钮，返回工作表，用填充柄进行填充，即可完成对名次的排序，如图 4.35 所示。

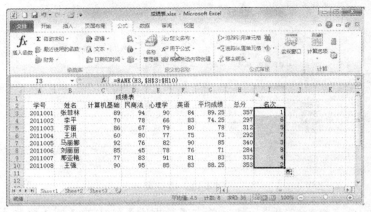

图 4.35　名次的计算

### 4.4.4　名称的使用

命名后的单元格可以通过名字选择该单元格，可以直接从名称框的下拉列表中进行选择，并直接在公式中进行调用。

命名方法是选中一个单元格，在公式编辑器左边的名称框中输入该单元格的名称。

**例 4.9**　把 G3 单元格命名为平均分，如图 4.36 所示。

图 4.36　命名单元格

在编辑栏中直接输入公式"=4*平均分"，按【Enter】键即可算出第一位同学的总分，如图 4.37 所示。

图 4.37　通过单元格名称进行计算

## 4.5　工作表的格式化

一个好的工作表不仅要有鲜明、详细的内容，而且应有实际、庄重、漂亮的外观。这就需要对工作表进行格式化设置。

### 4.5.1　设置工作表列宽和行高

在 Excel 2010 工作表中设置行高和列宽可分两步进行：第 1 步，打开 Excel 2010 工作表窗口，选中需要设置高度或宽度的行或列。第 2 步，在【开始】功能区的【单元格】分组中单击【格式】按钮，在打开的菜单中选择【自动调整行高】或【自动调整列宽】命令，则 Excel 2010 将根据单元格中的内容进行自动调整。

1．利用鼠标操作设置

把鼠标指向要改变列宽（或行高）的工作表的列（或行）编号之间的竖线（或横线），按住鼠标左键并拖动，将列宽（或行高）调整到需要的宽度（或高度），释放鼠标键即可。拖动两个单元格列标中间的竖线可以改变单元格的大小，当鼠标变成如图 4.38 所示的形状时，直接双击这个竖线，Excel 会自动根据单元格的内容给这一列设置适当的宽度。

图 4.38　改变列宽

2．精确地设定行高和列宽

（1）行的高度设置。选择需要设置行高的行号，单击鼠标右键，在弹出的快捷菜单中选择【行高】命令，弹出【行高】对话框。如图 4.39 所示，输入需要的行高，单击【确定】按钮。

（2）列宽的设置。选择需要设置列宽的列标，单击鼠标右键，在弹出的快捷菜单中选择【列宽】命令，弹出【列宽】对话框。如图 4.40 所示，输入需要的列宽，单击【确定】按钮。

图 4.39　行高的设置

图 4.40　列宽的设置

### 4.5.2　单元格的格式设置

格式设置的目的就是使表格更规范，看起来更有条理、更清楚。

选择【开始】功能区，可以通过组中的工具或单击【对话框启动按钮】来设置单元格数据的显示格式，包括设置单元格中的数字的类型、文本的对齐方式、字体、添加单元格区域的边框、图案及单元格的保护。也可以右键单击选中的单元格或单元格区域，在弹出的快捷菜单中选择【设置单元格格式】命令，弹出【设置单元格格式】对话框，如图 4.41 所示。

1．设置单元格的数据格式

通过【数字】选项卡中的【分类】列表框，可以定义单元格数据的类型。数据类型主要包括常规、数值、货币、会计专用、日期、时间、百分比、分数、科学记数、文本、特殊、自定义几种数据类型。

2．设置单元格数据对齐方式

通过【对齐】选项卡可以设置文本的水平对齐、垂直对齐、合并单元格、文字方向、自动换行等。Excel 默认的文本格式是左对齐的，而数字、日期和时间是右对齐的，更改对齐方式并不会改变数据类型。

图 4.41 【设置单元格格式】对话框

**例 4.10** 把多个单元格合并成一个单元格。

（1）选择需要合并的多个连续单元格，并单击鼠标右键，在弹出的快捷菜单中选择【设置单元格格式】命令。

（2）弹出【设置单元格格式】对话框，切换到【对齐】选项卡，在【文本控制】选项组中选中【合并单元格】复选框，单击【确定】按钮，如图 4.42 所示。

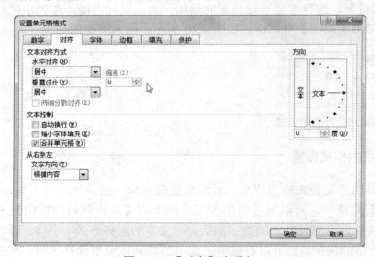

图 4.42 【对齐】选项卡

**3. 设置字体**

通过【设置单元格格式】对话框中的【字体】选项卡或选择【开始/字体】组来对单元格数据的字体、字形和字号进行设置，设置方法与 Word 相同，注意要先选中操作的单元格数据，再执行命令。

### 4.5.3 数据表的美化

初始创建的工作表格式没有实线，工作窗口中的表格线仅仅是为方便用户创建表格数据而设置的，要想打印出具有实线的表格，可通过【字体】组中的边框按钮 ▦▾（如图 4.43 所示）或通过【设置单元格格式】对话框中的【边框】选项卡（如图 4.44 所示）为单元格添加边框，这样能使工作表更加直观、清晰。

图 4.43　边框设置 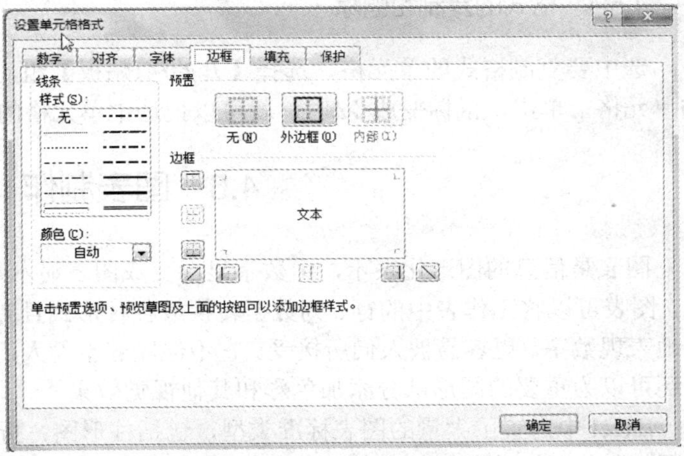　　　　　图 4.44　【设置单元格格式】对话框

**例 4.11**　为图 4.45 中的成绩表加上边框。

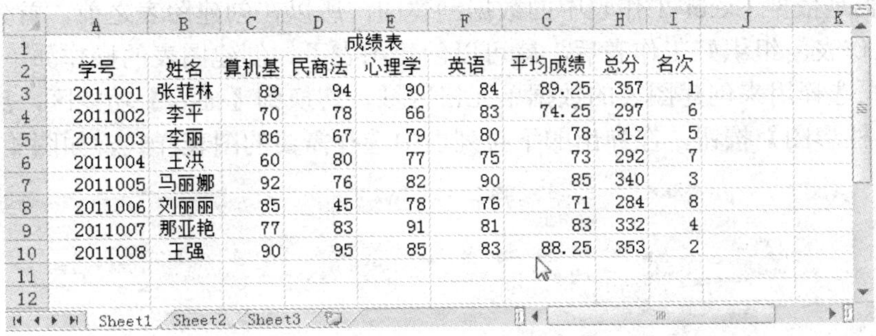

| | A | B | C | D | E | F | G | H | I | J | K |
|---|---|---|---|---|---|---|---|---|---|---|---|
| 1 | | | | | 成绩表 | | | | | | |
| 2 | 学号 | 姓名 | 算机基 | 民商法 | 心理学 | 英语 | 平均成绩 | 总分 | 名次 | | |
| 3 | 2011001 | 张菲林 | 89 | 94 | 90 | 84 | 89.25 | 357 | 1 | | |
| 4 | 2011002 | 李平 | 70 | 78 | 66 | 83 | 74.25 | 297 | 6 | | |
| 5 | 2011003 | 李丽 | 86 | 67 | 79 | 80 | 78 | 312 | 5 | | |
| 6 | 2011004 | 王洪 | 60 | 80 | 77 | 75 | 73 | 292 | 7 | | |
| 7 | 2011005 | 马丽娜 | 92 | 76 | 82 | 90 | 85 | 340 | 3 | | |
| 8 | 2011006 | 刘丽丽 | 85 | 45 | 78 | 76 | 71 | 284 | 8 | | |
| 9 | 2011007 | 那亚艳 | 77 | 83 | 91 | 81 | 83 | 332 | 4 | | |
| 10 | 2011008 | 王强 | 90 | 95 | 85 | 83 | 88.25 | 353 | 2 | | |
| 11 | | | | | | | | | | | |
| 12 | | | | | | | | | | | |

图 4.45　成绩表

方法一：拖动鼠标选择 A2:I10 单元格区域。

单击【开始/字体】组中的边框按钮 ，弹出如图 4.43 所示的菜单，单击【所有框线】菜单项即可。

方法二：拖动鼠标选择 A2:I10 单元格区域。

右键单击选中的单元格区域，在弹出的快捷菜单中选择【设置单元格格式】命令，弹出【设置单元格格式】对话框。

单击【边框/预置】选项组中的【外边框】和【内部】两个选项即可完成表格边框的设置，如图 4.46 所示。

| | A | B | C | D | E | F | G | H | I | J | K | L | M | N | O | P | Q |
|---|---|---|---|---|---|---|---|---|---|---|---|---|---|---|---|---|---|
| 1 | | | 成绩表 | | | | | | | | | | | | | | |
| 2 | 学号 | 姓名 | 计算机基础 | 民商法 | 心理学 | 英语 | 平均成绩 | 总分 | 名次 | | | | | | | | |
| 3 | 2011001 | 张菲林 | 89 | 94 | 90 | 84 | 89.25 | 357 | 1 | | | | | | | | |
| 4 | 2011002 | 李平 | 70 | 78 | 66 | 83 | 74.25 | 297 | 6 | | | | | | | | |
| 5 | 2011003 | 李丽 | 86 | 67 | 79 | 80 | 78 | 312 | 5 | | | | | | | | |
| 6 | 2011004 | 王洪 | 60 | 80 | 77 | 75 | 73 | 292 | 7 | | | | | | | | |
| 7 | 2011005 | 马丽娜 | 92 | 76 | 82 | 90 | 85 | 340 | 3 | | | | | | | | |
| 8 | 2011006 | 刘丽丽 | 85 | 45 | 78 | 76 | 71 | 284 | 8 | | | | | | | | |
| 9 | 2011007 | 那亚艳 | 77 | 83 | 91 | 81 | 83 | 332 | 4 | | | | | | | | |
| 10 | 2011008 | 王强 | 90 | 95 | 85 | 83 | 88.25 | 353 | 2 | | | | | | | | |
| 11 | | | | | | | | | | | | | | | | | |
| 12 | | | | | | | | | | | | | | | | | |

图 4.46　边框的设置

### 4.5.4　格式的复制和删除

选中要复制格式的单元格，选择【开始/剪贴板】组，单击 格式刷 按钮，然后在要复制到的单元格上单击，鼠标变成 时，就可以把选中单元格的格式复制到目标单元格。

## 4.6　图表制作

图表是信息的图形化表示，由数字显示变成图表显示是 Excel 的主要特点之一。在 Excel 中，图表可以将工作表中的行、列数据转换成各种形式且有意义的图形。利用图表可以更加直观地表现数字，更容易被人们所接受。它不但能够帮助人们很容易地辨别数据变化的趋势，而且还可以为重要的图形部分添加色彩和其他视觉效果。

Excel 中内置了大量的图表标准类型，包括柱形图、折线图、饼图、条形图、面积图、散点图、股价图、曲面图、圆环图等，用户可根据不同的需要选用适当的图表类型。

### 4.6.1　创建图表

Excel 图表是依据 Excel 工作表中的数据创建的，所以在创建图表之前，首先要创建一张含有数据的工作表。组织好工作表后，就可以创建图表了。创建图表的操作如下：

（1）首先选择用来创建图表的数据单元格区域，切换到【插入】功能区，然后单击【图表】组中的【柱形图】按钮，在弹出的下拉列表中选择需要的图表样式，如图 4.47 所示。

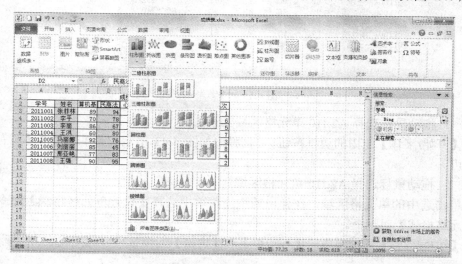

图 4.47　柱形图图表样式

（2）样式选择好后，系统会根据选择的数据区域在当前工作表中生成对应的图表，如图4.48 所示。

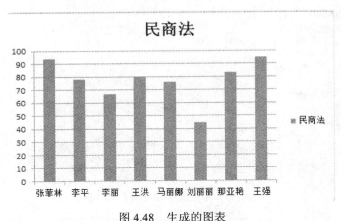

图 4.48　生成的图表

### 4.6.2　编辑图表

Excel 允许在建立图表之后对整个图表进行编辑，如更改图表类型、在图表中增加数据系列及设置图表标签等。

1．更改图表类型

（1）选中需要更改类型的图表，出现【图表工具】功能区，单击【设计】功能区中的【更改图表类型】按钮，样式选择好后，系统会根据选择的数据区域在当前工作表中生成对应的图表，如图 4.49 所示。

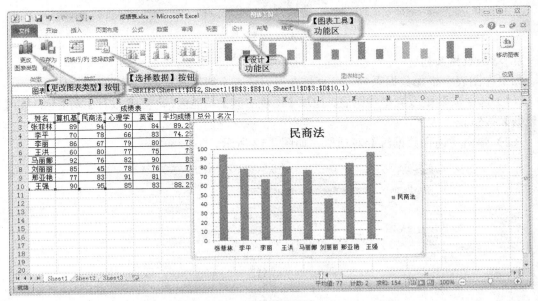

图 4.49　柱形图

（2）在弹出的【更改图表类型】对话框左窗格中选择【饼图】，右窗格中选择饼图样式，然后单击【确定】按钮，如图 4.50 所示。

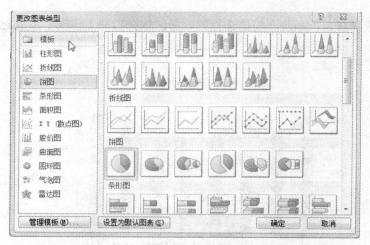

图 4.50 【更改图表类型】对话框

（3）返回工作表，可看见当前图表的样式发生了变化，如图 4.51 所示。

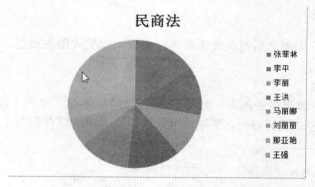

图 4.51 饼状图

2. 增加数据系列

如果在图表中增加数据系列，可直接在原有图表上增添数据源，操作方法如下。

（1）选中需要更改类型的图表，出现【图表工具】功能区，单击【设计】功能区中的【选择数据】按钮。

（2）弹出【选择数据源】对话框，如图 4.52 所示。

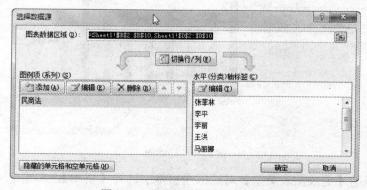

图 4.52 【选择数据源】对话框

（3）单击【添加】按钮，弹出【编辑数据系列】对话框，如图 4.53 所示，单击【系列名称】右边的收缩按钮，选择需要增加的数据系列的标题单元格，单击【系列值】右边的收缩按钮，选择需要增加的系列的值，单击【确定】按钮。

　　**例 4.12**　把图 4.49 中的成绩表的"心理学"增加到数据系列。操作方法如下。

（1）单击【添加】按钮，弹出【编辑数据系列】对话框，如图 4.53 所示。

（2）单击【系列名称】右边的收缩按钮，【编辑数据系列】对话框收缩，单击"E2"单元格，系列名称显示"=Sheet1!$E$2"，如图 4.54 所示，单击右侧的展开按钮，展开【编辑数据系列】对话框。

图 4.53　编辑数据系列

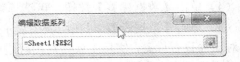

图 4.54　编辑数据系列名称

（3）单击图 4.53 中【系列值】右边的收缩按钮，【编辑数据系列】对话框收缩，拖动鼠标选择"E3:E10"单元格区域，系列值显示"=Sheet1!$E$3:$E$10"，如图 4.55 所示，单击右侧的展开按钮，展开【编辑数据系列】对话框。此时【编辑数据系列】对话框中已有数据，如图 4.56 所示。

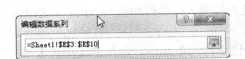

图 4.55　输入编辑数据系列值

图 4.56　完成数据系列名称和值的输入

（4）单击【确定】按钮。

返回工作表，便可看到图表中添加新的数据系列了，如图 4.57 所示。

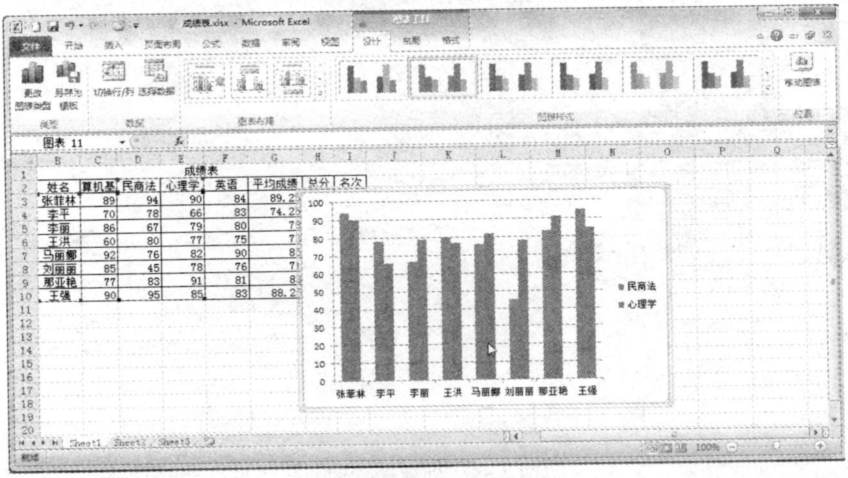

图 4.57　增加图表数据系列

**3. 删除数据系列**

如果在图表中需删除数据系列，可直接在原有图表上删除数据源，操作方法如下。

在【选择数据源】对话框的【图例项（系列）】列表框中选中某个系列后，单击【删除】按钮，可删除该数据系列。

**4. 设置图表标签**

对已经创建的图表，选中图表，切换到【图表工具/布局】功能区，通过【标签】组中的按钮，可对图表设置图表标题、坐标轴标题、图例、数据标签。

（1）单击【图表标题】按钮，可对图表添加图表标题。

（2）单击【坐标轴标题】按钮，可对图表添加主要横坐标轴和主要纵坐标轴标题。

（3）单击【图例】按钮，可选择图例显示的位置。

（4）单击【数据标签】按钮，可选择数据标签的显示位置。

（5）单击【数据表】，可在图表中显示数据表。

对图表设置标签，实质上就是对图表进行自定义布局，Excel 2010 为图表提供了几种常用布局样式模板，从而快速对图表进行布局。操作方法如下：选中需要布局的图表，出现【图表工具】功能区，选择【设计/图表布局】组中的按钮，即可对图表进行布局。

### 4.6.3 使用迷你图显示数据趋势

迷你图是 Excel 2010 中的一个新增功能，它是工作表单元格中的一个微型图表，可提供数据变化的直观表示。

**1. 创建迷你图**

Excel 2010 提供了 3 种类型的迷你图，分别是折线图、柱形图和盈亏，用户可根据需要进行选择。下面介绍具体的创建步骤。

（1）打开需要编辑的工作簿，选中需要显示迷你图的单元格，切换到【插入】功能区，然后单击【迷你图】组中的【折线图】按钮，如图 4.58 所示。

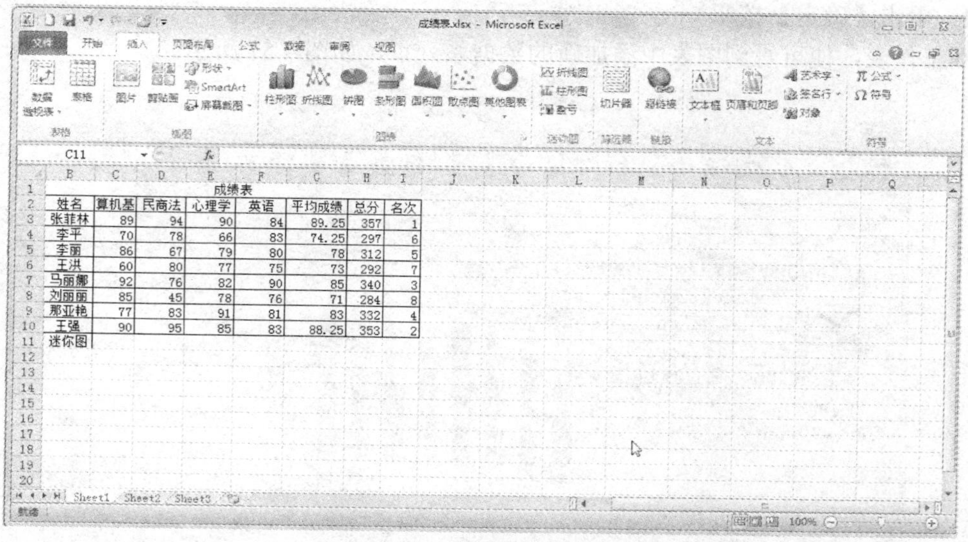

图 4.58　创建迷你图

（2）弹出【创建迷你图】对话框，在【数据范围】文本框中设置迷你图的数据源，然后单击【确定】按钮，如图 4.59 所示。

图 4.59　【创建迷你图】对话框

（3）返回工作表，可以看见当前单元格创建了迷你图，如图 4.60 所示。

| 姓名 | 计算机基础 | 民商法 | 心理学 | 英语 | 平均成绩 | 总分 | 名次 |
| --- | --- | --- | --- | --- | --- | --- | --- |
| 张菲林 | 89 | 94 | 90 | 84 | 89.25 | 357 | 1 |
| 李平 | 70 | 78 | 66 | 83 | 74.25 | 297 | 6 |
| 李丽 | 86 | 67 | 79 | 80 | 78 | 312 | 5 |
| 王洪 | 60 | 80 | 77 | 75 | 73 | 292 | 7 |
| 马丽娜 | 92 | 76 | 82 | 90 | 85 | 340 | 3 |
| 刘丽丽 | 85 | 45 | 78 | 76 | 71 | 284 | 8 |
| 那亚艳 | 77 | 83 | 91 | 81 | 83 | 332 | 4 |
| 王强 | 90 | 95 | 85 | 83 | 88.25 | 353 | 2 |
| 迷你图 |  |  |  |  |  |  |  |

成绩表

图 4.60　迷你图效果

（4）用同样的方法或 Excel 中的自动填充方法可完成其他单元格迷你图的创建，如图 4.61 所示。

| 姓名 | 计算机基础 | 民商法 | 心理学 | 英语 | 平均成绩 | 总分 | 名次 |
| --- | --- | --- | --- | --- | --- | --- | --- |
| 张菲林 | 89 | 94 | 90 | 84 | 89.25 | 357 | 1 |
| 李平 | 70 | 78 | 66 | 83 | 74.25 | 297 | 6 |
| 李丽 | 86 | 67 | 79 | 80 | 78 | 312 | 5 |
| 王洪 | 60 | 80 | 77 | 75 | 73 | 292 | 7 |
| 马丽娜 | 92 | 76 | 82 | 90 | 85 | 340 | 3 |
| 刘丽丽 | 85 | 45 | 78 | 76 | 71 | 284 | 8 |
| 那亚艳 | 77 | 83 | 91 | 81 | 83 | 332 | 4 |
| 王强 | 90 | 95 | 85 | 83 | 88.25 | 353 | 2 |
| 迷你图 |  |  |  |  |  |  |  |

成绩表

图 4.61　迷你图的自动填充

**2．编辑迷你图**

创建迷你图后，功能区中将显示【迷你图工具设计】功能区，通过该功能区可对迷你图数据源、类型、样式、显示进行编辑。

## 4.7 数据管理和打印表格

### 4.7.1 数据的排序

数据排序是指按一定规则对数据进行重新整理、排列，这样可以为进一步处理数据做好准备。Excel 提供了多种对数据进行排序的方法，如升序、降序，用户也可以自定义排序方法。

1. 快速排序

打开需要排序的工作簿，选中某列中的任意单元格，如"名次"列中的任意单元格，切换到【数据】功能区，然后单击【排序和筛选】组中的【升序】按钮，工作表中的数据将按照关键字"名次"进行升序排列。如果单击【排序和筛选】组中的【降序】按钮，工作表中的数据将按照关键字"名次"进行降序排列，如图 4.62 所示。

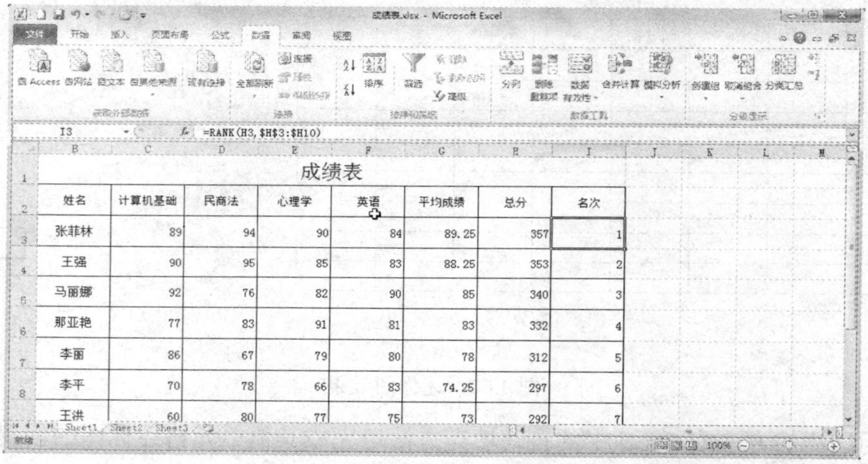

图 4.62　排序结果

2. 多条件排序

在实际操作过程中，对关键字进行排序后，排序结果中有并列记录，这时可使用多条件排序方式进行排序。操作方法如下。

打开需要排序的工作簿，选中某列中的任意单元格，如"名次"列中的任意单元格，切换到【数据】功能区，然后单击【排序和筛选】组中的按钮，弹出【排序】对话框，在【列】中的【主要关键字】下拉列表中选择【名次】，在【次序】中选择【升序】或【降序】，单击【添加条件】按钮，主要关键字下方出现次要关键字，同样方法选择次要关键字和排序方式后，单击【确定】按钮即可完成多条件排序，如图 4.63 所示。多条件排序可以根据实际需要添加多个条件进行排序。

### 4.7.2 数据筛选

当我们希望从一个很庞大的数据表中查看或打印满足某条件的数据时，采用排序或者条件格式显示数据往往不能达到很好的效果。Excel 提供了一种称作"数据筛选"的功能，使查找数据变得非常方便。

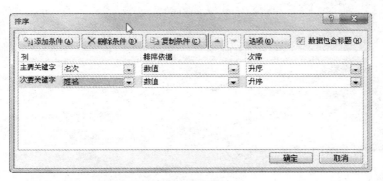

图 4.63　多条件排序

**例 4.13**　图 4.64 所示是《公安民警综合技能培训成绩表》，查看一下“女”民警的训练成绩。操作步骤如下：

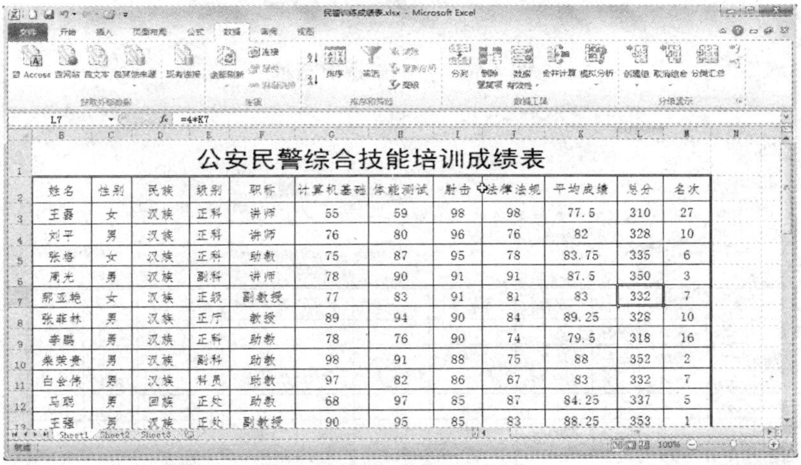

公安民警综合技能培训成绩表

| 姓名 | 性别 | 民族 | 级别 | 职称 | 计算机基础 | 体能测试 | 射击 | 法律法规 | 平均成绩 | 总分 | 名次 |
|---|---|---|---|---|---|---|---|---|---|---|---|
| 王磊 | 女 | 汉族 | 正科 | 讲师 | 55 | 59 | 98 | 98 | 77.5 | 310 | 27 |
| 刘平 | 男 | 汉族 | 正科 | 讲师 | 76 | 80 | 96 | 76 | 82 | 328 | 10 |
| 张格 | 女 | 汉族 | 正科 | 助教 | 75 | 87 | 95 | 78 | 83.75 | 335 | 6 |
| 周光 | 男 | 汉族 | 副科 | 讲师 | 78 | 90 | 91 | 91 | 87.5 | 350 | 3 |
| 那亚艳 | 女 | 汉族 | 正级 | 副教授 | 77 | 83 | 91 | 81 | 83 | 332 | 7 |
| 张菲林 | 男 | 汉族 | 正厅 | 教授 | 89 | 94 | 90 | 84 | 89.25 | 328 | 10 |
| 李鹏 | 男 | 汉族 | 正科 | 助教 | 78 | 76 | 90 | 74 | 79.5 | 318 | 16 |
| 栾荣贵 | 男 | 汉族 | 副科 | 助教 | 98 | 91 | 88 | 75 | 88 | 352 | 2 |
| 白会伟 | 男 | 汉族 | 科员 | 助教 | 97 | 82 | 86 | 67 | 83 | 332 | 7 |
| 马聪 | 男 | 回族 | 正处 | 助教 | 68 | 97 | 85 | 87 | 84.25 | 337 | 5 |
| 王强 | 男 | 汉族 | 正处 | 副教授 | 90 | 95 | 85 | 83 | 88.25 | 353 | 1 |

图 4.64　数据筛选

（1）选择【数据】功能区，单击【排序与筛选】组中的 按钮，此时数据清单中的每个列标题（字段名）的右侧会出现一个下拉箭头，如图 4.65 所示。

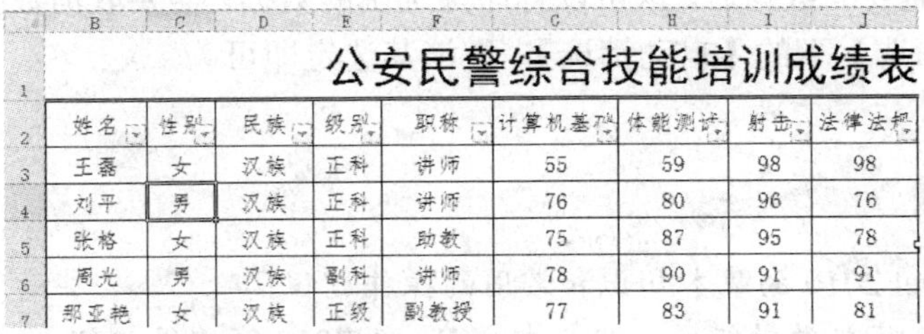

公安民警综合技能培训成绩表

| 姓名 | 性别 | 民族 | 级别 | 职称 | 计算机基础 | 体能测试 | 射击 | 法律法规 |
|---|---|---|---|---|---|---|---|---|
| 王磊 | 女 | 汉族 | 正科 | 讲师 | 55 | 59 | 98 | 98 |
| 刘平 | 男 | 汉族 | 正科 | 讲师 | 76 | 80 | 96 | 76 |
| 张格 | 女 | 汉族 | 正科 | 助教 | 75 | 87 | 95 | 78 |
| 周光 | 男 | 汉族 | 副科 | 讲师 | 78 | 90 | 91 | 91 |
| 那亚艳 | 女 | 汉族 | 正级 | 副教授 | 77 | 83 | 91 | 81 |

图 4.65　成绩表

（2）单击“性别”单元格中的下拉按钮打开列表框，在弹出的菜单的【文本筛选】区域中，选择准备筛选的性别复选框，如【女】。单击【确定】按钮，如图 4.66 所示。

（3）返回工作表，完成了自动筛选，筛选出“性别”为“女”的全部记录。同时我们在状态栏中可以看到“在 37 条记录中找到 14 个”的显示。我们在统计数据时利用筛选功能，可以提高工作效率，如图 4.67 所示。

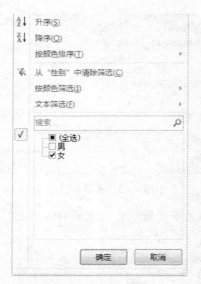

图 4.66　数据筛选对话框

| | 姓名 | 性别 | 民族 | 级别 | 职称 | 计算机基础 | 体能测试 | 射击 | 法律法规 | 平均成绩 | 总分 | 名次 |
|---|---|---|---|---|---|---|---|---|---|---|---|---|
| 3 | 王磊 | 女 | 汉族 | 正科 | 讲师 | 55 | 59 | 98 | 98 | 77.5 | 310 | 27 |
| 5 | 张格 | 女 | 汉族 | 正科 | 助教 | 75 | 87 | 95 | 78 | 83.75 | 335 | 6 |
| 7 | 邢亚艳 | 女 | 汉族 | 正级 | 副教授 | 77 | 83 | 91 | 81 | 83 | 332 | 7 |
| 15 | 芮敏 | 女 | 汉族 | 副科 | 讲师 | 98 | 76 | 84 | 67 | 81.25 | 325 | 16 |
| 18 | 马丽娜 | 女 | 汉族 | 正处 | 副教授 | 92 | 76 | 82 | 90 | 85 | 340 | 4 |
| 19 | 张丽君 | 女 | 汉族 | 科员 | 助教 | 75 | 74 | 81 | 84 | 78.5 | 314 | 22 |
| 20 | 李丽 | 女 | 汉族 | 副厅 | 教授 | 86 | 67 | 79 | 80 | 78 | 312 | 24 |

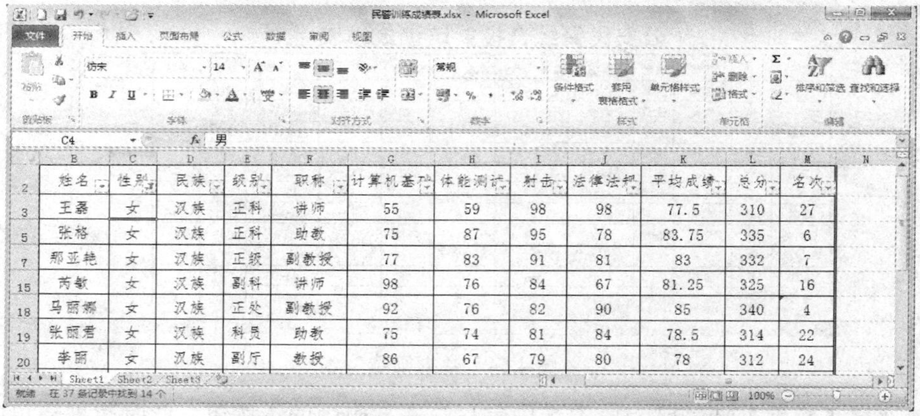

图 4.67　筛选“性别”为“女”的结果

（4）找到自己需要的数据后，就可以打印筛选出的数据。需要取消数据筛选时，打开【数据】菜单，单击【筛选】下的【自动筛选】，取消其选定即可。

## 本章小结

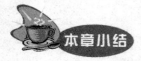

本章介绍了 Excel 2010 的基本知识和常用的操作过程。

中文 Excel 2010 窗口的功能区、组与中文 Word 2010 窗口很相似，同时文件的保存也与 Word 2010 一致，在使用时可参照 Word 2010 的操作方法。

在输入数据时，可使用回车键并结合使用小键盘上的上、下、左、右键改变活动单元格的移动方向。若在输入数字后，单元格中显示“#####”，则表示单元格的列宽太小，无法显示整个数字，这时，只要加大列宽即可。若要在单元格中输入当前日期或当前时间，可以使用快捷键【Ctrl+; 】或【Ctrl+Shift+; 】。在输入全部由数字组成的文本时，必须在数字前面加单引号“'”。

　　在工作簿内移动工作表时，可直接拖动工作表标签至目标位置；复制工作表时，可按住【Ctrl】键，然后拖动工作表标签至目标位置；给工作表重新命名，可右击工作表标签，在快捷菜单中选择【重命名】命令，也可两次单击工作表标签，然后输入新名称。

　　在使用公式或函数时，当单元格的公式或函数需要复制或要自动填充到其他单元格时，若希望公式或函数中的单元格地址的引用随着目标单元格的改变而变化时，公式或函数中的单元格地址的引用应使用相对地址引用，否则，使用绝对地址引用或混合地址引用。当公式或函数中的单元格引用涉及到别的工作表的单元格时，需要在单元格地址引用之前加上工作表标签名和"!"。

　　建立电子表格的目的是为了管理和使用数据。数据的排序、筛选、汇总以及数据透视表各有其用途。在实际应用过程中，应根据实际情况决定使用哪一种功能。

 **习　题**

**一、单选题**

1. 在默认情况下，Excel 2010 为每个新建的工作簿创建（　　）张工作表。
　　A. 1　　　　　　　　B. 2　　　　　　　　C. 3　　　　　　　　D. 256

2. Excel 2010 表格文件默认的扩展名为（　　）。
　　A. .ppt　　　　　　　B. .doc　　　　　　　C. .xls　　　　　　　D. .xlsx

3. Excel 2010 属于（　　）。
　　A. 系统软件　　　　　　　　　　B. 操作系统
　　C. 应用软件　　　　　　　　　　D. 实时处理软件

4. 下列哪一种快捷键可实现 Excel 2010 中的复制命令？（　　）。
　　A. Ctrl+C　　　　　B. Ctrl+V　　　　　C. Ctrl+P　　　　　D. Ctrl+Z

5. Excel 2010 工作表 A2 单元格的值为 356798．2356，执行某些操作之后，在 A2 单元格中显示"#####"符号串，说明（　　）。
　　A. 公式有错，无法计算　　　　　　B. 数据已因操作失误而丢失
　　C. 引用了无效的单元格　　　　　　D. 单元格显示宽度不够

6. 在 Excel 工作表某列第一个单元格中输入等差数列的起始值，然后（　　）到等差数列最后一个数值所在单元格。可以完成逐一增加的等差数列填充输入。
　　A. 用鼠标左键拖动单元格右下角的填充柄
　　B. 按住【Shift】键，用鼠标左键拖动单元格右下角的填充柄
　　C. 按住【Alt】键，用鼠标左键拖动单元格右下角的填充柄
　　D. 按住【Ctrl】键，用鼠标左键拖动单元格右下角的填充柄

7. 在 Sheet2 中位于第二行第四列的单元格地址为（　　）。
　　A. 2D　　　　　　　B. 2C　　　　　　　C. C2　　　　　　　D. D2

8. 下列坐标引用中，是第 2 行第 B 列单元格的坐标是（　　）。
　　A. B$2　　　　　　B. $B2　　　　　　C. $B$2　　　　　　D. B12

9. 用筛选条件"数学>80 与平均分≥78"对成绩进行筛选后，在筛选结果中都是（　　）。
　　A. 数学>80 且平均分≥78 的记录　　　B. 平均分≥78 的记录

C．数学>80 或平均分≥78 的记录　　D．数学>80 的记录

10．数值型数据的系统默认对齐方式是（　　）。

A．右对齐　　　　　　　　　　　B．左对齐

C．居中　　　　　　　　　　　　C．垂直居中

11．把单元格指针移到 AZ100 的最简单的方法是（　　）。

A．拖动滚动条

B．按【Ctrl+AZ100】键

C．在名称框输入 AZ100，并按回车键

D．先用【Ctrl+→】键移到 AZ 列，再用【Ctrl+↓】键移到 100 行

12．在公式中输入"C1+D1"是（　　）。

A．相对引用　　　　　　　　　　B．绝对引用

C．混合引用　　　　　　　　　　D．任意引用

13．单击第一张工作表标签后，按住【Shift】键后再单击第五张工作表标签，则选中（　　）张工作表。

A．0　　　　　　B．1　　　　　　C．2　　　　　　D．5

14．无论显示的数字位数有多少，Excel 都只保留（　　）位的数字精度。

A．14　　　　　　B．15　　　　　　C．16　　　　　　D．17

15．如果输入以（　　）开始，Excel 认为单元格的内容为一公式。

A．!　　　　　　B．=　　　　　　C．*　　　　　　D．&

16．Excel 中用来进行乘的标记为（　　）。

A．^　　　　　　B．()　　　　　　C．!　　　　　　D．*

17．Excel 主界面窗口中编辑栏上的 $f_x$ 按钮用来插入（　　）。

A．文字　　　　　B．数字　　　　　C．公式　　　　　D．函数

18．在 Excel 中，假定一个单元格所输入的公式为"=15*2+6"，则当该单元格处于非编辑状态时显示的内容为（　　）。

A．36

B．=15*2+6

C．15*2+6

D．=36

19．若在 A1 单元格中输入（123），则 A1 单元格中的内容为（　　）。

A．字符串 123　　　　　　　　　B．字符串（123）

C．数值 123　　　　　　　　　　D．-123

20．在向一个单元格输入公式或函数时，其前导字符必须是（　　）。

A．>　　　　　　B．<　　　　　　C．=　　　　　　D．%

## 二、多选题

1．Excel 可以进行自动填充的序列有（　　）。

A．等差序列　　　　　　　　　　B．星期

C．等比序列　　　　　　　　　　D．多项式

2．下列关于 Excel 2010 的叙述中，正确的是（　　）。

A．Excel 2010 将工作簿的每一张工作表分别作为一个文件夹保存

B．Excel 2010 允许一个工作簿中包含多个工作表

C．Excel 2010 的图表不一定与生成该图表的有关数据处于同一张工作表上

D．Excel 2010 工作表的名称由文件名决定

3．退出 Excel 2010 可以采用的方法有（　　）。

A．单击【文件/退出】命令

B．在 Excel 2010 左上角单击 Excel 图标，在下拉菜单中单击【关闭】

C．在 Excel 窗口左上角双击 Excel 图标

D．单击标题栏右边的【关闭】按钮

4．向 Excel 2010 工作表的任一单元格输入内容后，都必须确认后才认可。确认的方法是（　　）。

A．双击该单元格　　　　　　　　B．单击另一单元格

C．按【Tab】键　　　　　　　　D．按【Enter】键

5．工作表的移动和复制可在（　　）。

A．同一工作表中　　　　　　　　B．同一工作簿中

C．不同工作簿中　　　　　　　　D．不同文件中

6．以下单元格地址，表示正确的有（　　）。

A．E2　　　　　　　　　　　　　B．4F

C．B2:D4　　　　　　　　　　　D．$y$9:$z$12

7．单元格地址由（　　）组成。

A．行号　　　　　B．数字　　　　　C．列标　　　　　D．文本

8．使用工作表建立图表后，下列说法中正确的是（　　）。

A．如果改变了工作表的数据，图表不变

B．如果改变了工作表的数据，图表也将立刻随之改变

C．更改图表类型，图表将在下次打开工作表时改变

D．更改图表类型，图表立刻随之改变

9．【开始】功能区的【编辑】组中的【清除】操作可达到的效果是（　　）。

A．清除单元格中的内容　　　　　B．删除单元格

C．清除单元格中的公式　　　　　D．清除单元格中的批注

10．下列有关 Excel 2010 功能的叙述中，不正确的是（　　）。

A．Excel 2010 中可以处理图形

B．在 Excel 2010 中，不能处理表格

C．工作表不支持数据记录的增、删、改等操作

D．在一个工作表中包含多个工作簿

### 三、判断题

1．如果输入的数据被系统认为是数值型和日期型，则自动右对齐，如果是字符型，则左对齐。（　　）

2．在 Excel 2010 中不仅可以进行算术运算，还提供了可以操作正文（文字）的运算。（　　）

3．在数据系列的计算中，公式和函数作用相同，只不过公式进行简单运算，函数进行复杂运算。（　　）

4．相对地址在公式复制到新的位置时保持不变。　　　　　　　　　（　　）

5．要使鼠标指针移到表格的下一个单元格中可按【Tab】键。　　　　（　　）

6．工作簿中工作表的名字可以重命名，但只能取英文名称。　　　　（　　）

7．为了便于查看数据，用户可以把数据按照一定的顺序进行排序。　（　　）

8．Excel 2010 的数据类型有数值型、日期或时间型、文本型。　　　（　　）

9．Excel 2010 中，既可选择单张工作表，也可选择多张相邻工作表或不相邻工作表。

　　　　　　　　　　　　　　　　　　　　　　　　　　　　（　　）

10．输入负数时，应在负数前加"-"或将其置于括号中。　　　　　（　　）

# 第 5 章　PowerPoint 2010 应用软件

## 5.1　PowerPoint 2010 概述

Microsoft PowerPoint 2010 是针对视频和图片编辑新增功能和增强功能而发行的重要版本。PowerPoint 2010 为创建动态演示文稿并与访问群体共享提供了比以往更多的方法，使用令人耳目一新的视听功能，可帮助你讲述一个活泼的电影故事，创建与观看一样容易；使用用于视频和照片编辑的新增和改进工具、SmartArt 图像和文本效果，这将吸引访问群体的注意；此外，PowerPoint 2010 还允许你与他人同时工作或联机发布演示文稿，并借助 Web 或基于Windows Mobile 的 Smartphone 在现实中的任何地方进行访问。本章就首先带领读者认识PowerPoint 2010 的优势。

### 5.1.1　PowerPoint 2010 的新特点

PowerPoint 2010 的工作界面与 Word、Excel 有很多相似之处，同样包括标题栏、快速访问工具栏、功能区和状态栏及【大纲】窗口、幻灯片编辑区、【备注】窗口部分。相比较以前的版本，PowerPoint 2010 更注重与他人共同协作创建、使用演示文稿，在处理面向团队的项目时，使用 PowerPoint 2010 中的共同创作功能，可以集思广益。切换效果和动画运行起来比以往更为平滑和丰富，并且现在它们有自己的功能区。许多新增 SmartArt 图形版式（包括一些基于照片的版式）可能会给你带来意外惊喜。

### 5.1.2　PowerPoint 2010 界面介绍

PowerPoint 2010 的工作界面是由【文件】按钮、快速访问工具栏、标题栏、【窗口】按钮、【帮助】按钮、标签、功能区、【幻灯片/大纲】窗口、【幻灯片编辑】窗口、【备注】窗口、滚动条、状态栏、【视图】按钮、显示比例和【适应窗口大小】按钮组成，具体分布如图 5.1 所示。

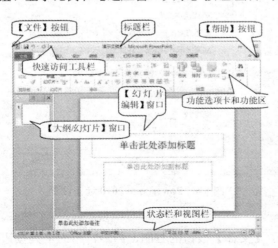

图 5.1　PowerPoint 工作界面

**1.【文件】按钮**

位于工作界面的左上角，如图 5.2 所示。单击【文件】按钮 ██ 可弹出下拉菜单，在下拉菜单里选择所需用的命令，即可进行相应的操作。下拉菜单的右侧列出了最近使用的文档，单击某一个文档，就可以快速打开查看与编辑。下拉菜单的最下方分别有【选项】按钮 ██ 选项 和【退出】按钮██ 退出，如图 5.3 所示。

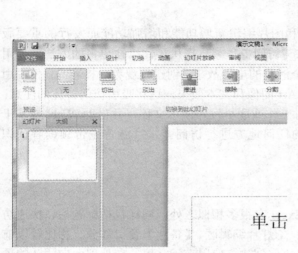

图 5.2　【文件】按钮　　　　　　　　　　　图 5.3　新建文件操作

单击【选项】按钮 ██ 选项，可以弹出【PowerPoint 选项】对话框，从中可以进行 PowerPoint 2010 的高级设置，如自定义文档保存方式和校对属性等，如图 5.4 所示。

图 5.4　PowerPoint 2010 选项设置

**2．快速访问工具栏**

快速访问工具栏位于【文件】按钮的右侧，由最常用的工具按钮组成，如【保存】按钮

【撤消】按钮和【恢复】按钮等，如图 5.5 所示。

　　单击快速访问工具栏右侧的下拉按钮，可在弹出的【自定义快速访问工具栏】下拉菜单中将其他常用的命令添加至快速访问工具栏中，例如选中【新建】菜单项，如图 5.6 所示。

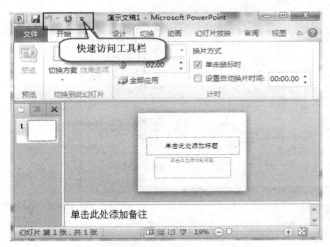

　　图 5.5　快速访问工具栏　　　　　　　　　　　　图 5.6　自定义快速访问工具栏

　　如果需要改变快速访问工具栏的位置，可单击快速访问工具栏右侧的下拉按钮，在弹出的【自定义快速访问工具栏】下拉菜单中选择【在功能区下方显示】菜单项，如图 5.7 和图 5.8 所示。

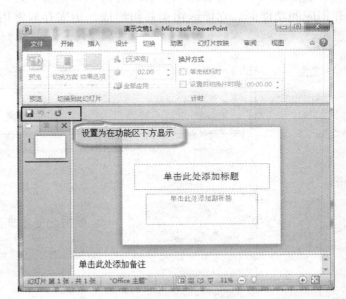

　　图 5.7　设置快速访问工具栏显示位置　　　　　　图 5.8　功能区显示

### 3. 标题栏

　　标题栏位于快速访问工具栏的右侧，主要显示正在使用的文档名称、程序名称及窗口控制按钮等，如图 5.9 所示。

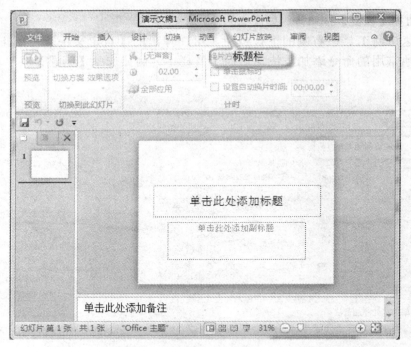

图 5.9　标题栏显示

### 4. 功能选项卡和功能区

在 PowerPoint 2010，传统的菜单栏被功能选项卡取代，工具栏则被功能区取代。

功能选项卡和功能区位于快速访问工具栏的下方，单击其中的一个功能选项卡，可打开相应的功能区。功能区由工具组组成，用来存放常用的命令按钮或列表框等，如图 5.10 所示。

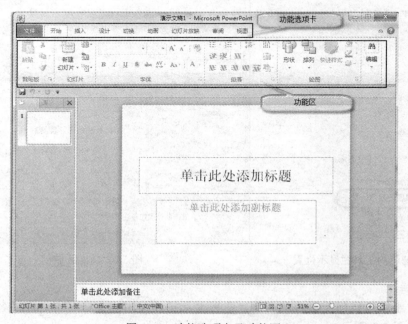

图 5.10　功能选项卡及功能区

**5.【帮助】按钮**

　　【帮助】按钮 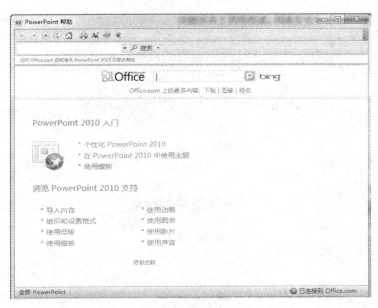 位于功能选项卡的右侧。单击【帮助】按钮，可打开一个相应的【PowerPoint 帮助】界面，从中可以查找所需要的帮助信息，如图 5.11 所示。

图 5.11　帮助窗口

**6.【大纲/幻灯片】窗口**

　　【大纲/幻灯片】窗口位于【幻灯片编辑】窗口的左侧，用于显示当前演示文稿的幻灯片数量及位置。它包括【大纲】和【幻灯片】两个选项卡，单击选项卡的名称可以在不同的选项卡之间切换，如图 5.12 所示。

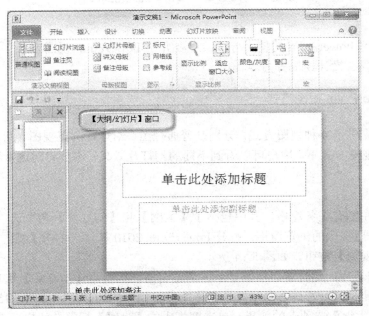

图 5.12　【大纲/幻灯片】窗口

　　如果希望在编辑窗口中观看当前的幻灯片，可以将【大纲/幻灯片】窗口暂时关闭。在编辑中，通常又需要将【大纲/幻灯片】窗口显示出来。单击【视图】选项卡下【演示文稿视图】组中的【普通视图】按钮即可恢复【大纲/幻灯片】窗口，如图 5.13 所示。

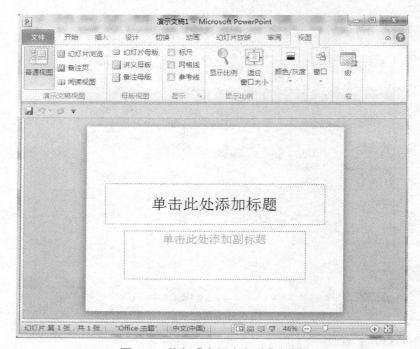

图 5.13　恢复【大纲/幻灯片】视图

## 5.2　PowerPoint 基础操作

　　本节主要学习 PowerPoint 的使用方法，主要介绍 PowerPoint 视图方式、母版应用、幻灯片背景和主题效果、设计模板等内容。

### 5.2.1　PowerPoint 视图方式

　　PowerPoint 提供了 4 种视图方式，分别是普通视图、幻灯片浏览视图、阅读视图和备注页视图，在不同的视图方式下，用户可以看到不同的幻灯片效果，本节将对这 4 种视图进行详细介绍。

　　1. 普通视图

　　普通视图在左侧有任务窗格，其中包括了【大纲】和【幻灯片】两个选项卡。

　　（1）显示普通视图的浏览窗格。打开 PowerPoint 2010 软件，单击【视图/演示文稿视图】组中单击【普通视图】按钮，如图 5.14 所示。

　　（2）切换幻灯片。此时窗口左侧显示了浏览窗格，切换至【幻灯片】选项卡，单击需要查看的幻灯片，此时可以看到右侧幻灯片窗格中显示相应的幻灯片，如图 5.15 所示。

　　（3）显示【大纲】选项卡的效果。单击窗格中的【大纲】标签，切换至【大纲】选项卡，此时【大纲】窗格中显示了演示文稿中的文本内容，且当前幻灯片中的文本显示了灰色底纹，如图 5.16 所示。

图 5.14　普通视图

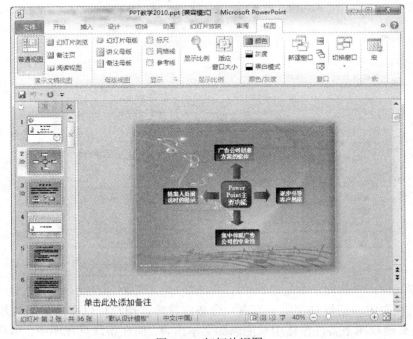

图 5.15　幻灯片视图

（4）调整左侧浏览窗格的大小。如果要调整窗格大小，则将指针移至窗格右边的框线上，当指针呈现双向箭头形状时按住鼠标左键进行拖动，如图 5.17 所示。

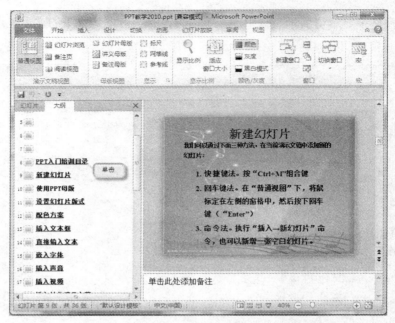

图 5.16　大纲视图

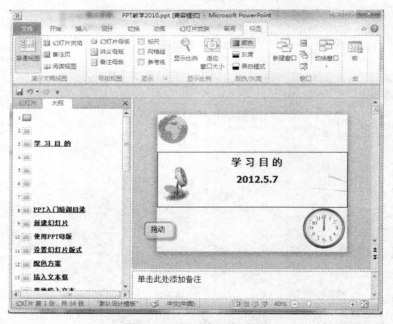

图 5.17　调整大纲视图窗格

2. 备注页视图

在备注页视图中，幻灯片窗格下方有一个备注窗格，用户可以在此为幻灯片添加需要的备注内容。在普通视图下备注窗格中只能添加文本内容，而在备注页视图中，用户可在备注中插入图片。

（1）添加备注内容。在普通视图方式中可以看到备注窗格，在其中输入备注内容"PowerPoint 2010 培训"，如图 5.18 所示。

图 5.18　备注视图

（2）切换至备注页视图。切换至【视图】功能区，在【演示文稿视图】组中单击【备注页】按钮，如图 5.19 所示。

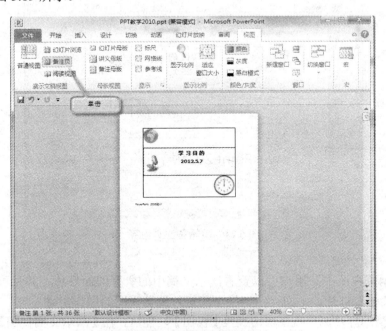

图 5.19　备注页视图切换

（3）显示输入的备注信息。经过上一步的操作之后，此时已切换到了备注页视图中，用户可以看到第 1 张幻灯片的备注内容，如图 5.20 所示。

（4）编辑备注内容信息。单击幻灯片下方的备注框，此时可以看到备注框中的内容呈编辑状态，直接对备注内容进行编辑即可，如图 5.21 所示。

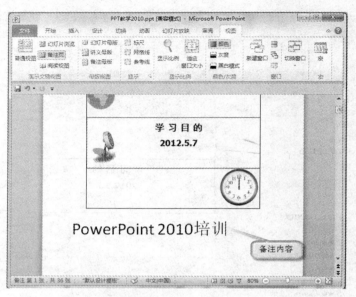

图 5.20　显示备注信息

图 5.21　编辑备注页内容

**3．幻灯片浏览视图**

在幻灯片浏览视图中，用户可以查看演示文稿中的所有的幻灯片，并且可以很方便地选择需要查看的某张幻灯片。下面介绍切换至幻灯片浏览视图的操作步骤。

（1）切换至幻灯片浏览视图。切换至【视图】功能区，在【演示文稿视图】组中单击【幻灯片浏览】按钮，如图 5.22 所示。

（2）显示幻灯片浏览视图的效果。经过上一步的操作之后，此时已经切换到了幻灯片浏览视图中，窗口中显示了演示文稿中的所有幻灯片，如图 5.23 所示。

**4．阅读视图**

在幻灯片阅读视图下，演示文稿中的幻灯片内容以全屏的方式显示出来，如果用户设置了动画效果、画面切换效果等，在该视图方式下将全部显示出来。进入幻灯片阅读视图的操作步骤如下。

图 5.22　切换至幻灯片浏览视图

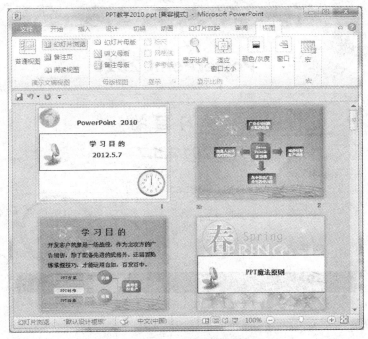

图 5.23　显示幻灯片浏览视图

（1）切换至阅读视图。切换到【视图】功能区，在【演示文稿视图】组中单击【阅读视图】按钮，如图 5.24 所示。

（2）显示幻灯片阅读效果。此时立即切换到了幻灯片阅读视图，幻灯片内容以全屏效果显示，如图 5.25 所示。如果要退出幻灯片阅读视图，按下【Esc】键即可。

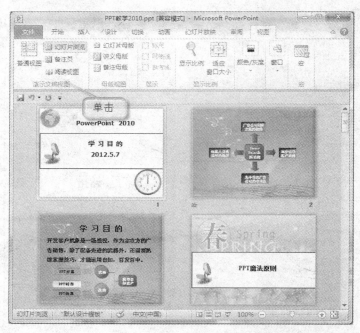

图 5.24　切换至阅读视图

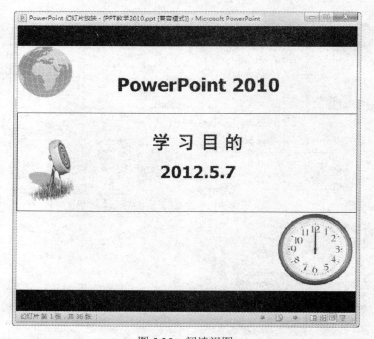

图 5.25　阅读视图

## 5.2.2　新建幻灯片

在编辑演示文稿时，用户可以发现很多演示文稿包含了多张幻灯片。需要不断插入新幻灯片，才能制作出完整的演示文稿，在新建幻灯片时可以选择幻灯片的版式，具体操作步骤如下。

**1．选择幻灯片版式**

选择需要插入新幻灯片位置处的幻灯片，在【开始】功能区单击【新建幻灯片】按钮，在展开的库中选择需要的版式，如图 5.26 所示。

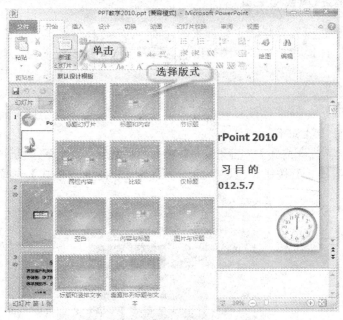

图 5.26　新建幻灯片版式选择

**2．显示新建幻灯片的效果**

经过上一步的操作，此时可以看到在所选幻灯片的后面新建了幻灯片，并且应用了所选择的幻灯片的版式，如图 5.27 所示。

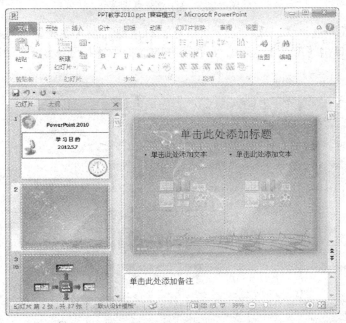

图 5.27　幻灯片版式显示

选择幻灯片后按下键盘上的【Enter】键，也可以快速插入一张相同版式的幻灯片，但标题幻灯片除外。

### 5.2.3　设置幻灯片背景和主题

PowerPoint 提供了设置背景和主题效果的功能，使幻灯片具有丰富的色彩和良好的视觉效果。下面将介绍幻灯片设置背景和主题效果的方法，包括使用内置主题效果，自定义或删除主题等内容。

1. 为幻灯片设置背景

PowerPoint 提供了为幻灯片设置背景效果的功能，用户可以为幻灯片添加图案、纹理、图片或背景颜色，操作步骤如下。

（1）打开【设置背景格式】对话框。打开一个新文件，切换至【设计】功能区，在【背景】组中单击【背景样式】按钮，在展开的库中选择【设置背景格式】选项，如图 5.28 所示。

图 5.28　幻灯片背景设置

（2）选择背景颜色。弹出【设置背景格式】对话框，在【填充】选项面板中选中【纯色填充】单选按钮，单击【颜色】按钮，并在展开的面板中选择【浅绿】，如图 5.29 所示。

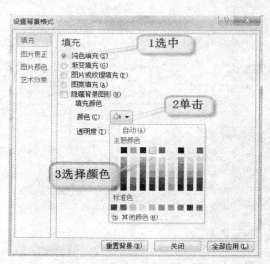

图 5.29　选择背景颜色

（3）应用到所有幻灯片。设置完背景效果之后，如果单击【关闭】按钮则应用在当前幻灯片中，在此单击【全部应用】按钮，然后单击【关闭】按钮，如图 5.30 所示。

图 5.30　幻灯片背景应用

2．使用内置主题效果

PowerPoint 提供了多种内置的主题效果，用户可以直接选择内置的主题效果为演示文稿设置统一的外观。如果对内置的主题效果不满意，用户还可以在线使用其他 Office 主题，或者配合使用内置主题颜色、主题字体、主题效果等。使用内置主题效果的操作步骤如下。

（1）选择主题。打开一个文件，切换至【设计】功能区，单击【主题】组中的快翻按钮，在展开的库中选择需要的主题样式，如图 5.31 所示。

图 5.31　选择主题样式

（2）显示应用主题后的效果。此时可以看到演示文稿中的幻灯片已经应用了所选择的主题效果，该主题已设定了字体、字号、背景等格式，如图 5.32 所示。

图 5.32　应用主题后的效果

（3）应用内置主题颜色。在【设计】功能区的【主题】组中，单击【颜色】按钮，在展开的下拉列表中选择需要的主题颜色，比如选择【穿越】选项，如图 5.33 所示。

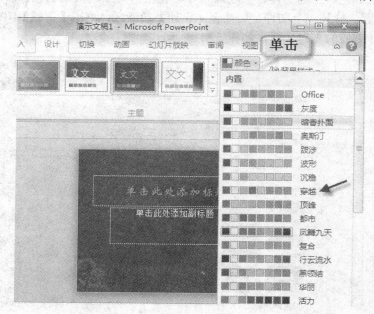

图 5.33　应用内置主题颜色

（4）应用内置主题字体。在【设计】功能区的【主题】组中单击【字体】按钮，在展开的下拉列表中选择需要的字体，如图 5.34 所示。

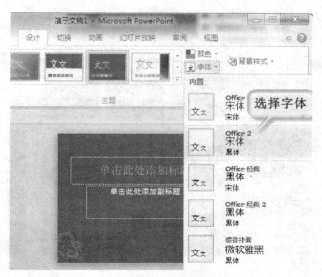

图 5.34 应用内置主题字体

（5）选择内置主题效果。在【设计】功能区的【主题】组中单击【效果】按钮，在展开的库中选择需要的效果，如图 5.35 所示。

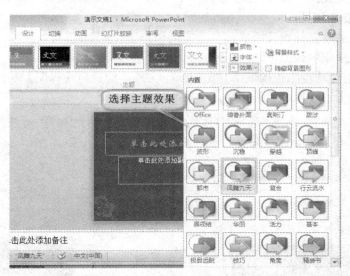

图 5.35 内置主题效果

### 5.2.4 设计模板

用户可以选用版式来调整幻灯片中内容的排列方式，也可使用模板简便快捷地统一整个演示文稿的风格。下面介绍幻灯片选用版式和创建设计模板的方法。

1. 为幻灯片选用其他版式

版式是幻灯片内容在幻灯片上的排列方式，不同的版式中占位符的位置与排列的方式也不同。用户可以选择需要的版式并运用到相应的幻灯片中，具体操作步骤如下。

（1）选择幻灯片版式。打开一个文件，在【开始】功能区单击【版式】按钮，在展开的库中显示了多种版式，选择【两栏内容】选项，如图 5.36 所示。

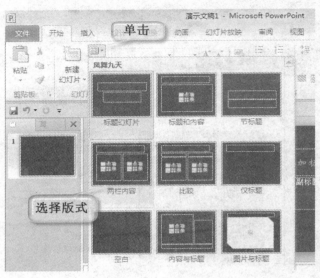

图 5.36　选择幻灯片版式

（2）在操作演示文稿时，如果需要删除幻灯片，则选择该幻灯片，然后在【幻灯片】组中单击【删除】按钮或按下【Delete】键即可。

2．创建和使用设计模板

用户可能根据需要自行设计版式，从而方便用户制作同类幻灯片。在 PowerPoint 中创建和使用设计模板的操作步骤如下。

（1）切换至幻灯片母版视图。新建空白演示文稿，切换至【视图】功能区，然后在【母版视图】组中单击【幻灯片母版】按钮，如图 5.37 所示。

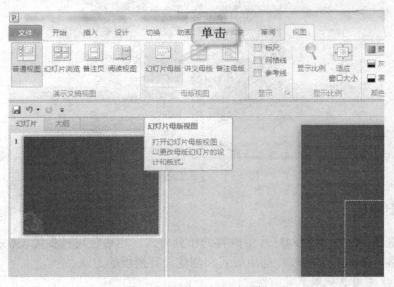

图 5.37　切换至幻灯片母版

（2）编辑幻灯片母版。此时切换到了幻灯片母版视图中，在幻灯片主题母版中插入图片，并将其调整到合适位置处。如要显示编辑幻灯片母版后的效果，单击【关闭母版视图】按钮，此时即可看到幻灯片应用了幻灯片母版中的位置，如图 5.38 所示。

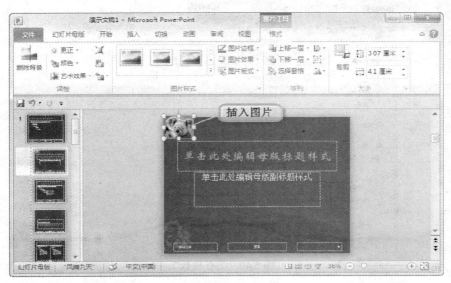

图 5.38　编辑幻灯片母版

（3）打开【另存为】对话框。单击【文件】按钮，在展开的菜单中单击【另存为】命令，如图 5.39 所示。

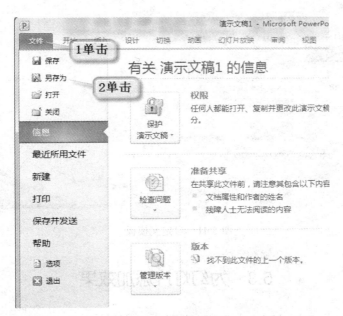

图 5.39　演示文稿另存

（4）保存模板。弹出【另存为】对话框，选择保存类型为【PowerPoint 模板】，在此选择默认的保存位置，设置文件名为"新建幻灯片模板"，如图 5.40 所示。

（5）使用自定义模板。单击【保存】按钮即可保存模板。单击【文件】按钮，在展开菜单中单击【新建】命令，然后单击【我的模板】选项，在【个人模板】选项下的列表框中选择自定义的模板名称，单击【确定】按钮，就可以看到新建的一个演示文稿中显示了模板中的内容，如图 5.41 所示。

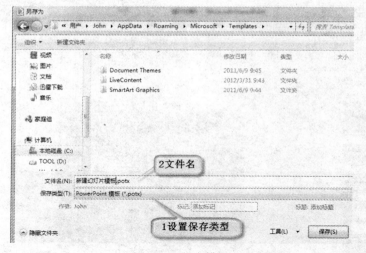

图 5.40　另存模板

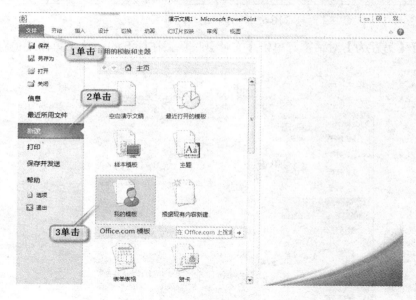

图 5.41　自定义模板

# 5.3　为幻灯片添加效果

　　用户可以为幻灯片添加动画、声音、视频等内容，使幻灯片具有生动的动画声音效果。用户还可以创建交互式的演示文稿，实现幻灯片在放映过程中的跳转。本节将介绍为幻灯片增添效果的方法，包括为幻灯片添加动画、插入声音、插入视频、添加超链接、添加动作按钮等内容。

## 5.3.1　幻灯片的切换

### 1．利用【切换】功能区设计幻灯片切换动画

　　幻灯片的切换是指两张连续的幻灯片之间的过渡效果，也就是从前一张幻灯片转到下一

张幻灯片时要呈现的样貌。下面介绍为幻灯片添加切换动画、设置切换动画计时选项的方法。

（1）为幻灯片添加切换动画。选择切换动画，打开一个 PowerPoint 文件，在【切换】功能区单击【切换至此幻灯片】组中的快翻按钮，在展开的库中选择【百叶窗】选项，如图 5.42 所示。

图 5.42　选择动画

（2）设置幻灯片效果选项，在【切换至此幻灯片】组中单击【效果选项】按钮，在展开的下拉列表中选择【垂直】选项，此时可以看到幻灯片切换动画效果，如图 5.43 所示。

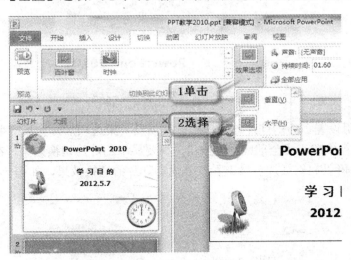

图 5.43　设置动画效果

2. 设置切换动画计时选项

设置幻灯片切换动画后，可以对动画选项进行设置，比如切换动画时出现声音、持续时间、换片方式等。具体操作步骤如下。

（1）选择幻灯片切换声音效果。在【计时】组中单击【声音】列表框右侧的下三角按钮，在展开的下拉列表中选择【打字机】选项，如图 5.44 所示。

（2）设置动画持续时间。在【计时】组中的【持续时间】列表框中可以设置切换动画持续的时间，单击后面的微调按钮即可进行设置，如图 5.45 所示。

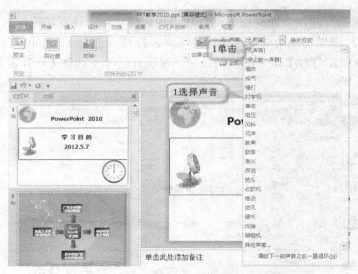

图 5.44　幻灯片切换效果

图 5.45　设置动画持续时间

（3）全部应用设置。为幻灯片设置切换方案以及效果选项后，如果需要应用到所有幻灯片，则在【计时】组中单击【全部应用】按钮，如要显示幻灯片切换效果，在【预览】组中单击【预览】按钮，可以在幻灯片窗格中看到其他幻灯片的切换效果，如图 5.46 所示。

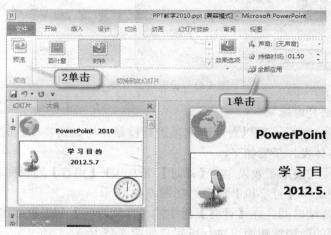

图 5.46　应用动画设置

### 5.3.2　利用【动画】功能区快速添加幻灯片动画

幻灯片的动画效果，就是在放映幻灯片时幻灯片中的各个对象不是一次全部显示，而是按照设置的顺序，以动画的方式依次显示。用户可以使用预定义的动画方案，直接为幻灯片设置动画效果，也可以自定义动画，使幻灯片中的不同对象以独特的动画效果显示。

1.　设置对象的进入效果

对象的进入效果是指幻灯片放映过程中，对象进入放映界面时的动画效果。设置对象进入效果的操作步骤如下。

（1）打开【自定义动画】任务窗格。打开一个文件并切换至【动画】功能区，单击【动画】组中的快翻按钮，在展开的库中选择【飞入】选项区域中的动画效果，此时可以预览到选择的进入动画效果，如图 5.47 所示。

图 5.47　自定义动画

（2）设置动画方向。在【动画】组中单击【效果选项】按钮，在展开的下拉列表中选择动画进入的方向，选择【自底部】选项，此时即可以预览到所设置的动画，如图 5.48 所示。

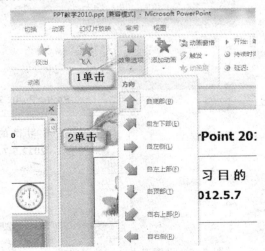

图 5.48　设置动画方向

2. 设置对象的退出效果

对象的退出效果是指幻灯片放映过程中，对象退出放映界面时的动画效果。设置对象退出效果的操作步骤如下。

（1）设置对象退出效果。打开一个文件并选择一张幻灯片的节标题文本框，单击【动画】组中的快翻按钮，在展开的库中选择【退出】选项区域中的动画，如图 5.49 所示。

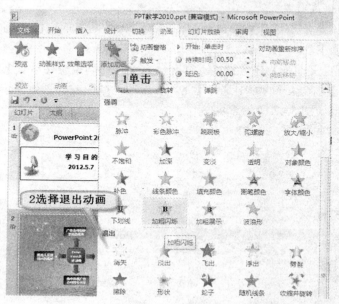

图 5.49　设置退出动画效果

（2）设置退出动画效果选项。在【动画】组中单击【效果选项】按钮，在展开的下拉列表中可选择动画退出的方向，如选择【自底部】选项，表示动画将退出到幻灯片的底部，如图 5.50 所示。

图 5.50　设置退出动画效果选项

### 3. 设置对象的强调效果

用户不仅可以设置幻灯片中对象的进入和退出效果，还可以为其中需要突出强调的内容设置强调动画效果来增加表现力。设置强调效果的操作步骤如下。

（1）选择对象强调效果。打开一个 PowerPoint 文件，切换至【动画】功能区，选择需要设置强调动画的对象，单击【动画】组中的快翻按钮，在展开的库中选择【更多强调效果】选项，如图 5.51 所示。

图 5.51　选择对象强调效果

（2）选择强调动画效果。弹出【添加强调效果】对话框，在其中显示了可以使用的强调动画效果，在此选择【补色】选项，勾选【预览效果】复选框，可以预览补色动画效果，如图 5.52 所示。

图 5.52　选择强调动画效果

4. 删除、更改动画效果

在 PowerPoint 中删除某个动画效果或更改设置的动画效果，可以在【动画】功能区下进行设置，具体操作步骤如下。

（1）删除动画。打开一个 PowerPoint 文件，选择一个标题文本，切换到【动画】功能区，单击【动画】组中的快翻按钮，在展开的【动画样式】库中选择【无】选项，删除动画后，该幻灯片编号下方的动画标记也会消失，如图 5.53 所示。

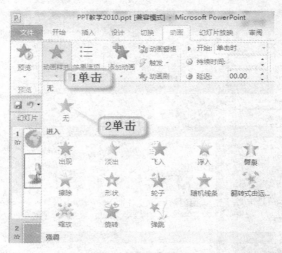

图 5.53　删除动画

（2）选择动画。切换至第 1 张幻灯片，选择标题文本框，切换至【动画】功能区，单击【添加动画】按钮，在展开的库中选择需要的动画，如选择【出现】选项，如图 5.54 所示。

图 5.54　选择动画

### 5.3.3　对象动画效果的高级设置

PowerPoint 2010 增强了动画效果高级设置选项，比如使用【动画刷】复制、重新排序动画等，用户可以对对象动画效果进行更高级的设置。

1. 使用【动画刷】复制动画

在 PowerPoint 2010 中，如果用户需要为其他对象设置相同的动画效果，那么可以在设置了一个对象动画后通过【动画刷】功能来复制动画，具体操作步骤如下。

（1）单击【动画刷】按钮。切换至另一张幻灯片，单击一个文本框对象，在【高级动画】组中单击【动画刷】按钮，直接单击需要应用与上一个文本具有相同动画的对象，如图 5.55 所示。

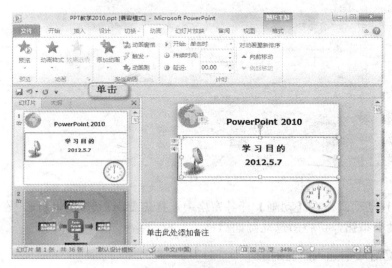

图 5.55　动画刷

（2）继续复制动画。用同样的方法，单击【动画刷】按钮，并单击其他文本框，对其应用相同的动画，如图 5.56 所示。

图 5.56　复制动画

2. 重新排序动画

如果一张幻灯片中设置了多个动画对象，那么还可以重新排序动画，即调整各动画出现的顺序，具体操作步骤如下。

（1）向前移动动画。在【动画】任务窗格中选择需要向前移动的动画，在【计时】组中单击【向前移动】按钮，如图 5.57 所示。

图 5.57　移动动画

（2）向后移动动画。在【动画】任务窗格中选择需要向后移动的动画，在【计时】组中单击【向后移动】按钮，可将所选动画向后移动一位。

### 5.3.4　在幻灯片中插入声音对象

在制作演示文稿时，用户可以在演示文稿中添加各种声音文件，使其变得有声有色，更具有感染力。用户可以添加剪辑管理器中的声音，也可以添加文件中的音乐。在添加声音后，幻灯片上会显示一个声音图标，下面介绍在幻灯片中插入声音对象的方法。

#### 1. 使用剪辑管理器中的声音

运用剪辑管理器可以为幻灯片添加声音内容，插入剪辑管理器中声音的具体操作步骤如下。

（1）插入剪辑管理器中的声音。打开一个 PowerPoint 文件，在【插入】功能区的【媒体】组中单击【音频】下拉按钮，在展开的下拉列表中选择【剪贴画音频】选项，如图 5.58 所示。

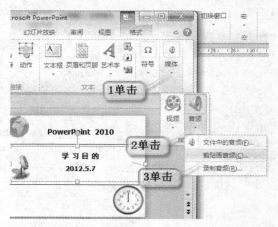

图 5.58　从剪辑管理器中插入声音

（2）查看声音格式。此时在窗口右侧出现了【剪贴画】任务窗格，在该窗格的列表框中显示了可插入的声音，将指针指向声音文件时，即可显示该文件的名称、大小、格式等信息，单击该文件，如图 5.59 所示。

图 5.59　查看声音格式

## 2．从文件中添加声音

剪辑管理器中的声音并不能满足所有用户的需求，用户可以从其他声音文件中添加需要的声音，使声音与演示文稿界面更加协调。

（1）从文件中插入声音。在【媒体】组件中单击【音频】下拉按钮，在下拉列表中选择【文件中的音频】选项，如图 5.60 所示。

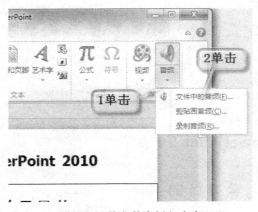

图 5.60　从文件中插入声音

（2）选择声音文件。弹出【插入音频】对话框，在该对话框中打开声音文件所在的文件夹，选择需要插入的声音文件，单击【插入】按钮，可以看到当前的幻灯片中有声音图标了，即插入了所选择的计算机中保存的声音文件，如图 5.61 所示。

图 5.61　选择声音文件

### 5.3.5　在幻灯片中插入视频

在幻灯片中用户可以设置动画和声音效果，还可以添加视频，使演示文稿更加生动有趣。在幻灯片中插入视频的操作方法与插入声音的操作方法相似。插入视频也包括插入剪辑管理器的影片和插入文件中的影片。

1．插入剪辑管理器中的影片

剪辑管理器中不仅有图片、声音文件，还有动画剪辑，用户可以在幻灯片中插入剪辑管理器中的影片。具体操作如下。

（1）插入剪辑管理器中的影片。打开一个 PowerPoint 文件，在【插入】功能区单击【视频】下拉按钮，在展开的下拉列表中选择【剪贴画视频】选项，如图 5.62 所示。

图 5.62　插入剪辑管理器中的影片

（2）选择剪辑管理器中的影片。此时在窗口右侧出现了【剪贴画】任务窗格，并显示了剪辑管理器中的视频，将指针指向影片文件时，将显示该视频的相关信息，单击需要插入的视频，如图 5.63 所示。

图 5.63　选择剪辑管理器影片

2．插入文件中的声音

在幻灯片中除了插入剪辑管理器中的影片之外，用户还可以插入计算机中存放的其他影片文件，具体操作步骤如下。

（1）选择【文件中的视频】选项。在【插入】功能区单击【媒体】组中的【视频】下拉按钮，在展开的下拉列表中选择【文件中的视频】选项，如图 5.64 所示。

图 5.64　选择【文件中的视频】选项

（2）选择影片文件。弹出【插入视频文件】对话框，在该对话框中打开影片文件所在的文件夹，选择需要插入的影片文件，单击【插入】按钮，如图 5.65 所示。

图 5.65　选择文件中的影片

### 5.3.6　添加超链接

在 PowerPoint 中，用户可以设置超链接，将一个幻灯片链接到另一个幻灯片，还可以为幻灯片中的对象设置链接。在放映幻灯片时，将鼠标指针指向超链接，指针将变成手的形状，单击则可以跳转到设置的链接位置。在演示文稿中用户可以为任何文本或图形对象设置超链接，操作步骤如下。

**1. 选择需要插入超链接的文本**

打开一个 PowerPoint 文件，在第 1 张幻灯片中选中文本"学习目的"，如图 5.66 所示。

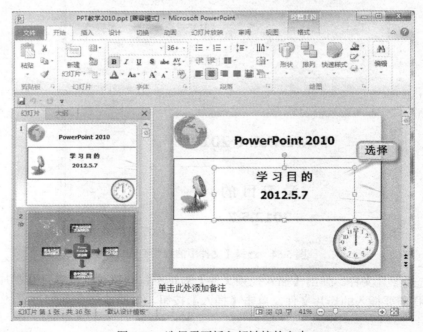

图 5.66　选择需要插入超链接的文本

**2．打开【插入超链接】对话框**

切换至【插入】功能区，在【链接】组中单击【超链接】按钮，如图 5.67 所示。

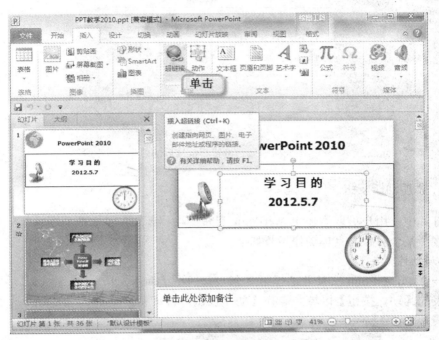

图 5.67　打开【插入超链接】对话框

**3．选择超链接位置**

弹出【插入超链接】对话框，在【链接到】列表框中选择【本文档中的位置】选项，在【请选择文档中的位置】列表框中选择【3.学习目的】选项，即链接到第 3 张幻灯片，如图 5.68 所示。

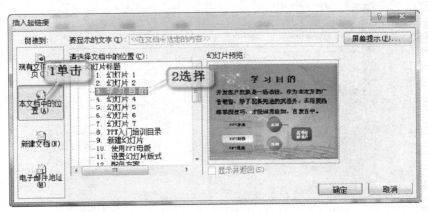

图 5.68　选择超链接位置

**4．显示设置超链接后的效果**

设置链接位置之后单击【确定】按钮，返回幻灯片中，此时可以看到所选文本已经插入了超链接，文本显示为超链接格式，即带有下划线，如图 5.69 所示。

图 5.69　显示设置超链接后的效果

### 5.3.7　添加动作按钮

在幻灯片中，用户可以添加 PowerPoint 自带的动作按钮，从而在放映过程中激活另一个程序或链接至某个对象，具体操作步骤如下。

1.　添加动作按钮

打开一个 PowerPoint 文件并选择第 2 张，切换至【插入】功能区，单击【形状】按钮，在下拉列表的【动作按钮】区域中选择【动作按钮：自定义】图标，如图 5.70 所示。

图 5.70　添加动作按钮

2.　绘制动作按钮

此时鼠标指针呈十字形状，在幻灯片的右下角合适位置处按下鼠标左键不放并拖动，绘制动作按钮，拖至合适大小后释放鼠标，如图 5.71 所示。

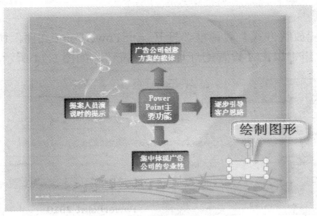

图 5.71　绘制动作按钮

**3．选择动作按钮链接位置**

弹出【动作设置】对话框，在【单击鼠标】选项卡中选中【超链接到】单选按钮，选择其下拉列表中的幻灯片选项，单击【确定】按钮，就链接到所选择的幻灯片，如图 5.72 所示。

**4．添加文字**

设置完毕后单击【确定】按钮返回幻灯片中，在动作按钮中输入文字"返回首页"。为形状应用样式，并复制到后面的所有幻灯片，如图 5.73 所示。

图 5.72　选择动作按钮链接位置

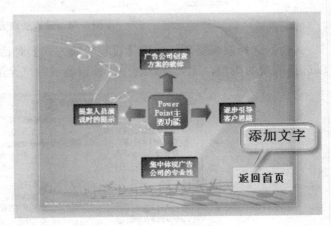

图 5.73　添加文字

## 5.4　幻灯片放映与发布

演示文稿制作完成后，用户可以根据需要设置放映方式。PowerPoint 还提供了网上发布功能，用户可以将演示文稿保存为网页，也可以直接发布到网上。本章介绍幻灯片的放映与发布方法，包括设置放映方式、演示文稿的打包与发布等。

### 5.4.1　设置幻灯片放映方式

PowerPoint 提供了三种幻灯片的放映方式，以满足用户在不同场合下使用。

**1. 演讲者放映**

（1）打开【设置放映方式】对话框。打开一个 PowerPoint 文件，切换至【幻灯片放映】选项卡，在【设置】组中单击【设置幻灯片放映】按钮，如图 5.74 所示。

图 5.74　设置放映方式

（2）选择放映类型。弹出【设置放映方式】对话框，在【放映类型】选项区域中用户可以选择放映的类型，比如在此选中【演讲者放映（全屏幕）】单选按钮，如图 5.75 所示。

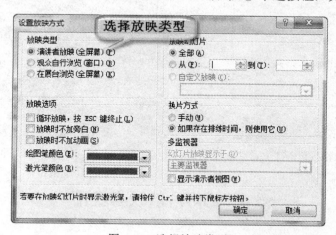

图 5.75　选择放映类型

（3）设置放映的幻灯片。在【放映幻灯片】选项区域中选择放映的幻灯片，比如在此选中【从 到】单选按钮，并设置放映第 1 张到第 10 张幻灯片，如图 5.76 所示。

（4）设置放映选项和换片方式。勾选【放映选项】区域中【循环放映，按 Esc 键终止】复选框，选中【换片方式】选项区域中【手动】单选按钮，单击【确定】按钮，如图 5.77 所示。

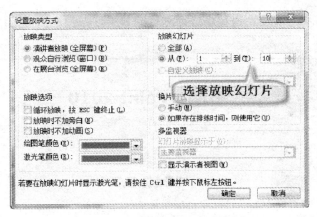

图 5.76　设置放映的幻灯片

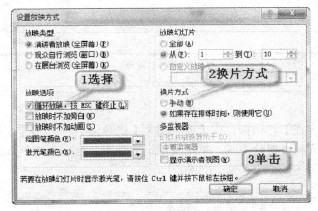

图 5.77　设置放映选项和换片方式

**2．观众自行浏览**

（1）选择放映类型。打开【设置放映方式】对话框，选中【观众自行浏览（窗口）】单
选按钮，设置放映选项，单击【确定】按钮，如图 5.78 所示。

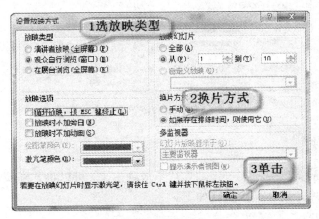

图 5.78　选择放映方式

（2）显示观众自行浏览效果。返回幻灯片中，单击显示比例左侧的【幻灯片放映】按钮。

进入了幻灯片放映视图，可以看到观众自行浏览的效果，如图 5.79 所示。

图 5.79　显示观众自行浏览效果

### 3. 在展台浏览

打开【设置放映方式】对话框，在【放映类型】选项区域中选中【在展台浏览（全屏幕）】单选按钮，设置放映选项、换片方式，单击【确定】按钮，返回到幻灯片中，进入幻灯片放映视图，可以看到展台浏览的效果，如图 5.80 所示。

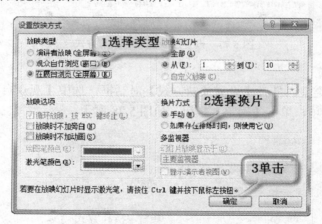

图 5.80　选择展台浏览放映方式

## 5.4.2　隐藏幻灯片

如果用户希望演示文稿中的某一张幻灯片不放映出来，可以将其隐藏，在放映幻灯片时将自动跳过隐藏的幻灯片。具体操作步骤如下。

### 1. 单击【隐藏幻灯片】按钮

选择需要隐藏的幻灯片，在【幻灯片放映】功能区，单击【设置】组中的【隐藏幻灯片】按钮，如图 5.81 所示。

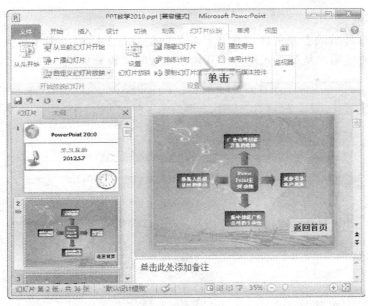

图 5.81　隐藏幻灯片

**2．隐藏幻灯片的效果**

经过上一步的操作后，可以看到所选择的幻灯片已经隐藏。左侧窗格中幻灯片编号发生了变化，如图 5.82 所示。

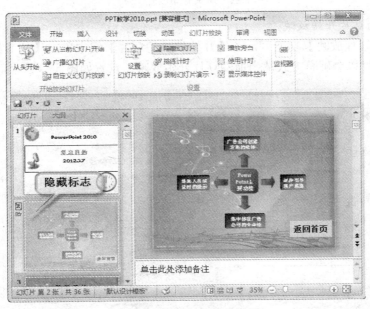

图 5.82　隐藏幻灯片的效果

### 5.4.3　放映幻灯片

放映幻灯片的方式有多种，可以从头开始放映、从当前幻灯片开始放映等，当需要退出幻灯片放映时，按下【Esc】键即可。

**1. 从头开始放映**

切换到【幻灯片放映】功能区，在【开始放映幻灯片】组中单击【从头开始】按钮，此时进入幻灯片放映视图，从第 1 张幻灯片开始依次放映，设置如图 5.83 所示。

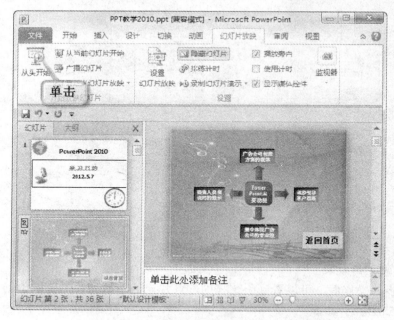

图 5.83　从头开始放映幻灯片

**2. 从当前幻灯片开始放映**

切换至【幻灯片放映】功能区，在【开始放映幻灯片】组中单击【从当前幻灯片开始】按钮，此时幻灯片以全屏幕方式从当前幻灯片开始放映，设置如图 5.84 所示。

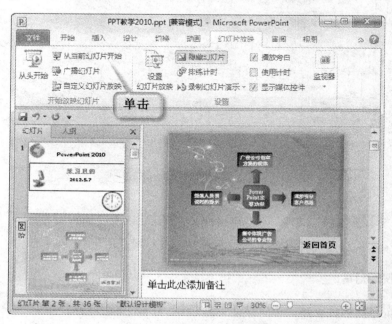

图 5.84　从当前幻灯片开始放映

### 5.4.4　将演示文稿保存为其他文件类型

制作好演示文稿之后，可以使用 PowerPoint 的【另存为】功能，将演示文稿以其他文件类型进行保存，比如保存为 XML 文件、视频文件等。

1．将演示文稿直接保存为网页

利用 PowerPoint 中的【另存为】功能，可以直接将演示文稿保存为 XML 的文件格式，使用户能以网页的形式将演示文稿打开，操作步骤如下。

（1）打开【另存为】对话框。打开一个 PowerPoint 文件，单击【文件】按钮，在展开的菜单中单击【另存为】命令，如图 5.85 所示。

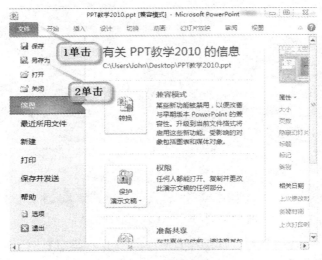

图 5.85　另存文稿

（2）将文件保存为网页。选择文件保存的路径，在【保存类型】下拉列表中选择【PowerPoint XML 演示文稿】选项，单击【保存】按钮，如图 5.86 所示。

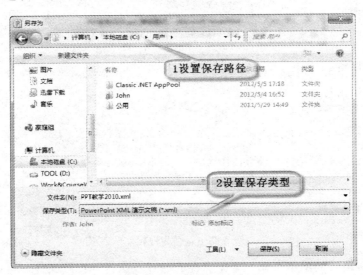

图 5.86　将文件保存为网页

**2. 将演示文稿保存为视频**

将演示文稿保存为视频，也可以实现演示文稿在其他计算机上放映，操作步骤如下。

（1）打开【另存为】对话框。打开一个 PowerPoint 文件，单击【文件】按钮，在展开的菜单中单击【保存并发送】按钮，单击【创建视频】按钮，如图 5.87 所示。

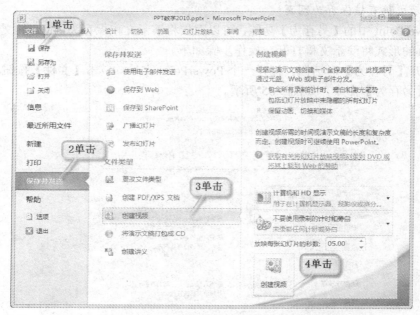

图 5.87　打开要另存为视频的文件

（2）将文件保存为视频。选择文件保存的路径，在【保存类型】下拉列表中选择【Windows Media 视频】选项，单击【保存】按钮，如图 5.88 所示。

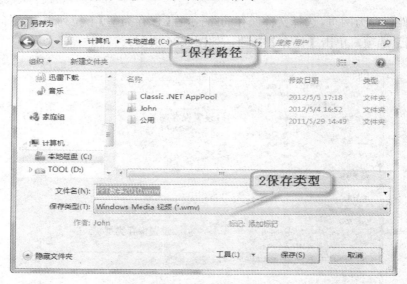

图 5.88　保存为视频

（3）插入视频格式的演示文稿。根据保存的路径双击打开视频文件，可以看到演示文稿内容在播放器中打开。

本章主要介绍了 PowerPoint 2010 的新特点、基础操作、如何利用设计模板新建幻灯片及为幻灯片添加动画效果，最后介绍了幻灯片的放映与发布。

通过本章的学习，要求了解 PowerPoint 2010 设计新的幻灯片的技巧，学会利用幻灯片母版及模板特性设计幻灯片，掌握为幻灯片插入多种媒体对象，并为幻灯片设计动画，能够对设计完成的演示文稿进行放映及发布。

**选择题**

1. PowerPoint 2010 在网络方面的主要功能有（　　）。
   A．在 IE 6 中查看演示文稿时，可以自动调整其演示时的大小
   B．可以用浏览器查看演示文稿的内容
   C．演示文稿无法用浏览器打开
   D．文稿中的动画和多媒体也可以保存成适用于 IE 7 或 IE 8 的 html 文件
   E．保存成 Web 页

2. 在 PowerPoint 演示文稿放映过程中，以下控制方法正确的是（　　）。
   A．可以用键盘控制
   B．只能通过鼠标进行控制
   C．单击鼠标，幻灯片可切换到下一张而不能切换到上一张
   D．可以单击鼠标右键，利用弹出的快捷菜单进行控制
   E．可以用鼠标控制

3. 在空白幻灯片中不可以直接插入（　　）。
   A．艺术字　　　　　　B．公式　　　　　　C．文字　　　　　　D．文本框

4. 新建一个演示文稿时第一张幻灯片的默认版式是（　　）。
   A．项目清单　　　　B．两栏文本　　　　C．标题幻灯片　　　D．空白

5. 幻灯片母版包含（　　）个占位符，用来确定幻灯片母版的版式。
   A．4　　　　　　　　B．5　　　　　　　　C．8　　　　　　　　D．7

6. PowerPoint 中，（　　）不是合法的【打印内容】选项。
   A．幻灯片浏览视图　　　　　　　　　B．幻灯片
   C．大纲视图　　　　　　　　　　　　D．备注页

7. 要打印一张幻灯片，可以选择工具栏中的（　　）按钮。
   A．保存　　　　　　B．打印　　　　　　C．打印预览　　　　D．打开

8. 在 PowerPoint 2010 中，对文字或段落不能设置（　　）。
   A．段前距　　　　　B．行距　　　　　　C．段后距　　　　　D．字间距

9. 在 PowerPoint 2010 中，下列说法正确的是（　　）。
   A．在 PowerPoint 2010 中播放的影片文件，只能在播放完毕后才能停止

B. 插入的视频文件在 PowerPoint 2010 幻灯片视图中不会显示图像

C. 只能在播放幻灯片时，才能看到影片效果

D. 在设置影片为【单击播放影片】属性后，放映时用鼠标单击会播放影片，再次单击则停止影片播放

10. 如果要在幻灯片放映过程中结束放映，以下操作中不能采取的选择是（　　）。

A. 按【Alt+F4】键

B. 按【Pause】键

C. 按【Esc】键

D. 在幻灯片放映视图中单击鼠标右键，在快捷菜单中选择【结束】

11. 在 PowerPoint 2010 中，若为幻灯片中的对象设置【驶入效果】，应选择（　　）对话框。

A. 幻灯片放映 　　　　　　　　B. 自定义动画

C. 自定义放映 　　　　　　　　D. 幻灯片版式

12. PowerPoint 中，如果要设置文本链接，可以选择（　　）菜单中的【超链接】。

A. 编辑 　　　　B. 格式 　　　　C. 工具 　　　　D. 插入

13. 在 PowerPoint 2010 中，段落对齐方式不包含（　　）。

A. 分散对齐 　　　　B. 左对齐 　　　　C. 两端对齐 　　　　D. 居中对齐

# 第6章　计算机网络与 Internet 技术基础

随着计算机技术的迅猛发展，计算机的应用逐渐渗透到各个技术领域和整个社会的各个方面。社会的信息化、数据的分布处理、各种计算机资源的共享等各种应用要求都推动计算机技术朝着群体化方向发展，促使计算机技术与通信技术紧密结合。计算机网络属于多机系统的范畴，是计算机和通信这两大现代技术相结合的产物，它代表着当前计算机体系结构发展的一个重要方向。

计算机网络就是利用通信设备和线路将地理位置分散、功能独立的多个计算机互联起来，以功能完善的网络软件（即网络通信协议、信息交换方式和网络操作系统等）实现网络中资源共享和信息传递的系统。计算机网络使网上的用户可以共享网上计算机的软硬件资源。

## 6.1　计算机网络基础知识

### 6.1.1　计算机网络的发展

计算机网络出现的历史不长，但发展的速度很快。它经历了一个从简单到复杂，从单机到多机的演变过程。其发展过程大致可以概括为 4 个阶段。

#### 1. 具有通信功能的批处理系统

早在 20 世纪 50 年代就出现了一台计算机通过通信线路与若干终端互联的系统，开始了通信技术与计算机技术相结合的尝试。随着第二代计算机系统的出现，在软件方面，为了提高系统的效率而推出了批处理系统，加上当时计算机的应用已逐渐深入到工业、商业和军事部门，要求对分散在各地的数据进行集中处理。这些要求促使将通信技术运用到批处理系统中，用一个脱机通信装置和远程终端连接，脱机通信装置首先接收远程终端送来的原始数据和程序，经过操作人员的干预递交给计算机处理，最后将处理结果返回远程终端。

#### 2. 具有通信功能的多机系统

由于脱机系统的输入/输出需要人工干预，因此效率低。为了提高效率，直接在计算机上增加了通信控制功能，构成具有联机通信功能的批处理系统。在联机系统中，随着所连接的远程终端的个数增多，计算机既要进行数据处理，又要承担与各终端间的通信，主机负荷加重，实际工作效率下降；而且主机与每一台远程终端都用一条专用通信线路连接，线路的利用率较低。由此出现了数据处理和数据通信的分工，即在主机前增设一个前端处理机专门负责通信工作，并在终端比较集中的地区设置集中器。集中器通常由微型机或小型机实现，它首先通过低速通信线路，将附近各远程终端连接起来，然后通过高速通信线路与主机的前端机相连。这种具有通信功能的多机系统，构成了计算机网络的雏形。

#### 3. 计算机网络

计算机网络的发展又经历了面向终端的计算机网络、计算机－计算机网络和开放式标准化计算机网络 3 个阶段。20 世纪 60 年代中期，由终端－计算机之间的通信，发展到计算机－计算机之间直接通信，这就是早期以数据交换为主要目的的计算机网络。1976 年，CCITT 通过 X.25 建议书；1977 年，国际标准化组织（ISO）成立 SC16 分委员会，着手研究开放系统互连参考模型（OSI/RM，Open System Interconnection/Reference Model），简称 OSI；20 世纪 70 年代初，仅有 4 个结点的分组交换网——美国国防部高级研究计划局网络（Advanced Research Project Agency Network，ARPANET）的运行获得了极大的成功，标志着网络的结构日趋成熟。ARPANET 称为广域网，使用的是 TCP/IP 协议，它通常采用租用电话线路、电话交换线路或铺设专用线路进行通信。一般不同的部门要求建立不同类型的网络，对通信子网就要进行重复投资，因此，邮电部门首先提出了公用数字通信网，网中既可以传送图像、语音信号，也可以传送数字信号，并可作为各种计算机网络的公用通信子网。

4. 第四代计算机网络

20 世纪 70 年代后，由于大规模集成电路的出现，局域网由于投资少，使用方便灵活，而得到了广泛的应用和迅猛的发展。与广域网相比，它们有共性，如分层的体系结构，又有不同的特性，如局域网为节省费用而不采用存储转发的方式，而是由单个的广播信道来连接网上计算机。从 20 世纪 80 年代末开始，局域网技术发展成熟，出现光纤及高速网络技术、多媒体、智能网络，整个网络就像一个对用户透明的大的计算机系统。计算机网络发展为以 Internet 为代表的互联网。

### 6.1.2　计算机网络的定义与功能

计算机网络是以能够相互共享资源的方式互联起来的自治计算机系统的集合。它通过通信设施（通信网络），将地理上分布的具有自治功能的多个计算机系统互联起来，实现信息交换、资源共享、交互操作和协同处理。

1. 计算机网络的基本特征

（1）计算机网络建立的主要目的是实现计算机资源的共享。

（2）互联的计算机是分布在不同地理位置的多台独立的"自治计算机"（Autonomous Computer）。

（3）联网计算机必须遵循共同的网络协议。

2. 计算机网络的功能和特点

各种网络在数据传送、具体用途及连接方式上都不尽相同，但一般网络都具有以下一些功能和特点：

（1）资源共享。充分利用计算机资源是组建计算机网络的重要目的之一。资源共享除共享硬件资源外，还包括共享数据和软件资源。

（2）数据通信能力。利用计算机网络可实现各计算机之间快速、可靠地互相传送数据，进行信息处理，如传真、电子邮件（E-mail）、电子数据交换（EDI）、电子公告牌（BBS）、远程登录（Telnet）与信息浏览等通信服务。数据通信能力是计算机网络最基本的功能。

（3）均衡负载，互相协作。通过网络可以缓解用户资源缺乏的矛盾，使各种资源得到合理的调整。

（4）分布处理。一方面，对于一些大型任务，可以通过网络分散到多个计算机上进行分布式处理，也可以使各地的计算机通过网络资源共同协作，进行联合开发、研究等；另一方面，计算机网络促进了分布式数据处理和分布式数据库的发展。

（5）提高计算机的可靠性。计算机网络系统能实现对差错信息的重发，网络中各计算机还可以通过网络成为彼此的后备机，从而增强了系统的可靠性。

### 6.1.3　计算机网络的分类

根据计算机网络不同的角度、不同的划分原则，可以得到不同类型的计算机网络。

1．按网络的作用范围和计算机之间的相互距离划分

根据网络作用和计算机间的相互距离，可将计算机网络分为广域网、局域网和城域网。

（1）广域网（Wide Area Network，WAN）：分布范围可达几千千米乃至上万千米横跨洲际。Internet 就是典型的广域网。

（2）局域网（Local Area Network，LAN）：分布范围一般在几米到几千米之间，最大不超过十多千米，如校园网。

（3）城域网（Metropolitan Area Network，MAN）：适于一个地区、一个城市或一个行业系统使用，分布范围一般在十几千米到上百千米。

2．按网络的数据传输与交换系统的所有权划分

（1）专用网：如用于军事的军用网络。

（2）公共网：如基于电信系统的公用网络。

（3）按网络的拓扑结构，可将计算机网络分为总线型网络、星型网络、环型网络、树型网络等。

（4）按传输的信道不同，可将计算机网络分为基带网、宽带网、模拟网和数字网。

### 6.1.4　计算机网络协议

计算机网络中实现通信必须有一些约定，对速率、传输代码、代码结构、传输控制步骤、出错控制等制定标准。网络协议是计算机网络中通信各方事先约定的通信规则的集合。例如，通信双方以什么样的控制信号联络，发送方怎样保证数据的完整性和正确性，接收方如何应答等。在同一网络中，可以有多种协议同时运行。

为了使两个结点之间能进行对话，必须在它们之间建立通信工具（即接口），使彼此之间能进行信息交换。接口包括两部分：一是硬件装置，功能是实现结点之间的信息传送；二是软件装置，功能是规定双方进行通信的约定协议。协议通常由三部分组成：一是语义部分，用于决定双方对话的类型；二是语法部分，用于决定双方对话的格式；三是变换规则，用于决定通信双方的应答关系。

由于结点之间的联系可能是很复杂的，因此，在制定协议时，一般是把复杂成分分解成一些简单的成分，再将它们复合起来。最常用的复合方式是层次方式，即上一层可以调用下一层，而与再下一层不发生关系。通信协议的分层是这样规定的：把用户应用程序作为最高层，把物理通信线路作为最低层，将其间的协议处理分为若干层，规定每层处理的任务，也规定每层的接口标准。

常见的网络协议有以下几种：

1．TCP/IP 协议

TCP/IP 协议是 Internet 信息交换、规则、规范的集合，是 Internet 的标准通信协议，主要解决异种计算机网络的通信问题，使网络在互联时把技术细节隐藏起来，为用户提供一种通用的、一致的通信服务。

其中，TCP 是传输控制协议，规定了传输信息怎样分层、分组和在线路上传输；IP 是网际协议，它定义了 Internet 上计算机之间的路由选择，把各种不同网络的物理地址转换为

Internet 地址。

TCP/IP 协议是 Internet 的基础和核心，是 Internet 使用的通用协议。其中，传输控制协议 TCP 对应于 OSI 参考模型的传输层协议，它规定一种可靠的数据信息传递服务。IP 协议又称为互联网协议，对应于 OSI 参考模型的网络层，是支持网间互联的数据报协议。TCP/IP 协议与低层的数据链路层和物理层无关，这是 TCP/IP 的重要特点，正因为如此，它能广泛地支持由低层、物理层两层协议构成的物理网络结构。

**2.　PPP 协议与 SLIP 协议**

PPP 是点对点协议；SLIP 是指串行线路 Internet 协议。它们是为了利用低速且传输质量一般的电话线实现远程入网而设计的协议。用户要通过拨号方式访问 WWW、FTP 等资源，必须通过 PPP/SLIP 协议建立与 ISP 的连接。

**3.　其他协议**

此外，常见的协议还有文件传输协议 FTP、邮件传输协议 SMTP、远程登录协议 Telnet 以及 WWW 系统使用的超文本传输协议 HTTP 等，这些都是常用的应用层协议。

### 6.1.5　计算机网络的体系结构

由于世界各大型计算机厂商推出各自的网络体系结构，因而国际标准化组织 ISO 于 1978 年提出"开放系统互连参考模型"，即著名的 OSI（Open System Interconnection）。它将计算机网络体系结构的通信协议规定为物理层、数据链路层、网络层、传输层、会话层、表示层、应用层等 7 层，受到计算机界和通信业的极大关注。经过十多年的发展和推进，OSI 已成为各种计算机网络结构的标准。

**1.　物理层**

物理层与传输媒介密切相关。

与 ISO 物理层有关的连接设备有集线器、中继器、传输媒介连接器、调制解调器等。

物理层主要解决的问题是：连接类型、物理拓扑结构、数字信号、位同步方式、带宽使用、多路复用等。

**2.　数据链路层**

数据链路层的作用是：将物理层的位组成称作"帧"的信息逻辑单位，进行错误检测，控制数据流，识别网上每台计算机。

与 OSI 数据链路层有关的网络连接设备有：网桥、智能集线器、网卡。

数据链路层主要解决的问题是：逻辑拓扑结构、媒介访问、寻址、传输同步方式及连接服务。

**3.　网络层**

网络层处理网间的通信，其基本目的是将数据移到一个特定的网络位置。网络层选择通过网际网的一个特定的路由，而避免将数据发送给无关的网络，并负责确保正确数据经过路由选择发送到由不同网络组成的网际网。

网络层主要解决的问题是寻址方式、交换技术、路由寻找、路由选择、连接服务和网关服务等。

**4.　传输层**

传输层的基本作用是为上层处理过程掩盖计算机网络下层结构的细节，提供通用的通信规则。

传输层主要解决的问题是地址/名转换、寻址方法、段处理和连接服务等。

### 5. 会话层

会话层实现服务请求者和提供者之间的通信；会话层主要解决的问题是对话控制和会话管理。

### 6. 表示层

表示层能把数据转换成一种能被计算机以及运行的应用程序相互理解的约定格式，还可以压缩或扩展，并加密或解密数据。表示层主要解决的问题是翻译和加密。

### 7. 应用层

应用层包含了针对每一项网络服务的所有问题和功能，如果说其他 6 层通常提供支持网络服务的任务和技术的话，应用层则提供了完成指定网络服务功能所需的协议；应用层主要解决的问题是网络服务、服务通告、服务使用。

## 6.2　计算机网络的组成

完整的计算机网络通常由网络硬件、通信线路与通信设备和网络软件组成，各网络还具有自己的特点。

### 6.2.1　网络硬件

#### 1. 计算机

计算机在网络中根据承担的任务不同，可分别扮演不同的角色，主要有以下几种：

（1）主机（Host）。主机是一个主要用于科学计算和数据处理的计算机系统。

（2）终端（Node）。终端是一个在通信线路和主机之间设置的通信线路控制处理机，其作用是分担数据通信、数据处理的控制处理功能。

（3）服务器（Server）。服务器是为网络提供资源、控制管理或专门服务的计算机系统。在客户/服务器系统中，服务器负责提供资源和服务。

（4）客户机（Client）。客户机又称为工作站，指连入网络的计算机，它接受网络服务器的控制和管理，能够共享网络上的各种资源。

#### 2. 网络设备

（1）网卡。网卡是应用最广泛的一种网络设备，全名为 Network Interface Card（网络接口卡，简称网卡），它是连接计算机与网络的硬件设备，是局域网最基本的组成部分之一。

网卡主要具有处理网络传输介质上的信号，并在网络媒介和 PC 之间交换数据的功能。

（2）调制解调器。调制解调器是一种信号转换装置，用于将计算机通过电话线路连接上网，并实现数字信号和模拟信号之间的转换。调制用于将计算机的数字信号转换成模拟信号输送出去，解调则将接收到的模拟信号还原成数字信号交计算机存储或处理。

### 6.2.2　通信线路与通信设备

#### 1. 通信线路

通信线路是网络中发送方与接收方之间的物理通路，它对网络的数据通信具有一定的影响。常用的通信线路有以下几种：

（1）双绞线。双绞线简称 TP，由两根绝缘导线相互缠绕而成，将一对或多对双绞线放置在一个保护套内便成了双绞线电缆。双绞线既可用于传输模拟信号，又可用于传输数字信号。

（2）同轴电缆。平常收看有线电视用的就是同轴电缆，同轴电缆由绕在同一轴线上的两个导体组成。具有抗干扰能力强，连接简单，信息传输速度快等特点。

（3）光纤。光纤又称为光缆或光导纤维，由光导纤维纤芯、玻璃网层和能吸收光线的外壳组成。具有不受外界电磁场的影响，无限制带宽等特点，可以实现每秒几十兆位的数据传送，尺寸小、重量轻，数据可以传送几百千米，但价格昂贵。

（4）无线传输媒介。无线传输媒介包括无线电波、微波和红外线等。

2.　通信设备

无论是局域网还是广域网，同类型的网络还是不同类型的网络，网络的通信设备是必不可少的。常用的通信设备有以下几种：

（1）中继器。中继器是互联网中的连接设备，它的作用是将收到的信号放大后输出，既实现了计算机之间的连接，又扩充了媒介的有效长度。它工作在 OSI 参考模型的最低层（物理层），因此只能用来连接具有相同物理层协议的 LAN。

（2）集线器（Hub）。集线器的主要功能是对接收到的信号进行再生整形放大，以扩大网络的传输距离，同时，把所有节点集中在以它为中心的节点上。它工作于 OSI 参考模型第二层，即数据链路层。

（3）网桥。网桥用来将两个相同类型的局域网连接在一起，有选择地将信号从一段媒介传向另一段媒介，在两个局域网段之间对链路层帧进行接收、存储与转发，通过网桥将两个物理网络（段）连接成一个逻辑网络，使这个逻辑网络的行为就像一个单独的物理网络一样。

（4）网关。网关提供了不同体系间互连接口，用于实现不同体系结构网络之间的互联。工作在 OSI 参考模型的传输层及其以上的层次，是网络层以上的互联设备的总称，支持不同的协议之间的转换，实现不同协议网络之间的通信和信息共享。

（5）路由器。路由器具有智能化管理网络的能力，是互联网重要的连接设备，用来连接多个逻辑上分开的网络，用它互联的两个网络或子网，可以是相同类型，也可以是不同类型，能在复杂的网络中自动进行路径选择和对信息进行存储与转发，具有比网桥更强大的处理能力。

### 6.2.3　网络软件

网络软件包括网络操作系统和网络应用软件两大部分。

1.　网络操作系统

网络操作系统是网络系统软件的主体，其作用是处理网络请求、分配网络资源、提供用户服务以及监视和管理网络活动等，以保证网络上的计算机能方便而有效地共享资源。常见的网络操作系统有 UNIX、NetWare、Linux、Windows NT、Windows 2000 Server、Windows 2003 Server 等。

2.　网络应用软件

网络应用软件指为了提供网络服务和网络连接，而在服务器上运行的软件和为了获得网络服务而在用户客户机上运行的软件，例如，Dreamweaver、QQ、PPTV 等。

# 6.3　Internet 基础

## 6.3.1　Internet 概述

### 1．Internet 发展历史

Internet（因特网）是全球最大的计算机网络，起源于美国国防部高级研究计划局于 1968 年主持研制的用于支持军事研究的计算机实验网 ARPANET。

20 世纪 90 年代以前，Internet 的使用一直局限于研究与学术领域。商业性机构进入 Internet 一直受到这样或那样的法规或传统问题的困扰。事实上，美国国家科学基金会等曾经出资建造 Internet，但政府机构对 Internet 上的商业活动并不感兴趣。

1991 年，美国的三家分别经营着自己的 CERFnet、PSInet 及 Alternet 网络的公司，组成了"商用 Internet 协会"（CIEA），并宣布用户可以把他们的 Internet 子网用于任何的商业用途。

Internet 目前已经覆盖超过 160 个国家和地区，连接着 4 万个子网、500 多万台计算机主机，成为世界上资源最丰富的计算机公共网络。Internet 被认为是未来全球信息高速公路的雏形。

### 2．中国 Internet 发展及现状

1987～1993 年是 Internet 在中国的起步阶段，国内的科技工作者开始接触 Internet 资源。在此期间，以中科院高能物理所为首的一批科研院所和国外机构合作开展了一些与 Internet 联网的科研课题，通过拨号方式使用 Internet 的 E-mail 电子邮件系统，并为国内一些重点院校和科研机构提供国际 Internet 电子邮件服务。

1990 年 10 月，中国正式向国际互联网信息中心（InterNIC）登记注册了顶级域名"CN"，从而开通了使用自己域名的 Internet 电子邮件。继 CHINANET 之后，国内一些大学和研究所也相继开通了 Internet 电子邮件连接。

从 1994 年开始至今，中国实现了和互联网的 TCP/IP 连接，从而逐步开通了互联网的全功能服务，大型计算机网络项目正式启动，互联网在我国进入飞速发展时期。

目前经国家批准，国内可直接连接互联网的网络有 4 个，即中国公用计算机互联网（CHINANET）、中国国家公用经济信息通信网——金桥网（CHINAGBN）、中国教育和科研计算机网（CERNET）、中国科学技术网（CSTNET）。

目前，中国 Internet 用户主要由科研领域、商业领域、国防领域、教育领域、政府机构、个人用户等组成。据 2012 年 1 月中国互联网络信息中心发布的中国互联网络发展状况统计报告，截至 2011 年 12 月底，中国网民规模突破 5 亿，达到 5.13 亿，全年新增网民 5580 万。互联网普及率较上年底提升 4 个百分点，达到 38.3%。中国手机网民规模达到 3.56 亿，占整体网民比例为 69.3%，较上年底增长 5285 万人。家庭计算机上网宽带网民规模为 3.92 亿，占家庭计算机上网网民比例为 98.9%。农村网民规模为 1.36 亿，比 2010 年增加 1113 万，占整体网民比例为 26.5%。

从 Internet 的整体发展情况来看，许多经济发达国家的 Internet 也是在 1993 年后才迅速发展起来的，我国的 Internet 发展是十分迅速的。由于 PC 大量进入家庭，计算机的功能发生了革命性的变化，用户对计算机和网络的功用有了完全不同于以往的要求，更多地提出对多媒体信息的需求，传统的文化受到这种全球性网络文化的冲击，将来的 Internet 将更加辉煌灿烂，它对未来社会的影响将成为生活中不可缺少的一部分。

### 6.3.2  Internet 技术基础

1. TCP/IP 协议

接入 Internet 的通信实体共同遵守的通信协议是 TCP/IP 协议集。TCP/IP 是一种网络通信协议，它规范了网络上的所有通信设备，尤其是一个主机与另一个主机之间的数据往来格式以及传送方式。TCP/IP 是 Internet 的基础协议，也是一种计算机数据打包和寻址的标准方法。TCP/IP 协议集的核心是网间协议 IP（Internet Protocol）和传输控制协议 TCP（Transmission Control Protocol）。它们在数据传输过程中主要完成以下功能：

（1）首先由 TCP 协议把数据分成若干数据包，给每个数据包写上序号，以便接收端把数据还原成原来的格式。

（2）IP 协议给每个数据包写上发送主机和接收主机的地址。一旦写上源地址和目的地址，数据包就可以在物理网上传送数据。IP 协议还具有利用路由算法进行路由选择的功能。

（3）这些数据包可以通过不同的传输途径（路由）进行传输；由于路径不同，加上其他的原因可能出现顺序颠倒、数据丢失、数据失真甚至重复的现象。这些问题都由 TCP 协议来处理，它具有检查和处理错误的功能，必要时还可以请求发送端重发。

简单地说，IP 协议负责数据的传输，而 TCP 协议负责数据的可靠传输。

2. IP 地址

通常，我们将连入 Internet 的计算机称为 Internet 网络服务器，或 Internet 宿主主机（Host Computer），它们都有自己唯一的网络地址，并使用 TCP/IP 协议互联与传输文件。最终用户的计算机连接到这台网络服务器上，称为客户机。因此最终用户是通过这台网络服务器的地址与 Internet 沟通的。

在 Internet 上，每个网络和每一台计算机都被分配到一个 IP 地址，这个 IP 地址在整个 Internet 网络中是唯一的。IP 地址是供全球识别的通信地址。在 Internet 上通信必须采用这种 32 位的通用地址格式，才能保证 Internet 成为向全球开放的互联数据通信系统。这是全球认可的计算机网络标识方法。

（1）IP 地址的构成。IP 地址由一些具有特定意义的 32 位二进制数组成。由于二进制数不便记忆，为此采用二一十进制转换，将每 8 位二进制数转换为 3 位十进制数，并用"."分隔成四组。例如：

二进制数　11001010 01110001 00011011 00001010

十进制数　202.113.27.10

根据二一十进制的转换约定，每组十进制数不超过 255（8 位二进制数最大表示范围）。

由前述内容可知，通过 Internet 入网的每台主机（服务器）必须有唯一的 IP 地址，才能保证互通信息、共享资源。IP 地址由两部分组成，即网络标识和主机标识（主机名）。网络标识中的某些信息还代表网络的种类。

（2）IP 地址分类。按照 IP 协议中对作为 Internet 网络地址的约定，将 32 位二进制数地址分为 3 类，即 A 类地址、B 类地址和 C 类地址。每类 IP 地址结构即网络标识和主机标识的长度都不同。

A 类 IP 地址一般用于主机数多达 160 余万台的大型网络，高 8 位代表网络号，后 3 个 8 位代表主机号。32 位的高 3 位为 000；十进制的第 1 组数值范围为 000～127。IP 地址范围为：001.x.y.z～126.x.y.z。

B 类 IP 地址一般用于中等规模的各地区网管中心，前两个 8 位代表网络号，后两个 8 位代表主机号。32 位高 3 位为 100；十进制的第 1 组数值范围为 128～191。IP 地址范围为：128.x.y.z～191.x.y.z。

C 类地址一般用于规模较小的本地网络，如校园网等。前 3 个 8 位代表网络号，低 8 位代表主机号。32 位的高 3 位为 110，十进制第 1 组数值范围为 192～223。IP 地址范围为：192.x.y.z～223.x.y.z。一个 C 类地址可连上 256 台主机。

一个 C 类 IP 地址可用屏蔽码技术改为 128 个子网段，每个子网段可连上相应的主机数。C 类地址标志的网络之间只有通过路由器才能工作。

（3）IP 地址的分配。IP 地址由国际组织按级别统一分配，机构用户在申请入网时可以获取相应的 IP 地址。

最高一级 IP 地址由国际网络信息中心（Network Information Center，NIC）负责分配。其职责是分配 A 类 IP 地址，授权分配 B 类 IP 地址的组织，并有权刷新 IP 地址。

分配 B 类 IP 地址的国际组织有 3 个：InterNIC、APNIC 和 ENIC。ENIC 负责欧洲地区的分配工作，InterNIC 负责北美地区，设在日本东京大学的 APNIC 负责亚太地区。我国的 Internet 地址（B 类地址）由 APNIC 分配，由邮电部数据通信局或相应网管机构向 APNIC 申请地址。

C 类地址由地区网络中心向国家级网管中心（如 CHINANET 的 NIC）申请分配。

3．域名系统

由于数字地址标识不便记忆，因此又产生了一种字符型标识，这就是域名（Domain Name）。国际化域名与 IP 地址相比，更直观一些。域名地址在 Internet 实际运行时由专用的服务器（Domain Name Server，DNS）转换为 IP 地址。

域名从左到右构造，表示的范围从小到大（从低到高），高一级域包含低一级域，域名的级通常不多于 5。一个域名由若干元素或标号组成，并由“.”分隔，称为域名字段。为增强可读性和记忆性，建议被分隔的各域名字段长度不要超过 12 个字符。各域名字段的大小写通用。例如，WWW.CCTV.COM 就是合理有效的域名。一个域名字段（亦称地址）最右边为顶级域；最左边为该台网络服务器的机器名称。一般域名格式为：

网络服务器主机名.单位机构名.网络名.顶级域名

其中，顶级域名分为三类：通用顶级域名、国家顶级域名和国际顶级域名。

（1）通用顶级域名描述的机构如表 6.1 所示。

表 6.1　通用顶级域名描述的机构

| 通用顶级域名 | 机构 |
|---|---|
| gov | 政府部门 |
| edu | 大学或其他教育组织 |
| ac | 科研机构 |
| com | 工商业组织 |
| mil | 非保密性军事机构 |
| org | 其他民间组织或非赢利机构 |
| net | 网络运行和服务机构 |

（2）国家或地区代码如表 6.2 所示。

表 6.2　国家或地区代码

| 国家或地区 | 代码 |
| --- | --- |
| 中国 | cn |
| 加拿大 | ca |
| 英国 | uk |
| 澳大利亚 | au |
| 日本 | jp |
| 德国 | de |
| 法国 | fr |

（3）还有一种国际顶级域名，即.int，国际联盟、国际组织可在其下注册。

美国国防部的国防数据网络中心（DDNNIC）负责 Internet 最高层（顶级）域名的注册和管理，并同时负责 IP 地址的分配工作。

由于 Internet 源于美国，因此，通常美国公司或机构没有国家代码，只以企业性质代码为后缀。例如，美国波音公司（Boeing）的域名为 Boeing.COM。

1994 年以前，我国还没有独立的域名管理系统，只是借用了德国的电子邮件域名系统和加拿大的域名系统，并在 DNN、NIC 上注册了我国的最高域名 CN。1994 年 5 月 4 日，中科院把 CN 域名下的服务器从德国移回国内，并由中科院网络中心登记 CN 网络域名。同时，成立了中国互联网信息中心（CNNIC），统一协调、管理、规划全国最高域名 CN 下的二级注册、IP 地址分配等工作。我国的域名可表示为：

网络服务器主机名.单位机构名.网络名（通用顶级域名）. 国家顶级域名（CN）

4．Internet 的接入

连接 Internet 的方式有很多种，常用的有专线连接、局域网连接和拨号入网连接等。

（1）ISP。ISP（Internet Service Provider）就是为用户提供 Internet 接入和（或）Internet 信息服务的公司和机构。由于接入国际互联网需要租用国际信道，其成本对于一般用户是无法承担的。Internet 接入提供机构作为提供接入服务的中介，投入大量的资金建立中转站，租用国际信道和大量的当地电话线，购置一系列计算机设备，通过集中使用、分散压力的方式，向本地用户提供接入服务。从某种意义上讲，ISP 是全世界数以亿计的用户通往 Internet 的必经之路。现今，我国有数十个 ISP 服务机构，使用比较广泛和具有影响的主要有以下几个：中国电信（CHINA TELECOM）、中国网通（CNC）、中国铁通、中国联通（CHINA UNICOM）。

各 ISP 一般给个人提供的是拨号入网，因此首先应注意 ISP 提供的拨号入网方式、中继线条数和提供给用户的通信线路速率。

（2）Internet 的接入方式。个人用户连接 Internet，大致要做的工作有：硬件设备的安装与配置；软件的安装与配置；到 ISP 处申请账号；最后使用如浏览器等工具连入 Internet。

传统的上网设备是调制解调器（Modem），但它最高为 56kbps 的速度已经不能满足人们对网络的要求。现在比较普遍的为 ISDN 和 ADSL 的设备。

ISDN 是 Integrated Services Digital Network 的英文缩写，其中文名称是"综合业务数字网"。ISDN 是以电话综合数字网（IDN）为基础发展而成的通信网。ISDN 与 Modem 的最大区别在于将原本以模拟方式传送的信号经抽样及信道划分变为数字信号进行传送。使原本 56kbps 的模拟信号带宽的物理限制得以突破，ISDN 电话线可以在同一线上传输率达到 128kbps，是用 56kbps Modem 上网速度的近 3 倍。它可以充分利用物理限制上限，大大提高至约 2Mbps 数字信号带宽。

ADSL（Asymmetric Digital Subscriber Line）的中文名称是"非对称数字用户专线"。经 ADSL Modem 编码后的信号通过电话线传到电话局后再通过一个信号识别/分离器，如果是语音信号就传到电话交换机上，如果是数字信号就接入 Internet。

ADSL 的特点：ADSL 上网不需缴纳电话费，ADSL 可以进行网上视频服务。

（3）局域网接入及代理服务器。将一个局域网连接到 Internet 主机有两种方法：一种是通过路由器把局域网与 Internet 主机连接起来。局域网上的所有主机都可以是 X.25 网、DDN 专线或帧中继等。这种方式有自己的 IP 地址。路由器与 Internet 主机的通信虽然要求用户对软硬件的初始投资较高，每月的通信线路费用也较高，但亦是唯一可以满足大信息量 Internet 通信的方式。这种方式最适用于教育科研机构、政府机构及企事业单位中已装有局域网的用户，或是希望多台主机都加入 Internet 的用户；另一种是通过局域网的服务器，用一个高速调制解调器和电话线路把局域网与 Internet 主机连接起来，局域网上的所有终端共享服务器的一个 IP 地址。这时，需要在服务器上运行一种称为代理服务器的软件，局域网上的所有终端上网都需要设置代理服务器地址和端口号。

### 6.3.3　常用 Internet 服务

#### 1．万维网（WWW）

WWW 是 Internet 的多媒体信息查询工具，是 Internet 上近几年才发展起来的服务，也是发展最快和目前使用最广泛的服务。正是因为有了 WWW 工具，才使得近几年来 Internet 迅速发展，且用户数量飞速增长。

WWW 中信息资源主要由一篇篇的 Web 文档，或称 Web 页为基本元素构成。这些 Web 页采用超级文本（Hyper Text）的格式，即可以含有指向其他 Web 页或其本身内部特定的位置的超链接，或简称链接。可以将链接理解为指向其他 Web 页的"指针"。链接后的 Web 页交织为网状。这样，如果 Internet 上的 Web 页和链接非常多的话，就构成了一个巨大的信息网。

当用户从 WWW 服务器取到一个文件后，用户需要在自己的屏幕上将它确定无误地显示出来。由于将文件存入 WWW 服务器的用户并不知道将来阅读这个文件的用户到底会使用哪一种类型的计算机或终端，要保证每个用户在屏幕上都能够读到正确的显示文件，于是就产生了 HTML——超文本语言。

HTML（Hyper Text Markup Language）的中文名称是超文本标记语言。HTML 对 Web 页的内容、格式及 Web 页中的超链接进行描述，而 Web 浏览器的作用就在于读取 Web 网点上的 HTML 文档，再根据此类文档中的描述组织显示相应的文件。

HTML 文档本身是文本格式的，用任何一种文本编辑器都可以对它进行编辑。HTML 语言有一套相当复杂的语法，专门提供给专业人员用来创建 Web 文档，一般用户并不需要掌握它。在 UNIX 系统中，HTML 文档的后缀为.html，而在 DOS/Windows 系统中则为.htm。

WWW 类似一本包罗万象的巨著，而 Web 浏览器则是畅行于这本巨著的交通工具。通过使用浏览器，用户能够在 Web 上从一页跳到另一页、下载（Download）文件、查看各种媒体信息或者创建感兴趣的 Web 页的书签（Bookmark）。Internet Explorer 是最流行的 Web 浏览器之一，其他流行的浏览器还有 360 浏览器、QQ 浏览器等。

## 2. 电子邮件

电子邮件（Electronic mail，E-mail）是指 Internet 上或常规计算机网络上的各个用户之间，通过电子信件的形式进行通信的一种现代邮政通信方式。

电子邮件最初是根据两个人之间进行通信的一种机制来设计的，但目前的电子邮件已扩展到可以与一组用户或与一个计算机程序进行通信。由于计算机能够自动响应电子邮件，任何一台连接 Internet 的计算机都能够通过 E-mail 访问 Internet 服务，并且，一般的 E-mail 软件在设计时就考虑到如何访问 Internet 服务，使得电子邮件成为 Internet 上使用最为广泛的服务之一。

E-mail 与传统的通信方式相比有着巨大的优势，它所体现的信息传输方式与传统的信件有较大的区别：

（1）发送速度快。电子邮件通常在数秒钟内即可送达至全球任意位置的收件人的信箱中，其速度比电话通信更为高效快捷。如果接收者在收到电子邮件后的短时间内作出回复，往往发送者仍在计算机旁工作的时候就可以收到回复的电子邮件，收发双方交换一系列简短的电子邮件就像一次次简短的会话。

（2）信息多样化。电子邮件发送的信件内容除普通文字内容外，还可以是软件、数据，甚至是录音、动画、电视或各类多媒体信息。

（3）收发方便。与电话通信或邮政信件发送不同，E-mail 采取的是异步工作方式，它在高速传输的同时允许收信人自由决定在什么时候、什么地点接收和回复，发送电子邮件时不会因"占线"或接收方不在而耽误时间，收件人无须固定守候在线路的另一端，可以在方便的任意时间、任意地点，甚至是在旅途中收取 E-mail，从而跨越了时间和空间的限制。

（4）成本低廉。E-mail 最大的优点还在于其低廉的通信价格，用户花费极少的市内电话费用即可将重要的信息发送到远在地球另一端的用户手中。

（5）更为广泛的交流对象。同一个信件可以通过网络极快地发送给网上指定的一个或多个成员，甚至可以召开网上会议进行互相讨论，这些成员可以分布在世界各地，但发送速度则与地域无关。与任何一种其他的 Internet 服务相比，使用电子邮件可以与更多的人进行通信。

（6）安全可靠。E-mail 软件是高效可靠的，如果目的地的计算机正好关机或暂时从 Internet 断开，E-mail 软件会每隔一段时间自动重发；如果电子邮件在一段时间之内无法递交，电子邮件会自动通知发信人。作为一种高质量的服务，电子邮件是安全可靠的高速信件递送机制，Internet 用户一般只通过 E-mail 方式发送信件。

## 3. 文件传输协议

文件传输协议 FTP（File Transfer Protocol）是 Internet 文件传输的基础。通过该协议，用户可以从一个 Internet 主机向另一个 Internet 主机拷贝文件。

FTP 曾经是 Internet 中的一种重要的交流形式。目前，我们常常用它来从远程主机中拷贝所需的各类软件。

与大多数 Internet 服务一样，FTP 也是一个客户机/服务器系统。用户通过一个支持 FTP 协议的客户机程序，连接到在远程主机上的 FTP 服务器程序。用户通过客户机程序向服务器程序发出命令，服务器程序执行用户所发出的命令，并将执行的结果返回到客户机。例如，用户发出一条命令，要求服务器向用户传送某一个文件的一份拷贝，服务器会响应这条命令，将指定文件送至用户的机器上。客户机程序代表用户接收到这个文件，将其存放在用户目录中。

在 FTP 的使用当中，用户经常遇到两个概念："下载"（Download）和"上传"（Upload）。"下载"文件就是从远程主机拷贝文件至自己的计算机上；"上传"文件就是将文件从自己的计算机中拷贝至远程主机上。用 Internet 语言来说，用户可通过客户机程序向（从）远程主机上传（下载）文件。

### 4．其他的 Internet 服务

除了万维网和电子邮件、FTP 等 Internet 常用服务以外，Internet 还有一些其他的应用。例如，远程登录（Telnet）、电子公告牌系统（BBS）、匿名 FTP 文件查询工具（Archie）、信息查询工具（Gopher）、广域信息服务（WAIS）和网络新闻组（Usenet）等。

## 6.4　Windows 7 网络应用

### 6.4.1　Windows 7 上网设置

#### 1．Windows 7 网络应用基础

下面介绍相关的一些网络术语，便于学习过程中理解相关的操作过程。

PPPoE——全称 Point to Point Protocol over Ethernet，意思是基于以太网的点对点协议。与传统的接入方式相比，PPPoE 具有较高的性能价格比，它在包括小区组网建设等一系列应用中被广泛采用，目前流行的宽带接入方式 ADSL 就使用了 PPPoE 协议。

SSID——Service Set Identifier，服务集标识符，也可以写为 ESSID，用来区分不同的网络，最多可以有 32 个字符，无线网卡设置了不同的 SSID 就可以进入不同网络，SSID 通常由 AP 或无线路由器广播出来，通过 Windows 7 系统自带的扫描功能可以查看当前区域内的 SSID。出于安全考虑可以不广播 SSID，此时用户就要手工设置 SSID 才能进入相应的网络。简单说，SSID 就是一个无线局域网的名称，只有设置为名称相同的 SSID 值的计算机才能互相通信。SSID 号实际上有点类似于有线的广播或组播，它也是从一点发向多点或整个网络的。一般无线网卡在接收到某个路由器发来的 SSID 号后先要比较下是不是自己配置要连接的 SSID 号，如果是则进行连接，如果不是则丢弃该 SSID 广播数据包。

信道——是对无线通信中发送端和接收端之间的通路的一种形象比喻，对于无线电波而言，它从发送端传送到接收端，其间并没有一个有形的连接，它的传播路径也有可能不只一条，但是我们为了形象地描述发送端与接收端之间的工作，我们想象两者之间有一个看不见的道路衔接，把这条衔接通路称为信道。信道具有一定的频率带宽，正如公路有一定的宽度一样。

无线网络常见标准有以下几种：

IEEE 802.11a：使用 5GHz 频段，传输速度 54Mbps，与 802.11b 不兼容。

IEEE 802.11b：使用 2.4GHz 频段，传输速度 11Mbps。

IEEE 802.11g：使用 2.4GHz 频段，传输速度主要有 54Mbps、108Mbps，可向下兼容 802.11b。

IEEE 802.11n 草案：使用 2.4GHz 频段，传输速度可达 300Mbps，目前标准尚为草案，但产品已层出不穷；目前 IEEE 802.11b 最常用，但 IEEE 802.11g 更具下一代标准的实力，802.11n 也在快速发展中。

Windows 7 可以使用前面介绍的所有接入方式上网，现在比较常用的是 ADSL 宽带上网——使用计算机拨号、ADSL 宽带上网——使用（无线）路由器、局域网上网，下面分别介绍。

#### 2．使用计算机拨号宽带上网

ADSL 上网使用 PPPoE 协议，它的硬件和软件是分离的，申请 ADSL 后，ISP 会给用户一个 ADSL 专用的调制解调器，用户可以使用 ISP 提供的 ADSL 专用上网软件，也可以使用

Windows 7 自带的宽带拨号模块。这里介绍使用 Windows 7 自带的宽带拨号模块建立宽带拨号的安装与使用方法。

其中，ISP 即 Internet 服务提供商（Internet Service Provider）。它提供互联网的拨入账号，是网络最终用户进入 Internet 的入口和桥梁，例如电信、铁通、联通等服务提供商分配给用户的宽带账号信息。

这种上网方式需要将电话线连接到 ADSL 专用的调制解调器，然后用一条双绞线（网线）将 ADSL 调制解调器连接到计算机的网卡即可，如图 6.1 所示。接下来就可以在 Windows 7 系统中添加和设置宽带拨号模块。

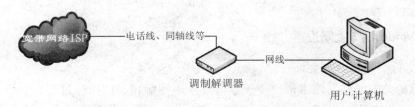

图 6.1　ADSL 宽带连接——使用计算机拨号示意图

（1）建立一个新的宽带连接。单击 Windows 7 系统左下角的 <img> 菜单，选择【控制面板】，打开【网络和共享中心】窗口，如图 6.2 所示。

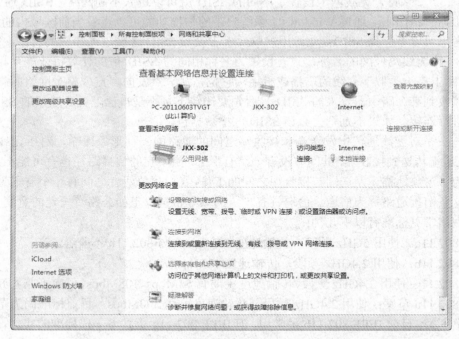

图 6.2　【网络和共享中心】窗口

单击【设置新的连接或网络】项，弹出【设置连接或网络】对话框，如图 6.3 所示。

其中有 4 个选项，这里选择【连接到 Internet】，单击【下一步】按钮，弹出【连接到 Internet】对话框，选择【仍要设置新连接】，如图 6.4 所示。在弹出的对话框中，如图 6.5 所示，选择【宽带（PPPoE）（R）】选项，进入到宽带 PPPoE 设置界面，如图 6.6 所示。

图 6.3　【设置连接或网络】对话框

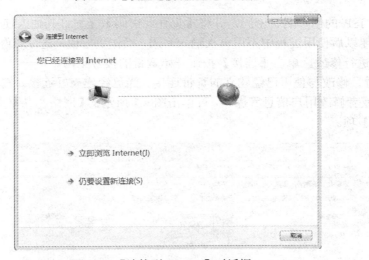

图 6.4　【连接到 Internet】对话框一

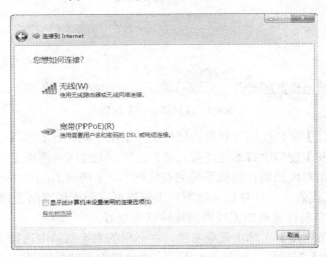

图 6.5　【连接到 Internet】对话框二

图 6.6 　【连接到 Internet】对话框三

接着输入 ISP 的用户名、密码，并将【记住此密码】、【允许其他人使用此连接（A）】复选框选中，以便以后使用过程中不用再次输入密码，操作更方便，宽带的连接名称可以根据用户自己的喜好进行修改。单击【连接】按钮开始宽带的拨号上网。

（2）查看、修改与使用已经建立的宽带连接。当已经建立好连接，需要进行查看其相关的用户信息，或者修改用户信息等操作，可单击图 6.2 所示的【网络和共享中心】窗口中的【更改适配器设置】项。

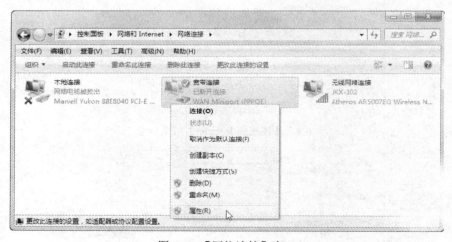

图 6.7 　【网络连接】窗口

弹出的【网络连接】窗口根据计算机的硬件配置情况不同，显示的项目有所不同，当前这台计算机的【网络连接】窗口中有本地连接、宽带连接、无线网络连接三个项目，其中本地连接、无线网络连接分别对应当前计算机系统的有线网卡、无线网卡，这里可以看到本地连接图标上有个叉（X），这代表当前计算机有线网络没有连通，而无线网络连接的图标的信号强度为满信号状态，表明当前计算机的无线网络连接状态极好。

在图 6.7 中【宽带连接】上单击鼠标右键，在弹出的右键菜单中选择【连接（O）】，这时弹出【连接 宽带连接】对话框，如图 6.8 所示，对话框中有前面创建宽带连接的用户名、密码及其他相关设置，其中密码是隐藏不可见的，如果以前用户名、密码输入有误，可以在此重新输入更改即可。

图 6.8　【连接 宽带连接】对话框

当用户名和密码信息设置正确后，单击【连接】按钮，计算机弹出【正在连接到 宽带连接】对话框，如图 6.9 所示，并提示宽带连接成功。

图 6.9　【正在连接到 宽带连接】对话框

如果用户名、密码、电话线、网络连线、调制解调器存在问题，则会弹出如图 6.10 所示的对话框。

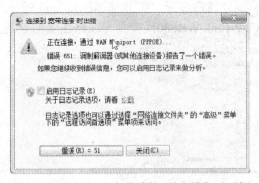

图 6.10　【连接到 宽带连接 时出错】对话框

当宽带连接成功后，便可以开始上网冲浪了，目前网络资源丰富，信息量大，网络媒体类型多种多样，有文字信息、声音、视频等各种类型的媒体信息。

3.　使用路由器拨号宽带上网

当申请了宽带上网后，例如电信、铁通、联通等服务提供商分配给用户的宽带账号信息，

ISP 会给用户一个 ADSL 专用的调制解调器，用户可以使用 ISP 提供的 ADSL 专用上网软件，也可以使用 Windows 7 自带的宽带拨号模块，同样可以使用宽带路由器来上网。如图 6.11 所示，图中的无线宽带路由器通常有一个 WAN 口，用来连接外网，如 ADSL 调制解调器、其他可以上网的局域网等；路由器上还有 4 个 LAN 口，用来连接内部的有线网络设备，如台式计算机、网络打印机、网络播放器等；另外无线路由器通常还会带有一个或多个外置天线，是用来连接无线网络设备的，如笔记本电脑、平板电脑、智能手机等，例如目前比较常用的 iPad、iPhone、iTouch 等。

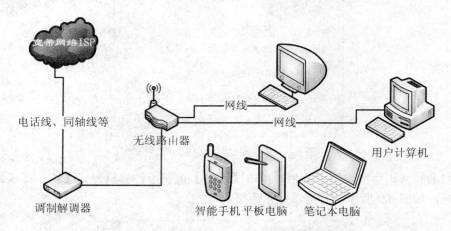

图 6.11　ADSL 宽带连接——使用（无线）路由器示意图

通过（无线）路由器上网的方式目前比较普遍，这种方式的优势有：

宽带账号信息保存在路由器上，计算机重装系统后无需再次设置上网配置。

宽带路由器通常有多个有线网络接口，可以共享宽带，允许多台计算机同时使用一条宽带上网。

如果使用的是无线路由器，带无线网卡的台式机、笔记本电脑、平板电脑、手机等无需连线，即可通过无线路由器上网，无需另外连接网络线。

宽带路由器的种类多，型号规格各异，但其基本的设置过程一致。这里介绍常用的无线宽带路由器的基本设置，以 TP-Link WR840N 宽带无线路由器的设置为例进行说明，如图 6.12 所示。

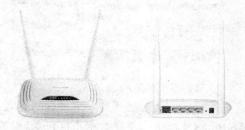

图 6.12　TP-Link WR840N 宽带无线路由器

（1）将路由器连接好电源，用一条网线将 ADSL 调制解调器与路由器的 WAN 口连接，用另一条网线将计算机与路由器的一个 WAN 连接；根据路由器的说明书或者路由器底部的说明可以看到下面的信息：路由器 IP（192.168.1.1）、用户名（admin）、密码（admin），对于新的路由器这些信息都是默认的，未做修改，因此可以通过以上信息登录到路由器的管理界面，通常需要将连接到路由器的计算机的本地连接 IP 设置改为【自动获得……】；在计算机桌面上【网络】图标上单击鼠标右键，选择【属性】，接着单击【更改适配器设置】，如图 6.13 所示。

图 6.13　【网络连接】窗口

（2）在【本地连接】上单击鼠标右键，选择【属性】，弹出【本地连接属性】对话框，如图 6.14 所示，选择其中的【Internet 协议版本 4（TCP/IPv4）】，接着单击【属性】按钮，弹出【Internet 协议版本 4（TCP/IPv4）属性】对话框，选择【自动获得 IP 地址】和【自动获得 DNS 服务器地址】，单击【确定】按钮即可。

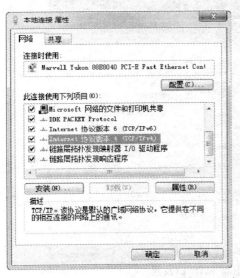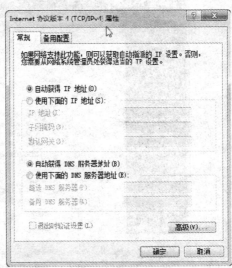

图 6.14　本地连接属性

宽带路由器通常默认是启动了 DHCP 服务的，即路由器会自动给所连接的计算机分配上网 IP 地址、网关等；当上述属性设置好后，计算机即会显示网络已经连接，表示计算机已经连接上了路由器。

（3）打开桌面上的 IE（Internet Explorer）浏览器，在地址栏输入宽带路由器上注明的"路由器 IP"地址，即 192.168.1.1，然后回车确认，弹出路由器登录界面，如图 6.15 所示。

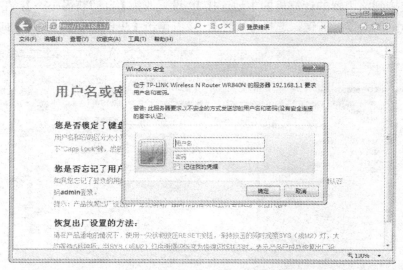

图 6.15　宽带路由器登录界面

在图 6.15 中输入用户名：admin，密码：admin，单击【确认】按钮。进入到宽带路由器配置界面，如图 6.16 所示。

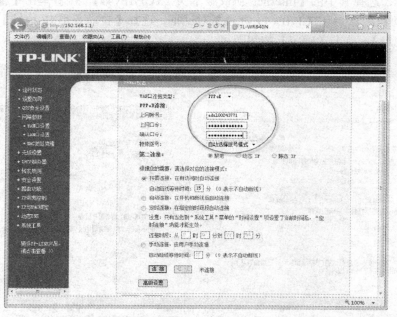

图 6.16　宽带路由器 WAN 口设置

宽带路由器的配置界面基本上包括网络参数、无线设置、DHCP 服务器、转发规则、安全设置、路由功能、系统工具等；如果是无线宽带路由器则还包括无线设置菜单，可以设置无线网络的相关信息。

单击图 6.16 左侧的【网络参数】菜单项，选择【WAN 口设置】，由于我们现在使用的是宽带 ADSL 拨号上网，因此选择"PPPoE"连接类型。

　　在当前页面的【上网账号】、【上网口令】输入框内填写正确的账号信息，并根据需要，选择对应的连接模式。如果是计时上网，则选择【按需连接，在有访问时自动连接】；如果是包月上网或者包年上网，则选择【自动连接，在开机和断线后自动连接】。当然，另外其他的连接方式可以根据需要进行选择。当上述信息设置好后，单击【保存】按钮，将当前的信息保存在宽带路由器上。

　　左侧菜单中的【DHCP 服务器】的配置，说明当前路由器具有 DHCP 功能，启用和不启用 DHCP 服务器就是开关，目的是为了方便计算机等上网设备连接当前路由器而设置的。DHCP 指的是由服务器控制一段 IP 地址范围，客户机登录服务器时就可以自动获得服务器分配的 IP 地址和子网掩码，而无需对路由器进行连接。如图 6.14 所示，将所连接宽带路由器的计算机网络连接属性设置为【自动获得 IP 地址】、【自动获得 DNS 服务器地址】后，当前计算机即可通过 DHCP 服务器获得相应的地址信息，而无需手工来设置。

　　单击左侧【DHCP 服务器】菜单项，右侧显示 DHCP 服务的配置界面，对于宽带路由器，DHCP 服务器默认是启用状态的，相关信息包括：地址池开始地址、地址池结束地址、地址租用期、网卡、主 DNS 服务器、备用 DNS 服务器等；通常只需使用当前的默认设置，无需修改；如图 6.17 所示，对于可选项信息不用修改，保持初始设置即可。

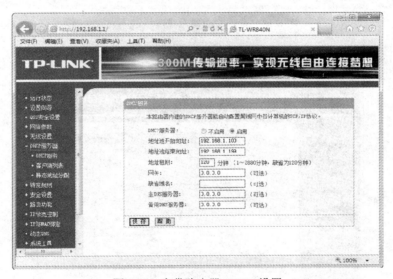

图 6.17　宽带路由器 DHCP 设置

　　如果当前使用的是无线路由器，则还需对路由器的无线信息进行设置。单击左侧的【无线设置】菜单项，右侧显示无线网络基本设置界面，如图 6.18 所示。

　　无线网络基本设置包括：SSID 号、信道、模式、频段带宽、开启无线功能、开启 SSID 广播、开启 WDS 等。

　　通常对于路由器的无线网络的基本参数，只需要修改 SSID 号，其目的在于以后在通过无线上网设备连接自己的无线网络的时候，便于识别出自己的无线网络，这里将当前无线路由器的 SSID 改为 MyWiFi，单击【保存】按钮。

　　接下来单击【无线安全设置】，右侧显示无线网络安全设置界面，设置无线网络的安全项，即对当前路由器提供的无线网络访问服务提供安全保障。如图 6.19 所示，宽带路由器里面的 WEP 是一种广泛使用的网络安全方法。启用 WEP 的同时，就设置了一个网络安全密钥。该密钥可以对计算机通过网络发送到另一台计算机的信息进行加密。接收方计算机需要该密钥才能对信息进行解码，这样其他计算机上的用户就难以在没有得到允许的情况下连接到网络并访问文件。

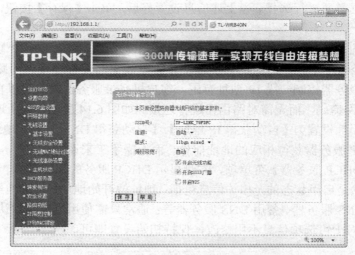

图 6.18　宽带路由器无线网络基本设置

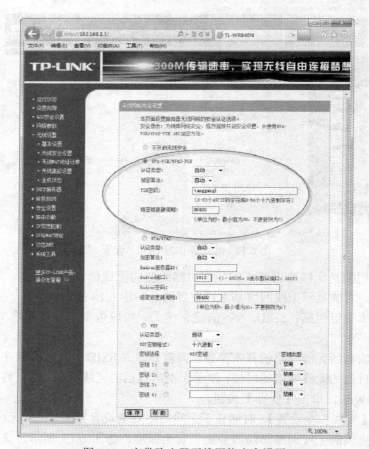

图 6.19　宽带路由器无线网络安全设置

WPA——Wi-Fi 保护访问，WPA 旨在提高 WEP 的安全性。与 WEP 类似的是，WPA 也会对信息进行加密，但 WPA 还会检查网络安全密钥以确保其未被修改。WPA 还会对用户进行身份验证，以帮助确保只有通过验证的人才能访问网络。如果网络硬件既可以使用 WEP 安全又可以使用 WPA 安全，则建议使用 WPA。有两种类型的 WPA 身份验证：WPA 和 WPA2。WPA 专门用于所有无线网络适配器，但可能无法用于老式路由器或访问点。WPA2 比 WPA 更安全，但无法用于某些老式网络适配器。WPA 专门用于向每个用户分发不同密钥的 802.1X 身份验证服务器，称为 WPA-企业或 WPA2-企业。WPA 还可以在预共享密钥 （PSK）模式下使用，该模式下会授予每个用户相同的密码，称为 WPA-个人或 WPA2-个人。802.1X 身份验证可帮助增强 802.11 无线网络及有线以太网网络的安全性。802.1X 使用身份验证服务器验证用户并提供网络访问。在无线网络上，802.1X 可用于有线对等保密（WEP）或 Wi-Fi 保护访问（WPA）密钥。该身份验证类型通常在连接到办公网络时使用。

　　在图 6.20 中，选择 ⊙ WPA-PSK/WPA2-PSK ，【认证类型】、【加密算法】使用默认的【自动】方式，在【PSK 密码】输入框中输入自己想设置的密码字符，这里我们输入字符串"tanggang1"作为密码，实际使用过程中，密码尽量使用较长字母、数字，防止黑客暴力破解，最后单击当前界面下方的【保存】按钮进行保存。

　　通过上述对路由器的设置，只要将计算机通过网线连接到路由器的 LAN 口，即可上网了。对于笔记本电脑、平板电脑、WiFi 智能手机等设备，需要通过设备上的无线网卡搜索设置的无线路由器 SSID 号，根据提示输入正确的密码，即可以连接到互联网络，如图 6.20 所示。

　　单击计算机屏幕下方任务栏里的 网络连接图标，即可弹出如图 6.20 所示的网络连接窗口，选择前面设置的 SSID 号为 MyWiFi 的无线路由器，单击【连接】按钮，在弹出的如图 6.21 所示窗口中输入无线网络设置的密码 tanggang1，单击【确定】按钮，到此就能正常地使用无线网络上网冲浪了。

图 6.20　Windows 7 网络连接

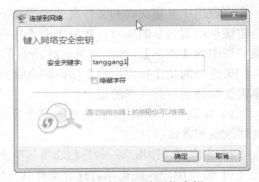

图 6.21　输入无线网络密钥

在网络共享中心可以看到当前计算机基本网络信息状态，如图 6.22 所示。

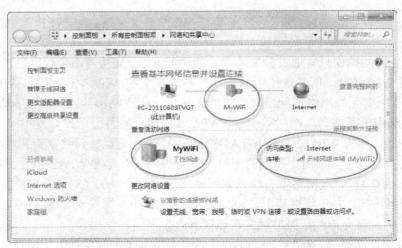

图 6.22　基本网络信息状态

### 6.4.2　文件共享

与他人共享文件，目的在于将当前计算机上的部分资源共享给同一个网络中的其他计算机或设备使用。在 Windows 7 中，可以与他人共享单个文件和文件夹，甚至整个库。共享某些内容最快速的方式是使用新的【共享对象】菜单。可以看到的选项取决于共享的文件和计算机连接到的网络类型：家庭组、工作组或域。

1．在家庭组共享文件

使用 Windows 7，可以更轻松地与家里或办公室中的人们共享文档、音乐、照片及其他文件。

家庭组，在家即可轻松共享，在家庭网络上共享文件的最简单方法就是创建或加入家庭组。什么是家庭组？家庭组是可分享图片、音乐、视频、文档甚至打印机的一组 PC。必须是运行 Windows 7 的计算机才能加入家庭组。

设置或加入家庭组时，将告知 Windows 哪些文件夹或库可以共享，哪些保留专用。然后Windows 在后台工作，在相应的设置间进行切换。除非授予权限，其他人将无法更改共享的文件。还可以使用密码保护家庭组，可以随时更改该密码。

在家庭组中共享文件和文件夹的步骤如下：

右键单击要共享的项目，然后单击【共享对象】。这里选择【常用工具】文件夹，然后单击菜单栏中的【共享】，弹出如图 6.23 所示菜单，选择其中一项即可。

如果选择的是【特定用户】项，则会弹出如图 6.24 所示的文件共享窗口，这里可以根据共享需要选择要与其共享的用户。

（1）家庭组（读取）。此选项与整个家庭组共享项目，但只能打开该项目。家庭组成员不能修改或删除该项目。

（2）家庭组（读取/写入）。此选项与整个家庭组共享项目，可打开、修改或删除该项目。

（3）特定用户。此选项将打开文件共享向导，允许选择与其共享项目的单个用户。

2．与每个人、某个人共享

家庭组为自动共享音乐、图片等提供了快捷便利的途径。但是对于无法自动共享的文件和文件夹，或者在办公室时，这种情况下，就需要使用新的【共享对象】菜单。使用【共享对象】菜单，可以选择个别文件和文件夹并与他人共享。在菜单上看到的选项取决于用户选择什么类型的项目，以及当前计算机所连接的网络类型。

图 6.23　家庭组共享文件

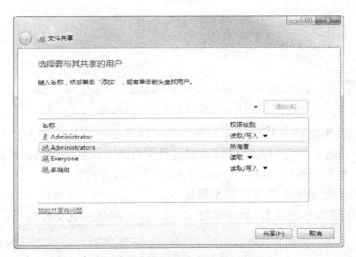

图 6.24　选择要与其共享的用户

个人共享步骤如下：

（1）右键单击要共享的项目，单击【共享对象】，然后单击【特定用户】，如图 6.23 所示。

（2）在【文件共享】向导中，单击文本框旁的箭头，从列表中单击名称，然后单击【添加】按钮，再单击【共享】按钮即可。

3．公用文件夹共享

【共享对象】菜单提供了在 Windows 7 中共享项目的最简单轻松的途径。但是还有另一个选项：公用文件夹。这些文件夹类似于收件箱；将文件或文件夹复制到公用文件夹时，就立即使该文件或文件夹可以供计算机上的其他用户或网络上的其他用户使用。

每个库中均有一个公用文件夹。示例包括公用文档、公用音乐、公用图片和公用视频。默认情况下，公用文件夹共享处于关闭状态，除非是在家庭组中。

如果临时要与几个人共享文档或其他文件，那么公用文件夹就很便捷。这也是一种跟踪当前计算机与他人的共享内容的便捷途径；如果内容在文件夹中，它就是共享的。

其缺点是无法限制用户只能查看公用文件夹中的某些文件。要么可查看所有文件，要么什么也查看不了。而且，也无法对权限进行精确调整。但是，如果这些都不是重要的考虑因素，那么公共文件夹就可以提供一种方便的备用共享途径。

通过将文件和文件夹复制或移动到 Windows 7 公用文件夹之一（例如公用音乐或公用图片）来共享文件和文件夹。可以通过依次单击【开始】按钮 、用户账户名称，然后单击【库】旁边的箭头展开文件夹进行查找，如图 6.25 所示。

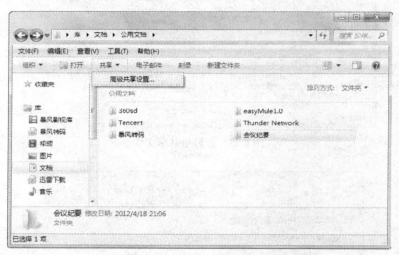

图 6.25　使用公用文件夹共享

默认情况下，公用文件夹共享处于关闭状态（除非是在家庭组中）。"公用文件夹共享"打开时，计算机或网络上的任何人均可以访问这些文件夹。在其关闭后，只有在需要访问共享文件夹的计算机上具有对方用户账户和密码的用户才可以访问。

打开或关闭"公用文件夹共享"的步骤如下：

（1）单击【高级共享设置】，如图 6.25 所示，弹出网络配置文件窗口，如图 6.26 所示。

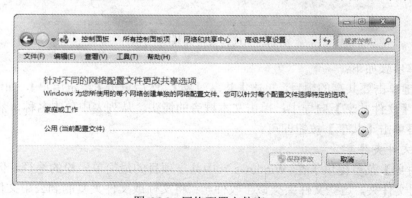

图 6.26　网络配置文件窗口

（2）在弹出的窗口中单击 V 形图标  展开【公用（当前配置文件）】，如图 6.27 所示。

（3）在【公用文件夹共享】下，选择下列选项之一，如图 6.27 所示。

①启用共享以便可以访问网络的用户可以读取和写入公用文件夹中的文件。

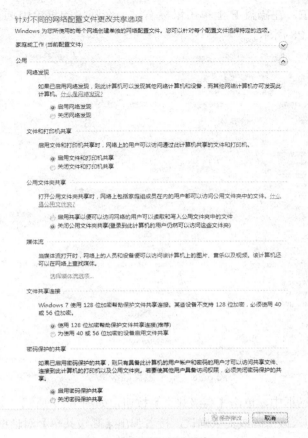

图 6.27　高级共享设置窗口

②关闭公用文件夹共享（登录到此计算机的用户仍然可以访问这些文件夹）。

（4）打开或关闭密码保护的共享。

在【密码保护的共享】下，选择下列选项之一：

①启用密码保护共享。

②关闭密码保护共享。

通过在高级共享设置窗口中打开密码保护的共享，可以限制在计算机上具有用户账户和密码的用户才能访问公用文件夹。

（5）单击【保存修改】按钮。如果系统提示输入管理员密码或进行确认，键入该密码或提供确认。

4. 使用"高级共享"

出于安全考虑，在 Windows 中有些位置不能直接使用【共享对象】菜单共享。如果尝试共享整个驱动器（例如计算机上的 C 驱动器）或系统文件夹（包括 Users 和 Windows 文件夹），就是一个示例。

若要共享这些位置，必须使用"高级共享"。但在一般情况下，我们不建议共享整个驱动器或 Windows 系统文件夹。

使用"高级共享"的步骤如下：

（1）右键单击驱动器或文件夹，单击【共享对象】，然后单击【高级共享】，这里共享卷标为"软件"的磁盘 E，在磁盘 E 上单击鼠标右键，在弹出的菜单中选择【共享】，接着单击【高级共享】，如图 6.28 所示。

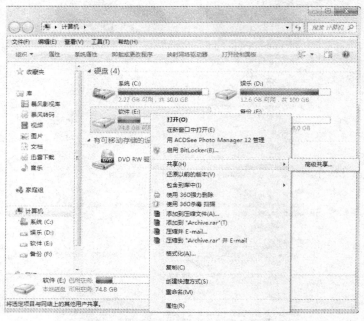

图 6.28　整个磁盘高级共享

（2）在显示的对话框中，单击【高级共享】按钮，如图 6.29 所示。如果系统提示输入管理员密码或进行确认，键入该密码或提供确认，接着弹出【高级共享】对话框，如图 6.30 所示。

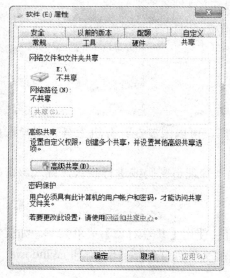

图 6.29　高级共享

图 6.30　【高级共享】对话框

（3）在【高级共享】对话框中，选中【共享此文件夹】复选框，如图 6.30 所示。

（4）若要指定用户或更改权限，单击【权限】按钮，如图 6.31 所示。

（5）单击【添加】或【删除】按钮来添加或删除用户或组，如图 6.32 所示。

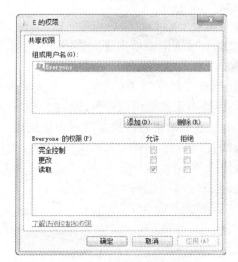

图 6.31　共享对象的权限设置　　　　　图 6.32　选择用户或组

（6）选择每个用户或组，选中要为该用户或组分配的权限对应的复选框，然后单击【确定】按钮。

（7）完成后，单击【确定】按钮。

### 6.4.3　打印机共享

在家庭网络中的 PC 使用打印机有两种基本方式：

（1）直接连接到一台计算机，然后与网络上的其他人共享。

（2）在网络中以独立设备的方式连接打印机。

本节解释了在 Windows 7 中如何操作这两种方式。但是，用户必须仔细查阅随打印机型号提供的信息，以了解特定的安装和设置说明。

#### 1. 设置共享打印机

通常，在家庭网络中共享打印机的最常见的方式是将打印机连接到其中一台 PC，然后在 Windows 中设置共享。这称为"共享打印机"。

共享打印机的优点是它可与任何 USB 打印机协同工作。缺点是主机必须打开，否则网络中的其他计算机将不能访问共享打印机。

在以前版本的 Windows 中，设置共享打印机有时可能需要技巧。但是在 Windows 7 中被称为"家庭组"的新的家庭网络功能已经极大地简化了此过程。

将某个网络设置为家庭组时，此网络上的打印机和特定文件将会自动共享，如图 6.27 所示，在【文件和打印机共享】下，选择 ◉ 启用文件和打印机共享 。

如果已经组建了一个家庭组并希望从家庭组的另一台 PC 访问共享打印机，只需按以下步骤手动连接到家庭组打印机，步骤为：

（1）在物理连接打印机的计算机上，单击【开始】按钮 ，再单击【控制面板】，在搜索框中键入"家庭组"，然后单击【家庭组】。

（2）确保已选中【打印机】复选框（如果没有，则选中，然后单击【保存修改】。）

（3）转到要从中打印的计算机。

（4）单击打开【家庭组】。

（5）单击【安装打印机】。

（6）如果尚未安装该打印机的驱动程序，在出现的对话框中单击【安装驱动程序】。

2．设置网络打印机

"网络打印机"（设计为作为独立设备直接连接到计算机网络中的设备），在大型办公室中被广泛使用。现在打印机制造商越来越多地提供各种适用于家庭网络中的廉价的喷墨打印机和激光打印机。网络打印机与共享打印机相比有一个非常大的优势，就是随时可以使用。

网络打印机有两种常见类型：有线和无线。有线打印机有一个以太网端口，可以通过以太网电缆连接到路由器或集线器。无线打印机通常使用 Wi-Fi 或 Bluetooth 技术连接到家庭网络。一些打印机同时提供这两种选项。

安装一个网络、Wi-Fi 或 Bluetooth 打印机的步骤如下：

（1）单击打开【设备和打印机】窗口。

（2）单击【添加打印机】。

（3）在【添加打印机向导】对话框中，单击【添加网络、无线或 Bluetooth 打印机】。

（4）在可用的打印机列表中，选择要使用的打印机，然后单击【下一步】按钮。

（5）如有提示，单击【安装驱动程序】，在计算机中安装打印机驱动程序。如果系统提示输入管理员密码或进行确认，键入该密码或提供确认。

（6）完成向导中的其余步骤，然后单击【完成】按钮。

## 本章小结

本章介绍了计算机网络的发展历史、计算机网络的定义与功能、计算机网络的分类、计算机网络协议、计算机网络的体系结构、计算机网络的组成等，讲解了 Windows 7 系统的部分网络设置和功能，让读者通过上机实际操作，熟练掌握 Windows 7 系统的网络使用技能。

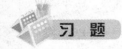

## 习　题

### 一、选择题

1．局域网的网络硬件主要包括网络服务器、工作站、（　　）和通信介质。

  A．计算机　　　　　　　　　　　B．网卡

  C．网络拓扑结构　　　　　　　　D．网络协议

2．下列叙述中，错误的是（　　）。

  A．发送电子邮件时，一次发送操作只能发送给一个接收者

  B．收发电子邮件时，接收方无须了解对方的电子邮件地址就能发回邮件

  C．向对方发送电子邮件时，并不要求对方一定处于开机状态

  D．使用电子邮件的首要条件是必须拥有一个电子信箱

3．电子邮件的特点之一是（　　）。

  A．采用存储—转发方式在网络上逐步传递信息，不像电话那样直接、即时，但费用较低

  B．在通信双方的计算机都开机工作的情况下，方可快速传递数字信息

C．比邮政信函、电报、电话、传真都更快

D．只要在通信双方的计算机之间建立直接的通信线路后，便可快速传递数字信息

4．计算机网络最突出的优点是（　　）。

A．运算速度快　　　　　　　　B．运算精度高

C．存储容量大　　　　　　　　D．资源共享

5．为网络提供共享资源并对这些资源进行管理的计算机称之为（　　）。

A．网卡　　　　　　　　　　　B．服务器

C．工作站　　　　　　　　　　D．网桥

6．所谓互联网是指（　　）。

A．大型主机与远程终端相互连接起来

B．若干台大型主机相互连接起来

C．同种类型的网络及其产品相互连接起来

D．同种或异种类型的网络及其产品相互连接起来

7．常用的通信有线介质包括双绞线、同轴电缆和（　　）。

A．微波　　　　　　　　　　　B．红外线

C．光缆　　　　　　　　　　　D．激光

8．Internet 网络协议的基础是（　　）。

A．Windows NT　　　　　　　B．NetWare

C．IPX/SPX　　　　　　　　　D．TCP/IP

9．TCP 的主要功能是（　　）。

A．进行数据分组　　　　　　　B．保证可靠传输

C．确定数据传输路径　　　　　D．提高传输速度

10．主机域名 public.tpt.hz.cn 由 4 个子域组成，其中（　　）表示最高层域。

A．public　　　　　　　　　　B．tpt

C．hz　　　　　　　　　　　　D．cn

## 二、判断题

1．网络新闻组 USENET 是 WWW 中发布新闻的页面。　　　　　　　　　（　　）

2．WWW 中的超文本文件是用超文本标记语言写的。　　　　　　　　　（　　）

3．FTP 提供了 Internet 上任意两台计算机相互传输文件的机制，因此它是用户获得大量 Internet 资源的重要方法。　　　　　　　　　　　　　　　　　　　　　　（　　）

4．当拥有一台 586 个人计算机和一部电话机，只要再安装一个调制解调器（Modem），便可将个人计算机连接到 Internet 上了。　　　　　　　　　　　　　　　　（　　）

5．向对方发电子邮件时，对方计算机应处于打开状态。　　　　　　　　（　　）

6．与 Internet 的连接可以通过电话线和调制解调器，也可以通过局域网连接。（　　）

7．浏览的实时的网页一定不要求当前计算机是在线状态。　　　　　　　（　　）

8．网页中表格的行高可以调整，列宽不能调整。　　　　　　　　　　　（　　）

9．无线路由器越靠近金属柜体，其信号强度越高。　　　　　　　　　　（　　）

10．带无线网卡的笔记本电脑一定要通过网线连接才能上网。　　　　　（　　）

### 三、问答题

1. 什么是网络协议？TCP/IP 是干什么用的？
2. 如何让别人看到自己做的网页？
3. 什么是 IP 冲突？全世界如何保证不产生 IP 冲突？
4. 在无线网络中 SSID、信道的作用是什么？
5. 理解无线网络安全认证方式中的 WPA-PSK/WPA2-PSK、WPA/WPA2、WEP 认证的特点和安全性能，通常无线宽带路由器使用哪种认证？

# 第 7 章　计算机信息安全与系统维护

## 7.1　计算机信息安全概述

在讨论信息安全的概念前，需要先对计算机系统做一个简单的介绍。从 1946 年第一台计算机（ENIAC）诞生至今，计算机已经渐渐从单一指向的设备逐步扩展为外延越来越大的系统，这个系统涵盖了自然及社会环境系统，硬件、软件系统，网络系统，及与之相适应的法律体系等。我们了解了计算机系统包括的范围，那么，在计算机系统中安全主要研究的方向集中在这个系统的可靠程度，系统功能的正常运行以及信息安全三个方面。其中，信息安全可以从两方面来考虑、即信息系统本身的安全性及数据的安全性，在讨论信息安全时必然要把它置于特定的环境中，如：网络环境等。

计算机信息安全并不是单纯的一项技术、一种手段或一种管理措施，它是一个相互关联又相互制约的体系，应着重从这一角度来理解安全的概念。

### 7.1.1　计算机信息系统安全

这里所说的计算机信息系统安全不是指 MIS（Management Information System）的安全，而是站在计算机系统功能及运行这一角度来介绍信息安全。我们已经介绍过，信息系统安全包括系统本身的安全性及数据的安全性两个方面，接下来我们就从这两方面入手了解其所包含的具体内容。

1. 信息系统的安全性

（1）实体安全。实体安全又称物理安全或设备安全。在计算机信息系统中，计算机及其相关的硬件设备、设施（含网络）统称为计算机信息系统的"实体"。"实体安全"是指保护计算机硬件设备、设施（含网络）以及其他媒体免遭地震、水灾、火灾、雷电、噪声、外界电磁干扰、电磁信息泄漏、有害气体和其他环境事故（如电磁污染等）破坏的措施和过程。实体安全包括环境安全、设备安全和传输介质安全三个方面。

（2）运行安全。一台计算机运行着操作系统、应用软件，还需要通过网络获得及分享信息，我们说这台计算机正在运行着，讨论确保运行的可靠及安全性就是信息系统运行安全的主要内容。计算机信息系统的运行安全包括：系统风险管理、审计跟踪、备份与恢复、应急处理四个方面的内容。系统的运行安全是计算机信息系统安全的重要环节，是为保障系统功能的安全实现，其目标是保证系统能连续、正常地运行。

2. 数据的安全性

讨论数据的安全，需要理解数据在信息系统中的存在形式，即：传输和存储。那么，数据安全就是需确保数据的传输安全（Transformation Security）和存储安全（Storage Security）。例如：计算机运行及网络应用必然会涉及到数据的共享和传输，需要确保不会出现诸如：非法授权访问、更改、破坏或使信息被非法辨识、控制；存储在数据库中供应用软件使用的也是数据，这类数据需要确保它的完整性、保密性、可用性、不可否认性及可控性。

为了加强计算机信息系统的安全保护工作，促进计算机应用和发展，保障社会主义现代化顺利进行，1994年2月18日，国务院发布了《中华人民共和国计算机信息系统安全保护条例》。

### 7.1.2 计算机信息网络安全

**1. 计算机信息系统安全与计算机信息网络安全的关系**

前面我们讲过计算机是一个系统，其涵盖领域随着相关技术及管理思想的发展正不断扩大，现代计算机系统早已将网络包含于其中而不可分割，数据需要通过网络进行传输的这一现实，使我们可以认为计算机信息系统的安全与信息网络的安全这两个领域所涉及的内容既有交叉又有独立的特性。

**2. 网络的使用产生了静态安全和动态安全**

每个用户都可以连接、使用乃至控制分布在世界上各个角落的联网计算机，因此计算机信息网络的安全内容更注重全网的动态安全，强调面向连接、面向用户的安全。从系统工程的角度，要求计算机信息网络具有可用性、完整性和保密性，现在又增加了具有动态内容的真实性（不可抵赖性）、可靠性和可控性，并给计算机信息网络可用性、完整性和保密性赋予新的动态内容。目前公安系统的公安专网在使用公安网络信息资源时，为了加强系统安全的保护，特别引入了数字身份证书，可以保证公安专网信息网络具有信息的保密性、完整性、可控性及不可抵赖性。

**3. 网络安全所涉及的概念**

网络作为拥有独立的理论体系与物理架构的系统在我们身边大量存在，如：移动通信网络、宽带网、固定电话通信网络、有线电视传输网络等，尽管传输的内容形式多样，但归根到底其传送就是信息。

网络不仅与服务器、路由器、交换机、网络布线等大量的物理设备有关，同时还与通信协议、操作系统、应用程序等软件相关，为提高网络所必备的安全性，面对如此众多的软件、硬件，在着手分析网络前就需进行前期的安全规划，即从提高网络安全的角度对软、硬件、管理措施等进行有预见性的计划和安排，以期最终达到安全的目的。

### 7.1.3 当前在信息安全领域存在的主要威胁

计算机信息系统所面临的威胁主要来自不可抗力构成的威胁和人为威胁。不可抗力比较容易理解，比如各种自然灾害、恶劣的场地环境、电磁辐射和电磁干扰以及设备自然老化等。这些具有偶然性的事件，有时会直接威胁计算机信息安全，最直接的是影响信息的存储媒体，如：硬盘损毁。

人为威胁有人为的偶然事故威胁、计算机犯罪的威胁、计算机病毒的威胁、信息战的威胁等。人为威胁通过攻击系统暴露的要害或弱点，使得计算机信息的保密性、完整性、真实性、可控性和可用性等受到破坏，造成不可估量的经济和政治损失。人为威胁可分为两种：一种是以操作失误为代表的无意危险，即偶然事故，另一种是以计算机犯罪为代表的有意威胁，即恶意攻击。

**1. 恶意攻击**

恶意攻击是人为的、有目的的破坏，它可以分为主动攻击和静默攻击。主动攻击是指以各种方式有选择地破坏信息，如修改、伪造、添加、重放、乱序、冒充和制造病毒等。静默攻击是指在不干扰网络信息系统正常工作的情况下，进行侦听、截获、窃取、破译和业务流量分析及电磁泄露等。

典型的恶意攻击有以下几种类型：

（1）窃听。在广播式的网络信息系统中，每个节点都能读取网络上的数据。对广播网络的基带同轴电缆或双绞线进行搭线窃听是很容易的，安装通信监视器和读取网上的信息也很容易。网络体系结构允许监视器接受网上传输的所有数据帧而不考虑帧的传输目的地址，这种特性使得网上的数据或非授权访问很容易实现且不易被发现。

（2）数据截获与分析。利用网络信息传输的特点，使用特殊软件（如 Sniffer），能够截获本网络中所有传递的信息，这种截获并不会对信息产生任何不利影响，只不过得到了一大堆信息。随后需要对这些信息分析，可能会得到探测者需要的任何信息。

上述两种攻击方法是静默攻击的典型形式。

（3）破坏完整性。有意修改或破坏所传输的信息或数据，或者在非授权和不能监测的方式下对数据进行修改。

（4）重发。重发是指出于非法目的，将所截获的某次合法通信数据进行复制并重新发送。例如报文的内容是关闭网络的命令，非法重发后就会出现严重的后果。

（5）假冒。通过欺骗通信系统或用户达到非法用户冒充为合法的事实，或者特权小的用户冒充为特权大的用户。黑客大多采用这种攻击形式。

（6）拒绝服务（Deny of Service）。拒绝服务的目的在于瘫痪系统。这种攻击通常是利用系统提供特定服务时的设计缺陷，消耗其大量服务能力，甚至造成系统的崩溃。就好像让一个人忙到不能再忙，而他所忙的事却是毫无意义的事。

（7）资源的非法授权使用。例如恶意者获得了合法用户的用户名和密码，登录网络后得到了该合法用户的全部资源访问授权。

（8）病毒（Virus）。目前，全世界已经发现了数万种计算机病毒。计算机病毒的数量已到了相当的规模，并且新的病毒还在不断出现。随着计算机技术的不断发展以及人们对计算机系统和网络依赖程度的增加，计算机病毒已经构成了对计算机系统和网络的严重威胁。

（9）特洛伊木马（Trojan Horse）。软件中含有一些察觉不出的或伪装成合法的程序段，当它被执行时会破坏用户的安全，这种应用程序被人形象地称为"特洛伊木马"。"木马"与一般的病毒不同，它不会自我繁殖，也并不"刻意"地去感染其他文件，它通过将自身伪装吸引用户下载并执行，向木马施放者提供打开被施放者计算机的门户，使其可以任意毁坏、窃取受害方的文件，甚至远程操控计算机。

这七种攻击方法是主动攻击中较为典型的方法。

**2. 安全缺陷**

如果网络信息系统本身没有任何安全缺陷，那么恶意攻击者是不可能对计算机网络信息安全构成威胁的。不幸的是现在所有的计算机信息与网络系统都不可避免地存在着这样或那样的安全缺陷。有些缺陷是可以通过人为努力加以避免或者改进，但有些安全缺陷则是方便性和安全性折衷所付出的代价。

网络信息系统是计算机技术和通信技术的结合。计算机系统的安全缺陷和通信网络系统的安全缺陷构成了网络信息系统的潜在安全缺陷。

（1）计算机硬件安全缺陷。计算机硬件资源易受自然灾害和人为破坏，计算机硬件工作时的电磁辐射以及硬件的自然失效、外界电磁干扰等均会影响计算机的正常工作；计算机及其外围设备在进行信息处理时会产生电磁泄露，即电磁辐射，由于计算机网络传输媒介的多样性和网内设备分布的广泛性，使得电磁辐射造成信息泄露的问题变得十分严重。

（2）计算机软件安全缺陷。软件资源和数据信息易受计算机病毒的侵扰；非授权用户的复制、篡改和毁坏；由于软件程序的复杂性和编程的多样性，在信息系统的软件中很容易有意或无意地留下一些不易被发现的安全漏洞。

（3）通信网络安全缺陷。通信链路易受自然灾害和人为破坏；采用主动攻击和被动攻击可以窃听通信链路的信息并非法进入计算机网络，获取有关敏感的重要信息。

### 7.1.4　计算机犯罪

计算机应用已深入到社会及我们生活的每个方面，计算机犯罪这一问题也日益凸显。关于计算机犯罪的定义较为权威的有公安部计算机管理监察司给出的定义：所谓计算机犯罪，就是在信息活动领域中，利用计算机信息系统或计算机信息知识作为手段，或者针对计算机信息系统，对国家、团体或个人造成危害，依据法律规定，应当予以刑罚处罚的行为。

计算机犯罪大都具有瞬时性、广域性、专业性、时空分离性等特点。通常计算机罪犯很难留下犯罪证据，这大大刺激了计算机高技术犯罪案件的发生。计算机犯罪案率的迅速增加，使各国的计算机系统特别是网络系统面临着很大的威胁，并成为严重的社会问题之一。

由于计算机犯罪的特殊性，在侦破这类犯罪时，关键就在于提取计算机犯罪分子遗留的电子证据，即证据的固定，而电子证据具有易删除、易篡改、易丢失等特性。相比于传统类型案件取证，这类案件为确保电子证据的原始性、真实性、合法性，在电子证据的收集时就需要专业的数据复制备份设备将电子证据文件复制备份，而且要求数据复制设备需具备只读设计以及自动校准等功能，这类设备称为计算机取证设备，它们是电子证据取证的核心。

## 7.2　计算机病毒及预防管理

### 7.2.1　计算机病毒概述

#### 1. 计算机病毒的定义

所谓计算机病毒，是指编制或者在程序中插入的破坏计算机功能或者损坏数据，影响计算机使用并能够自我复制的一组计算机指令或者程序代码。

计算机病毒可以理解成一个小程序，好像生物病毒，计算机病毒有独特的复制能力，这让它可以很快蔓延，却又常常难以根除。

#### 2. 计算机病毒的主要特征

（1）隐蔽性：计算机病毒都是一些可以直接或间接运行的具有高超技巧的程序，可以隐藏在如 Word 文件、图片或视频文件中，不易被人察觉和发现。

（2）传染性：计算机病毒可以从一个程序传染到另一个程序，从一台计算机传染到另一台计算机，从一个计算机网络传染到另一个计算机网络，在各系统上传染、蔓延，同时使被传染的计算机程序、计算机、计算机网络成为计算机病毒的生存环境及新的传染源。

（3）潜伏性：计算机病毒在传染计算机系统后，病毒的发作是由激发条件来确定的，比如特定的时间，特定的操作等。在激发条件满足前，病毒可能在系统中没有表现症状，不影响系统的正常运行。

（4）激发性：在一定的条件之下，通过外界刺激可以使计算机病毒程序活跃起来。激发的本质是一种条件控制。根据病毒炮制者的设定，使病毒体激活并发起攻击。病毒被激发的条件可以与多种情况联系起来，如满足特定的时间或日期、期待特定用户识别符出现、特定文件的出现或使用、一个文件使用的次数超过设定数等。

（5）破坏性：计算机病毒感染系统后，病毒在条件满足时发作，这时系统就表现出一定的症状，如屏幕显示异常、系统速度变慢、文件被删除，甚至直接导致硬件损坏等。

（6）针对性：前面提到病毒也是一个程序，该程序在编制时就会设定好要侵害对象的特征，因而，一种计算机病毒（版本）通常不能传染所有的计算机系统或计算机程序。比如：有的病毒是专门传染苹果公司（Apple）的一种笔记本电脑（Macintosh）的，有的病毒是传染 IBM 个人计算机的，有的病毒传染磁盘引导区，有的病毒专门侵害可执行文件等。

（7）可变性：计算机病毒在发展、演化过程中通过病毒发明者或参与者的不断修改，可以产生不同版本的病毒，即病毒变种，有些病毒能产生几十种变种。

### 7.2.2　计算机病毒的分类

从已发现的计算机病毒来看，小的病毒程序只有几十条指令，不到上百个字节，而大的病毒程序可由上万条指令组成。有些病毒发作很快，一旦侵入计算机就立即摧毁系统；而另外一些病毒则有较长的潜伏期，感染后 2～3 年甚至更长时间才发作；有些病毒感染系统内所有的程序和数据；有些病毒只对某些特定的程序或数据感兴趣；而有的病毒则对程序或数据毫无兴趣，只是不断自身繁衍，抢占磁盘空间，其他什么都不干。通常，依据传染方式将计算机病毒分为引导型病毒、文件型病毒和混合型病毒。

（1）引导型病毒驻留在磁盘的引导扇区，每次开机系统对磁盘进行引导时，这种病毒就会被执行，因此这种病毒清除起来较为困难。

（2）文件型病毒一般只传染磁盘上的可执行文件（后缀名为.exe 或.com 的文件），在用户运行这些被感染的可执行文件时病毒会首先被运行，而后驻留内存，伺机传染其他文件。通常，通过比较感染前和感染后的文件大小，可以发现该文件被注入了病毒。

（3）混合型病毒具有以上两种病毒的特征，既感染引导区又感染文件。

### 7.2.3　病毒的检测、预防与清除

自从注意到计算机病毒的危害以来，人们提出许多针对计算机病毒的预防办法，但效果甚微。实际上计算机病毒以及防病毒技术都是以软件编程技术为基础的，计算机病毒主动进攻而防病毒技术被动防御，一个主动一个被动，在现有计算机系统结构的基础上，想彻底地防御计算机病毒是不现实的。

1. 计算机病毒的检测方法

（1）手工检测。手工检测是指通过使用一些工具软件（DEBUG.COM、PCTOOLS.EXE、NU.COM、SYSINFO.EXE 等）提供的功能对易遭病毒攻击和修改的内存及磁盘的有关部分进行检查，通过和正常情况下的状态进行对比分析，来判断是否被病毒感染。这种方法比较复杂，需要检测者熟悉机器指令和操作系统。

（2）自动检测。自动检测是指通过一些查毒、杀毒软件来判读一个系统或一个软盘是否有病毒。自动检测比较简单，一般用户都可以进行，但对该软件要求较高。这种方法可方便地检测大量的病毒，但是，自动检测工具只能识别已知病毒，而且自动检测工具的发展总是滞后于病毒的发展，所以检测工具总是对相当数量的未知病毒不能识别。

## 2．计算机病毒的预防

计算机一旦受到病毒的侵害，即使拥有良好性能的查杀软件，但仍可能给使用者造成不可挽回的损失，因此，需要本着"防杀结合，预防为主"的安全策略，在日常使用过程中尽量减小受计算机病毒侵害的可能，使损失降低到最小的程度，为达到这一目的，有以下一些建议：

（1）从合法、正规的渠道获得网络资源及浏览信息。病毒制造者往往利用普通用户的猎奇心理，令其打开内嵌病毒代码的网页、安装不明来源软件、打开文件等载体，通过这样的操作使病毒感染本机。

（2）谨防电子邮件附件传播病毒。电子邮件是目前最流行的线下信息传播方式，在打开邮件并运行附件时注意该邮件的发件人是否熟悉，病毒往往通过附件 ActiveX 控件的运行将病毒感染到目标计算机。

（3）采用一定技术手段，如瑞星杀毒、奇虎 360 等，在使用外来存储设备、存储卡、文件、软件时事先进行病毒扫描与查杀，并且注意查杀软件是否已经升级到了最新版本。

（4）作为最有效的信息灾害预防手段，一定不能忘记对关键文件、数据的备份。最好将这类信息备份在不同盘符，甚至可以选择备份在不同存储设备上，如：将硬盘上的关键数据、文件备份到移动硬盘等存储设备上。

## 3．计算机病毒的清除

目前计算机病毒的破坏力越来越强，所以当操作时发现计算机有异常情况，首先应想到的就是病毒在作怪，而最佳的解决办法就是用拥有最新病毒库的杀毒软件对计算机进行一次全面的自动检测与清除。

当前常用的国产病毒查杀软件主要有瑞星杀毒、金山毒霸、江民杀毒、奇虎 360 等，而在国内市场占有率较大的国外杀毒软件主要有诺顿（Norton Antivirus）、麦咖啡（Macfee）、卡巴斯基等。

对于杀毒软件，并不是计算机上安装越多，系统就越安全，相反系统可能会因为资源消耗、杀毒软件互相查杀、冲突等造成很多问题。选择一套适合自己的杀毒软件，及时升级病毒库，这才是使用这类软件正确的方法。

# 7.3　计算机系统安全与防范黑客攻击

## 7.3.1　黑客概述

随着计算机的普及和网络通信的迅速发展，黑客也随之出现。"黑客"一词由英语 Hacker 音译而来，是指专门研究、发现计算机和网络漏洞的计算机爱好者。他们伴随着计算机和网络的发展而产生、成长。黑客对计算机有着狂热的兴趣和执着的追求，他们不断地研究计算机和网络知识，发现计算机和网络中存在的漏洞，喜欢挑战高难度的网络系统并从中找到漏洞，然后向管理员提出解决和修补漏洞的方法。

今天，黑客一词已被用于泛指那些专门利用计算机搞破坏或恶作剧的人，对这些人的正确英文叫法是"Cracker"，有人也翻译成"骇客"或是"入侵者"，也正是由于入侵者的出现玷污了黑客的声誉，使人们把黑客和入侵者混为一谈，黑客被人们认为是在网上到处搞破坏的人。由于在中文媒体中，黑客的这个意义已经约定俗成，当今社会把"Hacker"和"Cracker"通称为黑客。在本书中，黑客的含义主要指后者。

### 7.3.2  黑客常用的攻击方式

#### 1. 网络探测和资料收集

黑客首先要寻找目标主机并分析,利用域名和 IP 地址就可以顺利地找到目标主机。当然,知道了要攻击目标的位置还是远远不够的,还必须将主机的操作系统类型及其所提供服务等资料作个全面的了解。此时,攻击者们会使用一些端口扫描器工具,获取目标主机运行的是哪种操作系统的哪个版本,系统有哪些账户,各种服务器程序是何种版本等资料,为入侵作好充分的准备。

#### 2. 利用漏洞

黑客会选择一台被信任的外部主机进行尝试。一旦成功侵入,黑客将从这里出发,设法进入公司内部的网络。但这种方法是否成功要看公司内部主机和外部主机间的安全过滤策略了。攻击外部主机时,黑客一般是运行某个程序,利用外部主机上运行的有漏洞的被控制计算机窃取控制权。

#### 3. 窃取网络资源和特权

黑客找到攻击目标后,会继续下一步的攻击。利用已经被侵入的某台外部主机下载机构内部的文件传输服务器(FTP Server)或万维网服务器(WWW Server)上的敏感信息;攻击其他被信任的主机和网络;安装 Sniffer:一个可以窃听计算机程序在网络上发送和接收数据的嗅探器软件;瘫痪网络:如果黑客已经侵入了运行数据库、网络操作系统等关键应用程序的服务器,使网络瘫痪一段时间是轻而易举的事。

### 7.3.3  黑客防范技术

#### 1. 防火墙技术

防火墙的基本原理可以简单地理解为:利用硬件及软件,使互联网与内部网之间建立起一个安全阀门,从而保护内部网免受非法用户的侵入。它是一个把互联网与内部网隔开的屏障,当内网使用者访问互联网时几乎感觉不到它的存在,即"透明"的,与此同时它却可以阻止外部未授权访问者对专用网络的非法访问。

防火墙是一种技术统称,它可以是一组设备,也可以是一个软件,从外形上可以分为硬件防火墙和软件防火墙。硬件防火墙类似于一台专用计算机,拥有自己的 CPU 及内存等,其效率较高、可靠性强,但这类防火墙属于专用设备,使用成本往往较软件防火墙高,有代表性的产品如:华为、思科出品的硬件网络防火墙等。

软件防火墙是利用现有的操作系统以及计算机硬件,以软件控制的形式提供防火墙功能,它使用成本低,易于普及,由于需要占用系统资源,因此这类防火墙会与系统争夺资源,效率不高,通常用于个人用户计算机的防护,产品如:天网防火墙等。

#### 2. 数据加密技术

与防火墙配合使用的安全技术还有数据加密技术。这项技术可以简单地理解为通过数学算法,向源数据中添加干扰项、重组信息、改变信息排列形式等,以主动预防信息被非法获知。该技术是为提高信息系统及数据的安全性和保密性,防止秘密数据被外部破译所采用的主要技术手段之一。随着信息技术的发展,网络安全与信息保密日益引起人们的关注。目前各国除了从法律上、管理上加强数据的安全保护外,从技术上分别在软件和硬件两方面采取措施,推动着数据加密技术和物理防范技术的不断发展。按作用不同,数据加密技术主要分为数据传输加密技术、数据存储加密技术、数据完整性的鉴别以及密钥管理技术四种。

### 3. 智能卡技术（IC卡技术）

与数据加密技术紧密相关的另一项技术则是智能卡技术。所谓智能卡就是密钥的一种媒体，一般就像信用卡一样，由授权用户所持有并由该用户赋与它一个口令或密码。该密码与内部网络服务器上注册的密码一致。当口令与身份特征共同使用时，智能卡的保密性能是相当有效的。

### 4. 访问控制策略

访问控制是网络安全防范和保护的主要策略，它的主要任务是保证网络资源不被非法使用和非法访问。它也是维护网络系统安全、保护网络资源的重要手段。各种安全策略必须相互配合才能真正起到保护作用，但访问控制可以说是保证网络安全最重要的核心策略之一。

# 7.4　计算机常见故障与维护

## 7.4.1　计算机硬件与软件

对于普通用户而言，计算机可以简单地视作我们桌前的台式计算机或笔记本电脑。一台计算机是由硬件系统和软件系统两大部分组成的。一旦出现故障，首先需要弄清楚的就是哪一个大的系统出了问题。下面我们简单介绍一下这两个系统的构成：

### 1. 计算机硬件系统

所谓硬件就是用手能摸得到的实物，一台计算机的硬件一般有：

（1）显示器。

（2）主机（主板、CPU、内存、硬盘、显卡、声卡、网卡等）。

主板：主板是计算机中各个部件工作的平台，它把计算机的各个部件紧密连接在一起，各个部件通过主板进行数据传输。也就是说，计算机中重要的"交通枢纽"都在主板上，它工作的稳定性影响着整机工作的稳定性。

CPU：CPU（Central Processing Unit）即中央处理器，其功能是执行算术运算、逻辑运算、数据处理、输入/输出的控制等，协调地完成各种操作。作为整个系统的核心，CPU已成为决定计算机性能的核心部件，很多用户都以它为标准来判断计算机的档次。

内存：内存又叫内部存储器（RAM），属于电子式存储设备，它由电路板和芯片组成，特点是体积小，速度快，有电可存，无电清空，即计算机在开机状态时内存中可存储数据，关机后将自动清空其中的所有数据。

硬盘：硬盘属于外部存储器，由金属磁片制成，而磁片有记忆功能，因而存储到磁片上的数据不论开机与否都不会丢失。

显卡：显卡在工作时与显示器配合输出图形、文字，其作用是负责将CPU送来的数字信号转换成显示器能识别的模拟或数字信号并传送到显示器上显示出来。

电源：电源是计算机中不可缺少的供电设备，它的作用是将220V交流电转换为计算机中使用的5V、12V、3.3V直流电，其性能的好坏直接影响到其他设备工作的稳定性，进而会影响整机的稳定性。

声卡：声卡是组成多媒体计算机必不可少的一个硬件设备，其作用是当发出播放命令后，将计算机中的声音数字信号转换成模拟信号送到音箱上发出声音。

网卡：网卡的作用是充当计算机与网线之间的桥梁，它是用来建立局域网的重要设备之一。

光驱：光驱是用来读取光盘的设备。光盘为只读或可读写型外部存储设备。

（3）外围设备（鼠标、键盘、打印机、摄像头、扫描仪等）。

**2. 计算机的软件系统**

软件是指程序运行所需的数据以及与程序相关的文档资料的集合。

（1）操作系统软件（Windows、Linux、UNIX 等）。操作系统软件就如同管理大堆硬件、软件的总管，它能力强大、调度可靠，能够高效地管理计算机中的各种资源及设备，可以称为计算机最为重要的软件。

目前占据市场主流的计算机主要是台式计算机和笔记本电脑，平板电脑如 IPad 系列普及速度也非常快，目前在上述这些主要用于个人使用的计算机中安装的操作系统包括 Windows XP、Windows 7、Mac、Symbian、Android 等，而如 Linux、UNIX 这类开放源代码类操作系统主要的使用对象集中在大型网络使用者如银行、电信等企业，以及一些计算机爱好者当中。

（2）应用软件（Office、QQ、Foxmail 等）。应用软件主要针对特定的应用而编制，比如文档编辑应用软件 Office 系列，及时通信类软件 QQ 等。不同的应用需求就会对应不同的应用软件。

### 7.4.2 计算机故障的分类

计算机故障可分为硬件和软件故障。

**1. 硬件故障常见现象**

例如：主机无电源显示、显示器无显示、主机喇叭鸣响并无法使用、显示器提示出错信息但无法进入系统。

**2. 软件故障常见现象**

例如：显示器提示出错信息无法进入系统，进入系统但应用软件无法运行等。

### 7.4.3 故障的判断与处理

一旦发现计算机出现故障不要急于拆机，正确的处理顺序是先分析考虑问题可能出在哪里，然后再动手操作，检查顺序应从计算机外部开始，如：电源、设备、线路，而后再决定开机箱，而在分析故障时可以采取先判断是否软件问题入手，然后再考虑硬件的问题。依据故障现象做出判断，有针对性地采取措施，如表 7.1 所示。

表 7.1 故障及其措施

| 故障现象 | 采取措施 |
|---|---|
| 显示器有电源显示但黑屏 | 可能原因是显示器刷新频率与操作系统的设置不匹配，也不排除显卡硬件故障或显示器信号线与显卡接口接触不良的可能。可以到系统"安全模式"重新设置 |
| 主机喇叭鸣响 | 可根据响声数来判断错误：<br>1 响：内存刷新故障，系统正常；2 响：内存校验错、CMOS 设置错或主板 RAM 出错；3 响：64KB 基本内存故障、显卡故障；4 响：系统时钟或内存错、键盘错；5 响：CPU 故障；6 响：键盘故障；7 响：硬中断故障；8 响：显存错误；9 响：主板 RAM、ROM 校验错或显卡错误；10 响：CMOS 错误、主板 RAM、ROM 错误等 |

续表

| 故障现象 | 采取措施 |
|---|---|
| 根据屏幕提示错误信息判断 | 例如：<br>CMOS battery state low（CMOS 电池不足）;<br>Keyboard interface error（键盘接口错误）;<br>Hard disk drive failure（硬盘故障）;<br>Hard disk not present（硬盘参数错误）等 |
| 计算机无法启动 | 1．计算机主机电源损坏，虽然能够开机，但无法正常启动，需更换电源。<br>2．主板上 CMOS 芯片损坏，特别是被 CIH 病毒破坏后，计算机无法正常启动。<br>3．主机电源灯是亮的，无其他报警声音的提示，这时可能是 CPU 损坏或接触不良。<br>4．主机设备本身无任何问题，但主机可以加电但无法自检，这时可能是主板或 CPU 被超频，恢复 BIOS 的默认设置即可。如果在主板上找不到清除 CMOS 的跳线，可以直接将主板上的电池取出，并将正负极短路 10 秒钟即可。<br>5．网卡损坏或接触不好，也有可能导致机器无法启动。<br>6．显卡、内存与主板不兼容，也会导致机器无法启动。<br>7．主板上的内存插槽、显卡插槽损坏。<br>8．内存条的金手指有锈迹，可以使用橡皮擦拭一下金手指，然后重新插到机器中即可解决故障。<br>9．主机内有大量灰尘，造成计算机配件接触不良，推荐使用电吹风或者用毛刷清理灰尘。切记不要用压缩气泵清理灰尘，因为压缩气泵工作中容易产生水珠，随着空气排出，附着在主板上，损坏计算机配件 |
| 计算机主机或显示器无电源显示 | 检查计算机外部电源线及显示器电源插头 |
| 显示器无显示或音响无声音 | 可检查显卡或声卡有无松动或插头是否插紧 |
| 机器可以正常启动，但无法进入操作系统 | 1．计算机可以正常启动，显示器在进入操作系统桌面前正常，进入系统桌面后黑屏。这个故障一般是由于显示器的分辨率设置过高造成的，从安全模式进入，删除显卡驱动后重新进入就可以了。<br>2．计算机可以正常启动，在进入操作系统前停止不动，出现 Boot error 的提示，检查 CMOS 中设备启动设置或启动顺序是否有误。这时会有提示寻找 A 盘或 IDE 等接口设备。<br>3．系统启动时，提示找不到硬盘。硬盘电源线或数据线没有接好，或已损坏。重新连接或更换即可。<br>4．机器硬盘工作正常，出现 Error loading operating system 的提示，这时需要检查系统分区是否被激活，如未能激活，需重新使用分区软件激活分区。<br>5．开机提示硬盘 I/O 错误，检查硬盘是否能够正常工作。如果硬盘能够正常工作，则该硬盘曾经安装过类似还原精灵的还原软件，并启用了 I/O 保护 |
| 机器可以正常启动，进入操作系统后长时间无响应或响应慢 | 1．机器进入系统一切正常，工作一段时间后会无响应，鼠标无法移动，键盘也没有反应。这时一般是主板 CPU 旁，靠近电源功率块的电容出了问题，查看其是否有损坏或可否看到电容顶部有裂痕，或电容旁边有浅黄色液体的印迹存在。这属于硬件损坏，需要更换主板。<br>2．机器进入操作系统运行正常，当运行某一程序后死机，这一般是由于显卡驱动程序版本不对造成的，更换最新版本的显卡驱动程序通常可解决问题。<br>3．机器进入操作系统后，鼠标和键盘都有反应，经过很长一段时间才可以进行正常操作。这可能是在计算机启动项中加载启动的软件过多，取消自动启动设置即可。如果在启动项中没有加载，运行 msconfig 命令检查启动选项中开机自动加载的程序有哪些，把不相关的自动加载程序删除 |

续表

| 故障现象 | 采取措施 |
| --- | --- |
| 计算机能通电，但很快自动关闭 | 1. 清空 CMOS 设置。<br>2. CPU 风扇连接是否正常且风扇工作是否正常。<br>3. 检查电源是否正常。<br>4. 检查机箱开关。<br>5. 采用拔插法和最小化系统法判断是否存在接触不良或设备短路性故障。<br>6. 主板故障（短路或 BIOS 损坏） |
| 开机无任何声音，但键盘指示灯有变化（三个灯同时亮起来后立即灭掉） | 1. 清空 CMOS 设置。<br>2. 检查显卡与显示器的连接线（松动、接触不良、断针）。<br>3. 检查清洁显卡金手指、显卡插槽，重新安装，保证接触良好。<br>4. 检查显示器和电源。<br>5. 主板损坏 |

因为计算机在使用过程中多碰到较难处理的硬件问题，因此，表 7.1 列出的故障现象及处理建议多针对这一方面。软件类的问题除解决操作系统碰到的问题需要一定专业知识外，其他软件类问题一般都较容易解决。下面的一些建议，可帮助减少软件使用过程中可能碰到的问题：

（1）在决定安装软件前需注意该软件的合法性，建议使用正版软件。

（2）查看软件说明，注意软件所支持的操作系统类型（如：有的软件只支持 Windows 7 或 Mac 操作系统），安装软件所需的硬件配置要求，看自己的计算机配置是否能够达到。

（3）使用过程当中，当决定退出该软件时，最好使用相应的命令或操作，而不要强行关闭系统。

（4）有些软件可能会出现冲突问题，这类问题在杀毒、实时监控类软件中最为突出。因此，需要避免安装多种如病毒查杀及实时监控类软件。

（5）如果决定卸载一个软件，最好使用该软件自带的卸载功能，或选择操作系统中软件卸载的管理功能进行卸载，不要直接删除软件所属的文件夹，这样做可能会产生很多意想不到的问题。

（6）当软件运行反复出现问题时，最简而易行的方法就是将其卸载并重新安装。这个建议对于操作系统问题的解决也很实用。

 本章小结

本章主要介绍了计算机系统安全的基本概念，包括计算机信息系统安全和网络系统安全；计算机信息系统面临的威胁；计算机病毒概念及简要介绍；网络黑客的定义，黑客常用的攻击方式及防止黑客攻击的策略；针对计算机使用过程中经常碰到的问题给出了对应的解决方法及建议。

 习 题

一、单选题

1. 不属于计算机信息系统安全内容的是（　　）。

A. 实体安全　　　B. 信息安全　　　C. 运行安全　　　D. 数据安全

2．为了加强计算机信息系统的安全保护工作，促进计算机应用和发展，保障社会主义现代化顺利进行，1994年2月18日，国务院发布了（　　）。

    A．《计算机使用与管理条例》

    B．《中华人民共和国计算机信息系统安全保护条例》

    C．《软件与知识产权的保护条例》

    D．《中华人民共和国计算机信息网络国际联网暂行规定》

3．计算机系统使用过的、记录有机密数据、资料的物品，应当（　　）。

    A．集中销毁                B．及时丢进垃圾堆

    C．送废品回收站          D．及时用药物消毒

4．（　　）是电子证据取证的核心。

    A．证据的真实性          B．取证设备

    C．法定程序               D．取证者

5．我们平时所说的计算机病毒，实际是（　　）。

    A．有故障的硬件          B．一段文章

    C．一段程序               D．微生物

6．引导型病毒的主要特征是（　　）。

    A．病毒定期发作

    B．系统对磁盘进行引导时就会自动运行病毒代码

    C．较好清除

    D．病毒特征明显

7．各种网络所存在的最基本特征可以理解为（　　）。

    A．网络所传送的从本质上而言是数据或信息

    B．需要昂贵的物理设备

    C．上行、下行速率差别较大

    D．用户都需支付费用

8．计算机故障可分为（　　）故障。

    A．虚拟与真实           B．软件和设备

    C．硬件和软件           D．可控和不可控

9．计算机一旦出现故障，首先采取的策略是（　　）。

    A．重装系统            B．拆开主机或设备查看

    C．打电话求助           D．冷静分析，"先软件后硬件"

二、多选题

1．能传播计算机病毒的媒介有（　　）。

    A．网络       B．接口卡       C．光盘       D．软盘

2．造成计算机不安全的因素有（　　）等多种。

    A．技术原因     B．自然原因     C．人为原因     D．管理原因

3．防范黑客所采用的技术主要有（　　）。

    A．防火墙技术          B．IC卡技术

    C．包过滤技术          D．数据加密技术

4．下列哪些行为危害了计算机安全？（　　　）

　　A．为了使用方便，不设置用户登录密码

　　B．开设共享文件夹

　　C．随意安装不知道的软件，打开来路不明的电子邮件

　　D．不安装防杀病毒软件，不安装操作系统漏洞补丁

5．关于计算机病毒的传染途径，下列说法哪些是对的？（　　　）

　　A．通过软盘复制　　　　　　　　B．通过交流软件

　　C．通过共同存放软盘　　　　　　D．通过借用他人软盘

6．当前流行的操作系统包括（　　　）。

　　A．Office　　　　　　B．Windows 7　　　C．Linux　　　　　　D．Mac

7．为确保尽量减少软件使用过程中可能碰到的问题，可以采取的措施包括（　　　）。

　　A．使用正版软件　　　　　　　　B．使用软件自有的卸载功能进行卸载

　　C．按正常顺序关闭软件　　　　　D．避免不兼容软件的安装

# 参考文献

[1]　九州书源．Office 2010 电脑办公应用．北京：清华大学出版社，2011．

[2]　李周芳．Word+Excel+PowerPoint 三合一．北京：清华大学出版社，2012．